这样装修网店才赚钱

王红卫 等编著

机械工业出版社
China Machine Press

图书在版编目（CIP）数据

这样装修网店才赚钱 / 王红卫等编著. —北京：机械工业出版社，2016.7

ISBN 978-7-111-54370-1

Ⅰ. ①这… Ⅱ. ①王… Ⅲ. ①电子商务 – 网站 – 设计 Ⅳ. ①F713.36②TP393.092

中国版本图书馆CIP数据核字(2016)第168981号

本书从色彩学、购物心理学的角度精选各类网上店铺装修实例进行讲解分析，教读者如何把自己的网店装修得更加靓丽，在浩瀚的网络中脱颖而出。

全书涵盖了各种主题商品店铺装修的制作案例，包括母婴、营养保健、珠宝饰品、家用电器、户外用品、食品、儿童玩具等，以图文结合的方式讲解各主题商品店铺的设计要点、色彩搭配，以及商品混搭的技巧，力求帮助读者轻松掌握店铺装修实用技术，真正达到学有所有，让网店更胜人一筹。

本书既适合广大淘宝网店卖家阅读，也可作为职业院校相关专业、淘宝网店运营培训班的参考用书。

这样装修网店才赚钱

出版发行：机械工业出版社（北京市西城区百万庄大街22号　邮政编码：100037）

责任编辑：夏非彼　迟振春

印　　刷：中国电影出版社印刷厂　　　　　　　版　　次：2016年10月第1版第1次印刷

开　　本：188mm×260mm　1/16　　　　　　印　　张：15

书　　号：ISBN 978-7-111-54370-1　　　　　定　　价：65.00元

前言

这样装修网店才赚钱 前言
Preface

电子商务发展至今，各类网购平台如雨后春笋般出现，淘宝店铺更是数不胜数，有的店铺刚开业就红红火火，一路冲钻带来丰厚利润，而有的店铺则生意平平，甚至很长时间都毫无起色，以致被网店大潮吞没。究其原因，除了推广等因素之外，还有一个相当重要的原因就是店铺装修过于逊色。对于网店来讲，装修是店铺兴旺的必备赚钱法宝，想要赚钱就需要提升销量，想要提升销量就需要将店铺打造得更加完美。一般经过精心装修设计的网店特别能吸引网购一族的目光。网店装修并不难，但是想要将店铺装修得足够漂亮且吸引人并非易事。面对这种窘况，本书从实战角度出发，采用商业案例与设计理念相结合的方式进行编写，并配以精美的步骤讲解，层层深入地介绍设计学在店铺装修中的应用，同时帮助读者轻松掌握店铺装修技巧和具体应用，真正做到学用结合，从而使网店生意蒸蒸日上，财源滚滚！

读者可以通过本书快速学到以下内容：

- 母婴店铺装修
- 营养保健店铺装修
- 珠宝饰品店铺装修
- 家用电器店铺装修
- 户外用品店铺装修
- 食品店铺装修
- 皮具箱包店铺装修
- 时尚女鞋店铺装修
- 家居用品店铺装修
- 体育频道店铺装修
- 节日主题店铺装修
- 儿童玩具主题店铺装修
- 旅游主题店铺装修
- 生鲜店铺装修

本书采用最新版Photoshop CC制作和讲解，跟随潮流走在网店装修技术的前端，享受最新版本装修工具带来的惊喜。本书同样适用于CS、CS2、CS3、CS4、CS5、CS6等版本，读者完全不用担心受软件版本的困扰，掌握的都是实实在在的网店装修技术。

本书特色 >>>

1．从不同行业店铺类型出发，将网店装修所遇到的问题集中于整个店铺装修中，在学习过程中可不断地学习新知识。

2．在讲解过程中穿插了诸多提示，在提示中找到疑惑点，在实际的装修过程中少走弯路，真正学到最本质的装修知识。

3．更加贴近时下流行行业，从皮具箱包、母婴用品、珠宝饰品到食品保健，涵盖了大部分商品类型，在学习过程中可以有针对性地找到所需的装修风格。

4．在本书的整体写作过程中，以图文并茂的方式将整个网店装修详细解读，同时指导读者如何实际运用所学，真正掌握装修技术。

云下载 >>>

与本书配套的案例视频文件、素材及源文件下载地址为：http://pan.baidu.com/s/1o8B3WBw（区分大小写）。如果下载有问题，请电子邮件联系booksaga@126.com，邮件主题为"这样装修网店才赚钱"。

本书由王红卫主编，同时参与编写的还有张四海、余昊、贺容、王英杰、崔鹏、桑晓洁、王世迪、吕保成、蔡桢桢、王翠花、夏红军、李慧娟、王巧伶、王香、杨曼、马玉旋、谢颂伟等。在创作的过程中，由于时间仓促，错误在所难免，希望广大读者批评指正。如果在学习过程中发现问题或有更好的建议，欢迎发邮件至smbook@163.com与我们联系。

编 者

2016年9月

目录
这样装修网店才赚钱
Contents

Contents

Contents

第1章　母婴店铺装修

本章店面装修效果说明

　　本章店面装修采用深橙色作为主色调，浅蓝色作为辅助色，以红色和绿色作为点缀色。在店招制作过程中以浅蓝色为背景，绘制雪花与添加雪景素材，组合成完美的下雪场景；店招中的标签很好地说明了欢乐元旦信息，圣诞老人图像与活动主题相对应组成了一个完美的店招；在优惠券制作过程中将主题元素与优惠信息相结合；在直通车制作过程中以冬日元素边框与商品图像背景相结合，整个店面构图采用规范的布局形式，使整体视觉十分直观。本章店面装修包括店招设计、优惠券及直通车。

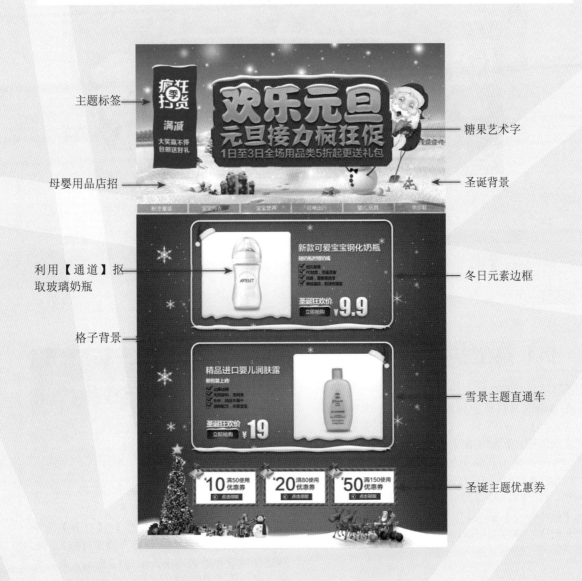

1.1 母婴用品店招

设计构思

本例讲解母婴用品店招设计。本例在制作过程中以突出元旦节日为特点，将节日喜庆与母婴产品相结合，扩大商业效应的同时使整体视觉效果更加出色。最终效果如图1.1所示。

难易程度：★★★☆☆
调用素材：下载文件\调用素材\第1章\母婴用品店招
最终文件：下载文件\源文件\第1章\母婴用品店招.psd
视频位置：下载文件\movie\1.1母婴用品店招.avi

图1.1 最终效果

操作步骤

1.1.1 制作圣诞背景

步骤 01 执行菜单栏中的【文件】|【新建】命令，在弹出的对话框中设置【宽度】为1024像素，【高度】为600像素，【分辨率】为72像素/英寸，【颜色模式】为RGB颜色，新建一个空白画布。

步骤 02 选择工具箱中的【渐变工具】 ▇，编辑灰色（R：198，G：198，B：205）到蓝色（R：76，G：87，B：117）的渐变，单击选项栏中的【线性渐变】 ▇ 按钮，在画布中从下向上拖动填充渐变，如图1.2所示。

图1.2 填充渐变

步骤 03 执行菜单栏中的【文件】|【打开】命令，打开"雪景.jpg"文件，将打开的素材拖入画布中靠底部位置并适当缩小，如图1.3所示，其图层名称将更改为【图层1】。

图1.3 添加素材

步骤 04 选择工具箱中的【钢笔工具】 ✐ ，在画布中沿着刚才添加的雪景素材顶部多余的图像边缘绘制一个封闭路径并将其选中，如图1.4所示。

图1.4 绘制路径

步骤 05 按Ctrl+Enter组合键将路径转换为选区，如图1.5所示。

步骤 06 选中【图层 1】图层，按Delete键将选区中的图像删除，完成之后按Ctrl+D组合键取消选区，如图1.6所示。

图1.5 转换选区　　　　图1.6 删除图像

步骤 07 在【图层】面板中选中【图层 1】图层，单击面板底部的【添加图层样式】 fx 按钮，在菜单中选择【投影】命令，在弹出的对话框中将【混合模式】更改为【正常】，【颜色】更改为白色，取消【使用全局光】复选框，将【角度】更改为-90度，【距离】更改为5像素，【大小】更改为40像素，完成之后单击【确定】按钮，如图1.7所示。

图1.7 设置【投影】参数

步骤 08 在【画笔】面板中选择一种圆角笔触，将【大小】更改为6像素，【硬度】更改为0，【间距】更改为1000%，如图1.8所示。

步骤 09 选中【形状动态】复选框，将【大小抖动】更改为50%，如图1.9所示。

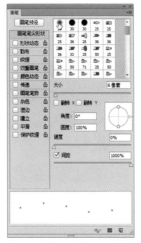 

图1.8 设置【画笔笔尖形状】参数　图1.9 设置【形状动态】参数

步骤 10 选中【散布】复选框，将【散布】更改为1000%，如图1.10所示。

步骤 11 选中【平滑】复选框，如图1.11所示。

图1.10 设置【散布】参数　图1.11 选中【平滑】复选框

步骤 12 单击【图层】面板底部的【创建新图层】🖿 按钮，新建一个【图层2】图层。

步骤 13 将前景色更改为白色，在天空图像区域涂抹或单击添加图像，如图1.12所示。

图1.12 添加图像

步骤 14 选择工具箱中的【画笔工具】✐，在画布中单击鼠标右键，在弹出的面板中将【大小】更改为20像素，如图1.13所示。

步骤 15 以刚才同样的方法在天空图像区域添加图像，如图1.14所示。

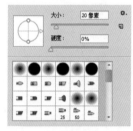 

图1.13 设置笔触　　　　图1.14 添加图像

步骤 16 再次将画笔【大小】更改为50像素，同样的方法在天空图像区域添加笔触，如图1.15所示。

图1.15 添加图像

1.1.2 制作糖果艺术字

步骤 01 选择工具箱中的【横排文字工具】T，在画布适当位置添加文字，如图1.16所示。

步骤 02 同时选中所有文字图层，在其图层名称上单击鼠标右键，从弹出的快捷菜单中选择【转换为形状】命令，再按Ctrl+E组合键将其合并，并将生成的图层名称更改为【文字】，如图1.17所示。

图1.16 添加文字　　　图1.17 转换形状并合并图层

步骤 03 按住Ctrl键单击【文字】图层缩览图将其载入选区，如图1.18所示。

步骤 04 执行菜单栏中的【选择】|【修改】|【扩展】命令，在弹出的对话框中将【扩展量】更改为30像素，完成之后单击【确定】按钮，效果如图1.19所示。

图1.18 载入选区　　　　图1.19 扩展选区

步骤 05 单击【图层】面板底部的【创建新图层】🖿 按钮，新建一个【图层3】图层，如图1.20所示。

步骤 06 将选区填充为深红色（R：144，G：25，B：27），完成之后按Ctrl+D组合键取消选区，如图1.21所示。

图1.20 新建图层　　　　图1.21 填充颜色

步骤 07 在【图层】面板中选中【图层3】图层，单击面板底部的【添加图层样式】fx按钮，在菜单中选择【斜面和浮雕】命令，在弹出的对话框中将【大小】更改为4像素，取消【使用全局光】复选框，【角度】更改为90度，【高光模式】中的【颜色】更改为黄色（R：255，G：198，B：0），【阴影模式】更改为【滤色】，【颜色】更改为黄色（R：255，G：198，B：0），完成之后单击【确定】按钮，如图1.22所示。

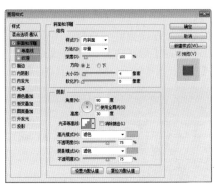

图1.22 设置【斜面和浮雕】参数

步骤08 在【图层】面板中选中【文字】图层，将其拖至面板底部的【创建新图层】 ▣ 按钮上，复制一个【文字 拷贝】图层。

步骤09 在【图层】面板中选中【文字 拷贝】图层，单击面板底部的【添加图层样式】 *fx* 按钮，在菜单中选择【斜面和浮雕】命令，在弹出的对话框中将【大小】更改为8像素，将【阴影模式】更改为【叠加】，【颜色】更改为灰色（R：193，G：193，B：193），如图1.23所示。

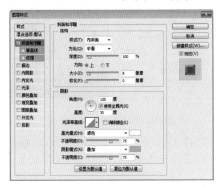

图1.23 设置【斜面和浮雕】参数

步骤10 选中【渐变叠加】复选框，将【渐变】更改为黄色（R：255，G：110，B：0）到黄色（R：255，G：180，B：0），【缩放】更改为50%，如图1.24所示。

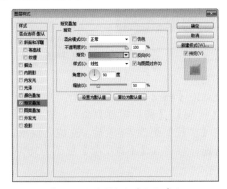

图1.24 设置【渐变叠加】参数

步骤11 选中【投影】复选框，将【不透明度】更改为30%，取消【使用全局光】复选框，将【角度】更改为90度，【距离】更改为4像素，【大小】更改为4像素，完成之后单击【确定】按钮，如图1.25所示。

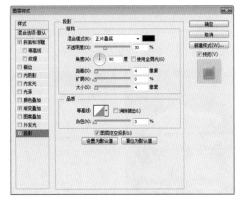

图1.25 设置【投影】参数

步骤12 选中【文字】图层，执行菜单栏中的【滤镜】|【模糊】|【动感模糊】命令，在弹出的对话框中将【角度】更改为90度，【距离】更改为20像素，设置完成后单击【确定】按钮，效果如图1.26所示。

图1.26 设置【动感模糊】参数及效果

步骤13 选中【文字】图层，将其图层混合模式设置为【叠加】，【不透明度】更改为60%，如图1.27所示。

图1.27 设置图层混合模式

提示技巧

为了使文字的动感投影效果更加自然，在设置图层混合模式之后可以将图像高度适当缩小或移动。

1.1.3 绘制积雪图像

步骤 01 选择工具箱中的【钢笔工具】 ✐ ，在选项栏中单击【选择工具模式】 [路径 ⬦] 按钮，在弹出的选项中选择【形状】，将【填充】更改为白色，【描边】更改为无，在"欢"字顶部位置绘制一个积雪形状不规则图形，此时将生成一个【形状1】图层，如图1.28所示。

图1.28 绘制图形

步骤 02 在【图层】面板中选中【形状 1】图层，单击面板底部的【添加图层样式】 *fx* 按钮，在菜单中选择【斜面和浮雕】命令，在弹出的对话框中将【大小】更改为8像素，将【阴影模式】中的【不透明度】更改为40%，如图1.29所示。

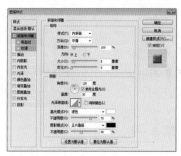

图1.29 设置【斜面和浮雕】参数

步骤 03 选中【投影】复选框，将【不透明度】更改为40%，取消【使用全局光】复选框，将【角度】更改为90度，【距离】更改为2像素，【大小】更改为2像素，完成之后单击【确定】按钮，如图1.30所示。

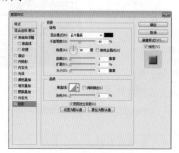

图1.30 设置【投影】参数

步骤 04 以刚才同样的方法在其他几个文字顶部以及整体文字上方位置绘制相似积雪图像，此时将生成相对应的【形状 2】、【形状 3】、【形状 4】及【形状 5】4个新图层，如图1.31所示。

图1.31 绘制图形

步骤 05 在【形状 1】图层名称上单击鼠标右键，从弹出的快捷菜单中选择【拷贝图层样式】命令，同时选中【形状 2】、【形状 3】、【形状 4】及【形状 5】图层，在其图层名称上单击鼠标右键，从弹出的快捷菜单中选择【粘贴图层样式】命令，如图1.32所示。

图1.32 拷贝并粘贴图层样式

步骤 06 选择工具箱中的【椭圆工具】 ⬭ ，在选项栏中将【填充】更改为黑色，【描边】更改为无，在文字底部位置绘制一个细长椭圆图形，此时将生成一个【椭圆 1】图层，如图1.33所示。

图1.33 绘制图形

步骤 07 选中【椭圆 1】图层，执行菜单栏中的【滤镜】|【模糊】|【高斯模糊】命令，在弹出的对话框中将【半径】更改为5像素，完成之后单击【确定】按钮，再将其【不透明度】更改为30%，如图1.34所示。

图1.34 设置高斯模糊并更改不透明度

1.1.4　制作主题标签

步骤 01 选择工具箱中的【矩形工具】 ▣ ，在选项栏中将【填充】更改为红色（R：205，G：20，B：42），【描边】更改为无，在画布左侧位置绘制一个矩形，如图1.35所示，此时将生成一个【矩形1】图层。

步骤 02 选择工具箱中的【横排文字工具】 Ｔ ，在矩形位置添加文字，如图1.36所示。

图1.35 绘制图形　　　　　图1.36 添加文字

步骤 03 选择工具箱中的【椭圆工具】 ⬭ ，在选项栏中将【填充】更改为白色，【描边】为红色（R：255，G：50，B：70），在刚才添加的上方文字位置按住Shift键绘制一个正圆图形，此时将生成一个【椭圆2】图层，如图1.37所示。

图1.37 绘制图形

步骤 04 在【图层】面板中选中【疯狂 扫货】图层，单击面板底部的【添加图层蒙版】 ▢ 按钮，为其添加图层蒙版，如图1.38所示。

步骤 05 按住Ctrl键单击【椭圆 2】图层缩览图将其载入选区，如图1.39所示。

图1.38 添加图层蒙版　　　图1.39 载入选区

步骤 06 执行菜单栏中的【选择】|【修改】|【扩展】命令，在弹出的对话框中将【扩展量】更改为4像素，完成之后单击【确定】按钮，效果如图1.40所示。

步骤 07 将选区填充为黑色，完成之后按Ctrl+D组合键取消选区，如图1.41所示。

图1.40 扩展选区　　　　图1.41 隐藏图形

步骤 08 选择工具箱中的【横排文字工具】 Ｔ ，在绘制的椭圆位置添加文字，如图1.42所示。

步骤 09 同时选中所有和标签相关的图层，按Ctrl+E组合键将其合并，将生成图层名称更改为【标签】，如图1.43所示。

图1.42 添加文字　　　　图1.43 将图层合并

1.1.5　制作飘动效果

步骤 01 选中【标签】图层，执行菜单栏中的【滤镜】|【扭曲】|【波浪】命令，在弹出的对话框中将【生成器数】更改为1，【波长】中的【最小】更改为63，【最大】更改为64，【波幅】中的【最小】更改为2，【最大】更改为5，完成之后单击【确定】按钮，如图1.44所示。

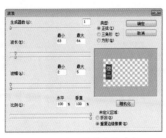

图1.44 设置【波浪】参数

步骤02 选择工具箱中的【钢笔工具】，在选项栏中单击【选择工具模式】 路径 按钮，在弹出的选项中选择【形状】，将【填充】更改为白色，【描边】更改为无，在标签顶部位置绘制一个积雪形状的图形，此时将生成一个【形状6】图层，如图1.45所示。

图1.45 绘制图形

步骤03 在【形状1】图层名称上单击鼠标右键，从弹出的快捷菜单中选择【拷贝图层样式】命令，在【形状6】图层名称上单击鼠标右键，从弹出的快捷菜单中选择【粘贴图层样式】命令，如图1.46所示。

图1.46 拷贝并粘贴图层样式

步骤04 执行菜单栏中的【文件】|【打开】命令，打开"圣诞老人.psd"文件，在打开的文档中分别选中两个图层，将其拖入画布中合适的位置并适当缩小，如图1.47所示。

步骤05 选择工具箱中的【矩形工具】，在选项栏中将【填充】更改为深棕色（R：34，G：16，B：3），【描边】更改为无，在画布左下角位置绘制一个矩形，如图1.48所示，此时将生成一个【矩形1】图层。

图1.47 添加素材

步骤06 选中【矩形1】图层，将其图层【不透明度】更改为30%，如图1.49所示。

图1.48 绘制图形　　　　图1.49 更改不透明度

步骤07 选中【矩形1】图层，在画布中按住Alt+Shift组合键向右侧拖动将图形复制数份，如图1.50所示。

图1.50 复制图形

提示技巧

复制图形后若不能将其与背景完全对齐可以适当增加或减小图形宽度。

步骤08 选择工具箱中的【横排文字工具】 T ，在画布适当位置添加文字，效果如图1.51所示。

图1.51 最终效果

1.2 雪景主题直通车

设计构思 本例讲解雪景主题直通车的制作，此款直通车的视觉效果非常柔和，以冬日元素背景及边框组合成一个经典的直通车主图，细节部分也相当完美，在制作过程中注意直通车中的图文元素与整个店铺的主题衔接。最终效果如图1.52所示。

难易程度：★★☆☆☆
调用素材：下载文件\调用素材\第1章\雪景主题直通车
最终文件：下载文件\源文件\第1章\雪景主题直通车.psd
视频位置：下载文件\movie\1.2雪景主题直通车.avi

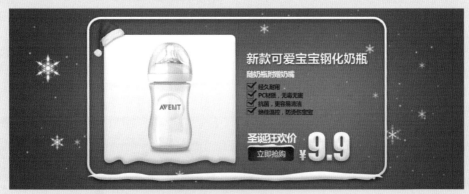

图1.52 最终效果

操作步骤

1.2.1 制作格子背景

步骤 01 执行菜单栏中的【文件】|【新建】命令，在弹出的对话框中设置【宽度】为1024像素，【高度】为397像素，【分辨率】为72像素/英寸，将画布填充为深红色（R：157，G：50，B：27）。

步骤 02 选择工具箱中的【圆角矩形工具】，在选项栏中将【填充】更改为橙色（R：243，G：114，B：20），【描边】更改为无，【半径】更改为50像素，绘制一个圆角矩形，如图1.53所示。此时将生成一个【圆角矩形 1】图层。

图1.53 绘制图形

步骤 03 选中【圆角矩形 1】图层，执行菜单栏中的【滤镜】|【模糊】|【高斯模糊】命令，在弹出的对话框中将【半径】更改为100像素，完成之后单击【确定】按钮，效果如图1.54所示。

图1.54 高斯模糊效果

步骤 04 执行菜单栏中的【文件】|【新建】命令，在弹出的对话框中设置【宽度】为11像素，【高度】为11像素，【分辨率】为72像素/英寸，【颜色模式】为RGB颜色，【背景】为透明，新建一个空白画布并将其放大，如图1.55所示。

图1.55 新建画布并放大

步骤 05 选择工具箱中的【直线工具】 ，在选项栏中将【填充】更改为黑色，【描边】更改为无，【粗细】更改为1像素，在画布中按住Shift键绘制一条水平线段，此时将生成一个【形状1】图层，如图1.56所示。

图1.56 绘制图形

步骤 06 选中【形状1】图层，在画布中按住Alt+Shift组合键向下拖动将线段复制2份，如图1.57所示。

步骤 07 同时选中所有图层并按Ctrl+E组合键将其合并，此时将生成一个【形状1 拷贝2】图层。选中【形状1 拷贝2】图层，将其拖至面板底部的【创建新图层】 按钮上，复制一个【形状1 拷贝3】图层，如图1.58所示。

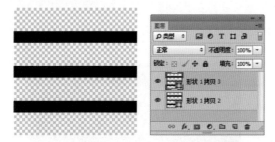

图1.57 复制图形　　图1.58 合并图层

步骤 08 选中【形状1 拷贝3】图层，按Ctrl+T组合键对其执行【自由变换】命令，单击鼠标右键，从弹出的快捷菜单中选择【旋转90度（顺时针）】命令，完成之后按Enter键确认，如图1.59所示。

步骤 09 同时选中【形状1 拷贝3】及【形状1 拷贝2】图层，按Ctrl+E组合键将其合并，如图1.60所示。

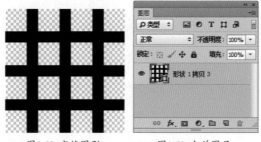

图1.59 变换图形　　图1.60 合并图层

步骤 10 执行菜单栏中的【编辑】|【定义图案】命令，在弹出的对话框中将【名称】更改为【纹理】，完成之后单击【确定】按钮，如图1.61所示。

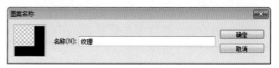

图1.61 设置定义图案

步骤 11 在之前的文档中单击面板底部的【创建新图层】 按钮，新建一个【图层1】图层，并将其填充为白色。

步骤 12 在【图层】面板中选中【图层1】图层，单击面板底部的【添加图层样式】 按钮，在菜单中选择【图案叠加】命令，在弹出的对话框中将【混合模式】更改为【柔光】，【不透明度】更改为50%，单击【图案】右侧的按钮，在弹出的面板中选择刚才定义的纹理图案，完成之后单击【确定】按钮，如图1.62所示。

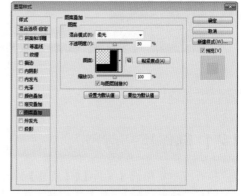

图1.62 设置【图案叠加】参数

步骤 13 在【图层】面板中选中【图层1】图层，将其图层【填充】更改为0，如图1.63所示。

图1.63 更改填充

1.2.2 添加装饰图像

步骤 01 在【画笔】面板中选择一种圆角笔触，将【大小】更改为5像素，【硬度】更改为0，【间距】更改为1000%，如图1.64所示。

步骤 02 选中【形状动态】复选框，将【大小抖动】更改为100%，如图1.65所示。

图1.64 设置【画笔笔尖形状】参数　　图1.65 设置【形状动态】参数

步骤03 选中【散布】复选框，将【散布】更改为1000%，如图1.66所示。

步骤04 选中【平滑】复选框，如图1.67所示。

图1.66 设置【散布】参数　　　图1.67 选中平滑

步骤05 单击【图层】面板底部的【创建新图层】按钮，新建一个【图层 2】图层。

步骤06 将前景色更改为白色，在图像区域涂抹或单击添加图像，如图1.68所示。

图1.68 添加图像

1.2.3 绘制直通车轮廓

步骤01 选择工具箱中的【圆角矩形工具】，在选项栏中将【填充】更改为白色，【描边】更改为无，【半径】更改为10像素，在画布靠左侧位置绘制一个圆角矩形，如图1.69所示，此时将生成一个【圆角矩形 2】图层。

步骤02 选择工具箱中的【直接选择工具】，选中圆角矩形底部的锚点按Delete键将其删除，如图1.70所示。

图1.69 绘制图形　　　　图1.70 删除锚点

步骤03 选择工具箱中的【钢笔工具】，单击选项栏中的【路径操作】按钮，在弹出的选项中选择【合并形状】，在圆角矩形底部位置绘制一个不规则图形，如图1.71所示。

图1.71 绘制图形

步骤04 在【图层】面板中选中【圆角矩形 2】图层，单击面板底部的【添加图层样式】按钮，在菜单中选择【斜面和浮雕】命令，在弹出的对话框中将【大小】更改为8像素，【软化】更改为8像素，取消【使用全局光】复选框，【角度】更改为90度，【阴影模式】中的【不透明度】更改为20%，如图1.72所示。

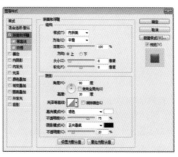

图1.72 设置【斜面和浮雕】参数

步骤05选中【渐变叠加】复选框，将【不透明度】更改为10%，【渐变】更改为深红色（R：138，G：35，B：14）到白色，如图1.73所示。

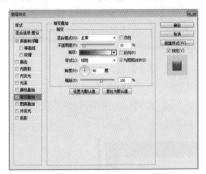

图1.73 设置【渐变叠加】参数

步骤06选中【投影】复选框，将【混合模式】更改为【叠加】，取消【使用全局光】复选框，将【角度】更改为90度，【距离】更改为4像素，【大小】更改为10像素，完成之后单击【确定】按钮，如图1.74所示。

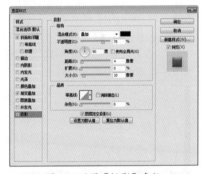

图1.74 设置【投影】参数

1.2.4 利用【通道】抠取玻璃奶瓶

步骤01执行菜单栏中的【文件】|【打开】命令，打开"奶瓶.jpg"文件，如图1.75所示。

步骤02选择一种自己习惯的方式将奶瓶抠取，将生成的图层名称更改为【奶瓶】，如图1.76所示。

图1.75 打开素材　　　图1.76 抠取奶瓶

步骤03在【图层】面板中选中【奶瓶】图层，将其拖至面板底部的【创建新图层】按钮上，复制一个【奶瓶 拷贝】图层，如图1.77所示。

步骤04将【奶瓶 拷贝】图层名称更改为【高光】，如图1.78所示。

图1.77 复制图层　　　图1.78 更改图层名称

步骤05单击【图层】面板底部的【创建新图层】按钮，新建一个【图层1】图层，并将【图层1】图层移至【奶瓶】下方，再将其图层填充为黑色，如图1.79所示。

图1.79 新建图层并填充颜色

步骤06在【通道】面板中选中【蓝】通道，将其拖至面板底部的【创建新通道】按钮上，复制一个【蓝 拷贝】通道，如图1.80所示。

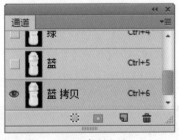

图1.80 复制通道

步骤07选中【蓝 拷贝】通道，执行菜单栏中的【图像】|【调整】|【曲线】命令，在弹出的对话框中调整曲线增强通道对比度，完成之后单击【确定】按钮，如图1.81所示。

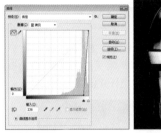

图1.81 调整曲线

步骤08 选中【蓝 拷贝】通道，执行菜单栏中的【滤镜】|【模糊】|【高斯模糊】命令，在弹出的对话框中将【半径】更改为1像素，完成之后单击【确定】按钮，如图1.82所示。

图1.82 设置【高斯模糊】参数及效果

步骤09 选择工具箱中的【画笔工具】，在画布中单击鼠标右键，在弹出的面板中选择一种圆角笔触，将【大小】更改为85像素，【硬度】更改为0。

步骤10 将前景色更改为黑色，在画布中瓶身部分区域进行涂抹以隐藏部分通道信息，如图1.83所示。

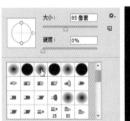

图1.83 隐藏通道

步骤11 执行菜单栏中的【图像】|【调整】|【色阶】命令，在弹出的对话框中将数值更改为（0，1.0，95），完成之后单击【确定】按钮，如图1.84所示。

图1.84 调整色阶

步骤12 按住Ctrl键单击【蓝 拷贝】通道名称，将其载入选区，如图1.85所示。

图1.85 载入选区

步骤13 在【图层】面板中选中【高光】图层，单击面板底部的【添加图层蒙版】按钮，为其添加图层蒙版将瓶子的高光区域显示，如图1.86所示。

图1.86 添加图层蒙版

步骤14 在【图层】面板中选中【奶瓶】图层，将其图层混合模式设置为【正片叠底】，【不透明度】更改为60%，如图1.87所示。

图1.87 设置图层混合模式

步骤15 同时选中【高光】及【奶瓶】图层，按Ctrl+E组合键将其合并，将生成的图层名称更改为【奶瓶】。

步骤16 执行菜单栏中的【图像】|【调整】|【色阶】命令，在弹出的对话框中将数值更改为（0，1，95），完成之后单击【确定】按钮，如图1.88所示。

图1.88 调整色阶

步骤17 将【奶瓶】图层拖至直通车文档中图形位置，如图1.89所示。

图1.89 添加图像

步骤18 选择工具箱中的【椭圆工具】◯，在选项栏中将【填充】更改为黑色，【描边】更改为无，在奶瓶图像底部位置绘制一个椭圆图形，此时将生成一个【椭圆1】图层，将其移至【奶瓶】图层下方，如图1.90所示。

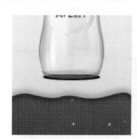

图1.90 绘制图形

步骤19 选中【椭圆1】图层，执行菜单栏中的【滤镜】|【模糊】|【高斯模糊】命令，在弹出的对话框中将【半径】更改为3像素，完成之后单击【确定】按钮，如图1.91所示。

步骤20 将【椭圆1】图层的【不透明度】更改为50%，效果如图1.92所示。

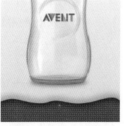

图1.91 设置【高斯模糊】参数　图1.92 更改不透明度

1.2.5 添加素材及文字

步骤01 执行菜单栏中的【文件】|【打开】命令，打开"帽子.psd"文件，并将其拖入画布中奶瓶所在图形的左上角位置，如图1.93所示。

图1.93 添加素材

步骤02 在【图层】面板中选中【帽子】图层，单击面板底部的【添加图层样式】*fx*按钮，在菜单中选择【投影】命令，在弹出的对话框中将【不透明度】更改为30%，【距离】更改为2像素，【大小】更改为4像素，完成之后单击【确定】按钮，如图1.94所示。

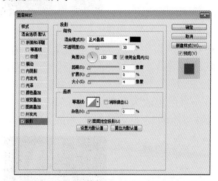

图1.94 设置【投影】参数

步骤03 选择工具箱中的【横排文字工具】T，在画布中适当位置添加文字，如图1.95所示。

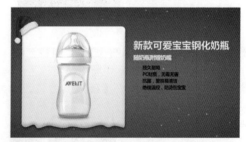

图1.95 添加文字

步骤04 在【帽子】图层名称上单击鼠标右键，从弹出的快捷菜单中选择【拷贝图层样式】命令，在【新款可爱宝宝钢化奶瓶】图层名称上单击鼠标右键，从弹出的快捷菜单中选择【粘贴图层样式】命令，如图1.96所示。

图1.96 拷贝并粘贴图层样式

步骤05 选择工具箱中的【自定形状工具】，在画布中单击鼠标右键，在弹出的面板中选择【Web】|【选中复选框】形状，如图1.97所示。

步骤06 在选项栏中将【填充】更改为深红色（R：95，G：0，B：5），在添加的文字部分按住Shift键绘制一个形状，如图1.98所示，此时将生成一个【形状1】图层。

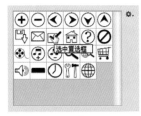

图1.97 选择形状　　　　图1.98 绘制图形

步骤07 选中【形状1】图层，在画布中按住Alt+Shift组合键向下方拖动将图形复制3份并分别放在相对应文字的前方位置，如图1.99所示。

步骤08 选择工具箱中的【圆角矩形工具】，在选项栏中将【填充】更改为白色，【描边】更改为无，【半径】更改为5像素，在文字下方位置绘制一个圆角矩形，如图1.100所示，此时将生成一个【圆角矩形3】图层。

图1.99 复制图形　　　　图1.100 绘制图形

步骤09 在【图层】面板中选中【圆角矩形3】图层，单击面板底部的【添加图层样式】按钮，在菜单中选择【渐变叠加】命令，在弹出的对话框中将【渐变】更改为红色（R：224，G：55，B：3）到深红色（R：114，G：22，B：6），【样式】更改为【径向】，【角度】更改为0，完

成之后单击【确定】按钮，如图1.101所示。

图1.101 设置【渐变叠加】参数

步骤10 选择工具箱中的【钢笔工具】，在选项栏中单击【选择工具模式】 路径 按钮，在弹出的选项中选择【形状】，将【填充】更改为白色，【描边】更改为无，在圆角矩形顶部位置绘制一个不规则图形，如图1.102所示，此时将生成一个【形状2】图层。

步骤11 在【圆角矩形2】图层名称上单击鼠标右键，从弹出的快捷菜单中选择【拷贝图层样式】命令，在【形状2】图层名称上单击鼠标右键，从弹出的快捷菜单中选择【粘贴图层样式】命令，如图1.103所示。

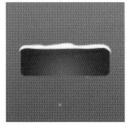

图1.102 绘制图形　　　　图1.103 拷贝并粘贴图层样式

步骤12 选择工具箱中的【横排文字工具】，在刚才绘制的图形旁边添加文字，如图1.104所示。

步骤13 在【￥9.9】图层名称上单击鼠标右键，从弹出的快捷菜单中选择【粘贴图层样式】命令，如图1.105所示。

图1.104 添加文字　　　　图1.105 拷贝并粘贴图层样式

步骤14 单击【图层】面板底部的【创建新图层】按钮，新建一个【图层3】图层，如图1.106所示。

步骤15 选择工具箱中的【画笔工具】，在画布

中单击鼠标右键，在弹出的面板菜单中选择【替换画笔】|【雪花】，将其载入后选择任意画笔并更改适当大小，如图1.107所示。

图1.106 新建图层　　图1.107 选择笔触

步骤16 将前景色更改为白色，在画布中适当位置单击添加图像，如图1.108所示。

图1.108 添加图像

1.2.6 制作冬日元素边框

步骤01 选择工具箱中的【圆角矩形工具】，在选项栏中将【填充】更改为无，【描边】更改为白色，【大小】更改为5点，【半径】更改为30像素，在画布中绘制一个圆角矩形，如图1.109所示，此时将生成一个【圆角矩形4】图层。

图1.109 绘制图形

步骤02 选择工具箱中的【钢笔工具】，在选项栏中单击【选择工具模式】按钮，在弹出的选项中选择【形状】，将【填充】更改为黑色，【描边】更改为无，绘制一个不规则图形，如图1.110所示，此时将生成一个【形状3】图层。

图1.110 绘制图形

步骤03 同时选中【形状3】及【圆角矩形4】图层，在其图层名称上单击鼠标右键，从弹出的快捷菜单中选择【粘贴图层样式】命令，这样就完成了效果的制作，如图1.111所示。

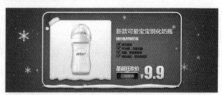

图1.111 最终效果

1.3 圣诞主题优惠券

设计构思　本例讲解圣诞主题优惠券的制作。本例中的优惠券特征十分明显，将圣诞元素边框与直观的文字信息相结合，整体效果十分出色。最终效果如图1.112所示。

难易程度：★☆☆☆☆
调用素材：下载文件\调用素材\第1章\圣诞主题优惠券
最终文件：下载文件\源文件\第1章\圣诞主题优惠券.psd
视频位置：下载文件\movie\1.3圣诞主题优惠券.avi

图1.112 最终效果

1.3.1 制作条纹边框

步骤 01 执行菜单栏中的【文件】|【新建】命令，在弹出的对话框中设置【宽度】为300像素，【高度】为200像素，【分辨率】为72像素/英寸，将画布填充为灰色（R：227，G：227，B：227）。

步骤 02 选择工具箱中的【矩形工具】 ▢，在选项栏中将【填充】更改为白色，【描边】更改为无，在画布中绘制一个矩形，如图1.113所示，此时将生成一个【矩形1】图层。

图1.113 绘制图形

步骤 03 在【图层】面板中选中【矩形1】图层，将其拖至面板底部的【创建新图层】 ▢ 按钮上，复制一个【矩形1拷贝】图层，如图1.114所示。

步骤 04 将【矩形1拷贝】图层中图形的【填充】更改为无，【描边】更改为红色（R：223，G：38，B：38），【大小】更改为10点，如图1.115所示。

图1.114 复制图层　　　　图1.115 变换图形

步骤 05 选择工具箱中的【矩形工具】 ▢，在选项栏中将【填充】更改为绿色（R：15，G：143，B：60），【描边】更改为无，在刚才绘制的矩形左侧位置再次绘制一个矩形，此时将生成一个【矩形2】图层，如图1.116所示。

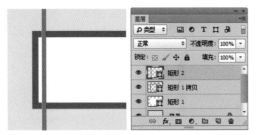

图1.116 绘制图形

步骤 06 选中【矩形2】图层，按Ctrl+T组合键对其执行【自由变换】命令，当出现变形框之后，在选项栏的【旋转】文本框中输入-45，按Enter键确认，再适当移动图形，如图1.117所示。

图1.117 旋转图形

步骤 07 选中【矩形2】图层，按Ctrl+Alt+T组合键对其执行复制变换命令，当出现变形框之后将图像向下方适当移动，按Enter键确认，如图1.118所示。

步骤 08 按住Ctrl+Alt+Shift组合键的同时按T键多次执行多重复制命令，如图1.119所示。

图1.118 变换复制图像　　　图1.119 多重复制

步骤 09 同时选中所有和【矩形2】相关的图层，按Ctrl+E组合键将图层合并，将生成的图层名称更改为【左侧条纹】，执行菜单栏中的【图层】|【创建剪贴蒙版】命令，为当前图层创建剪贴蒙版，将部分图形隐藏，如图1.120所示。

图1.120 创建剪贴蒙版

步骤 10 在【图层】面板中选中【左侧条纹】图层，单击面板底部的【添加图层蒙版】 ▣ 按钮，为其添加图层蒙版，如图1.121所示。

步骤 11 选择工具箱中的【矩形选框工具】 ⬚，在条纹图形底部位置绘制一个矩形选区，如图1.122所示。

图1.121 添加图层蒙版

图1.122 绘制选区

步骤12 将选区填充为黑色隐藏部分图形，完成之后按Ctrl+D组合键取消选区，如图1.123所示。

图1.123 隐藏图形

步骤13 在【图层】面板中选中【左侧条纹】图层，将其拖至面板底部的【创建新图层】按钮上，复制一个拷贝图层，将其图层名称更改为【右侧条纹】，如图1.124所示。

步骤14 选中【右侧条纹】图层，按Ctrl+T组合键对其执行【自由变换】命令，单击鼠标右键，从弹出的快捷菜单中选择【水平翻转】命令，然后按Enter键确认，再将图形向右侧平移至与原图形相对的位置，如图1.125所示。

图1.124 复制图层

图1.125 变换图形

提示技巧

在复制图形之后，由于拷贝图层在【矩形 1 拷贝】图层上方，所以无需重新创建剪贴蒙版。

步骤15 以同样的方法将图形再次复制2份并分别放在矩形顶部和底部位置，如图1.126所示。

图1.126 复制图形

提示技巧

为底部和顶部边框制作条纹效果时，需要将条纹图形复制以完全铺满整个边框。

步骤16 在【图层】面板中，同时选中除【背景】、【矩形 1】之外的所有图层，按Ctrl+G组合键将其编组，将生成的组名称更改为【条纹边框】。

步骤17 选中【条纹边框】组，单击面板底部的【添加图层样式】 *fx* 按钮，在菜单中选择【斜面和浮雕】命令，在弹出的对话框中将【大小】更改为4像素，【高光模式】中的【不透明度】更改为30%，【阴影模式】中的【不透明度】更改为30%，完成之后单击【确定】按钮，如图1.127所示。

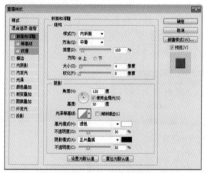
图1.127 设置【斜面和浮雕】参数

1.3.2 添加素材及文字

步骤01 执行菜单栏中的【文件】|【打开】命令，打开"圣诞铃铛.psd"文件，将其拖入画布中边框图像左上角位置并适当缩小，如图1.128所示。

图1.128 添加素材

步骤02 在【图层】面板中选中【圣诞铃铛】图层，单击面板底部的【添加图层样式】 fx 按钮，在菜单中选择【投影】命令，在弹出的对话框中将【不透明度】更改为40%，【距离】更改为2像素，【大小】更改为5像素，完成之后单击【确定】按钮，如图1.129所示。

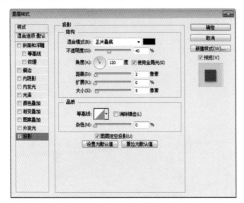

图1.129 设置【投影】参数

步骤03 选择工具箱中的【横排文字工具】 T ，在画布适当位置添加文字，如图1.130所示。

图1.130 添加文字

步骤04 选择工具箱中的【矩形工具】 ，在选项栏中将【填充】更改为红色（R：208，G：6，B：0），【描边】更改为无，在刚才绘制的图形下方位置绘制一个矩形，如图1.131所示，此时将生成一个【矩形2】图层。

图1.131 绘制图形

步骤05 选择工具箱中的【椭圆工具】 ，在选项栏中将【填充】更改为无，【描边】更改为白色，【大小】更改为1点，在箭头图形位置按住Shift键绘制一个正圆图形，如图1.132所示。

步骤06 选择工具箱中的【钢笔工具】 ，在选项栏中单击【选择工具模式】 路径 按钮，在弹出的选项中选择【形状】，将【填充】更改为白色，【描边】更改为无，在刚才绘制的圆形内部位置绘制一个不规则图形，如图1.133所示。

图1.132 绘制椭圆　　　图1.133 绘制图形

步骤07 选择工具箱中的【横排文字工具】 T ，在画布适当位置添加文字，这样就完成了效果的制作，如图1.134所示。

图1.134 最终效果

第2章 营养保健店铺装修

本章店面装修效果说明

本章店面装修采用黄色和绿色为主色调，整体色彩偏向暖色系，很好地衬托出滋补主题。店面整体采用立体视觉构图方式，将立体木质图像与大自然清新背景相结合是本章的一大亮点，此种制作手法完美地体现出春季滋补时效性的特点。本章店面装修包括店招、木刻优惠券及主图直通车。

春天主题背景

滋补艺术字

营养保健店招

木质展台

木刻优惠券

红布标识

营养品主图直通车

2.1 营养保健店招

设计构思 本例讲解营养保健店招的制作。本例在制作过程中将国风艺术字与大气的主题场景相结合，整个视觉效果简洁而大气。最终效果如图2.1所示。

难易程度：★★★☆☆
调用素材：下载文件\调用素材\第2章\营养保健店招
最终文件：下载文件\源文件\第2章\营养保健店招.psd
视频位置：下载文件\movie\2.1营养保健店招.avi

图2.1 最终效果

操作步骤

2.1.1 制作春天主题背景

步骤01 执行菜单栏中的【文件】|【新建】命令，在弹出的对话框中设置【宽度】为1024像素，【高度】为420像素，【分辨率】为72像素/英寸，新建一个空白画布。

步骤02 执行菜单栏中的【文件】|【打开】命令，打开"风景.jpg"文件，将其拖入画布中并适当缩小至与画布相同大小，其图层名称将更改为【图层1】，如图2.2所示。

图2.2 添加素材

步骤03 按Ctrl+Alt+2组合键将图像中高光区域载入

选区，如图2.3所示。

图2.3 载入选区

步骤04 执行菜单栏中的【图层】|【新建】|【通过拷贝的图层】命令，此时将生成一个【图层2】图层。

步骤05 执行菜单栏中的【滤镜】|【模糊】|【径向模糊】命令，在弹出的对话框中分别选中【缩放】和【好】单选按钮，将【数量】更改为80，完成之后按Enter键确认，效果如图2.4所示。

图2.4 添加径向模糊

2.1.2 制作木质展台

步骤 01 执行菜单栏中的【文件】|【打开】命令，打开"木板.jpg"文件，将其拖入画布中并适当缩小，如图2.5所示，将其图层名称更改为【木板】。

图2.5 添加素材

步骤 02 选中【木板】图层，按Ctrl+T组合键对其执行【自由变换】命令，单击鼠标右键，从弹出的快捷菜单中选择【透视】命令，拖动变形框控制点将图像变形，完成之后按Enter键确认，如图2.6所示。

图2.6 将图像变形

步骤 03 以刚才同样的方法再次添加木板素材图像，将其拖入画布中并移至刚才添加的木板图像下方位置，如图2.7所示，将其图层名称更改为【厚度】。

图2.7 添加素材

步骤 04 选择工具箱中的【矩形选框工具】，在

【厚度】图层中图像靠顶部位置绘制一个矩形选区以选中部分图像，如图2.8所示。

图2.8 绘制选区

步骤 05 执行菜单栏中的【选择】|【反向】命令，选中【厚度】图层，按Delete键将选区中的图像删除，完成之后按Ctrl+D组合键取消选区，如图2.9所示。

图2.9 删除图像

步骤 06 在【图层】面板中选中【厚度】图层，单击面板底部的【添加图层样式】fx按钮，在菜单中选择【投影】命令，在弹出的对话框中将【不透明度】更改为25%，取消【使用全局光】复选框，将【角度】更改为90度，【距离】更改为4像素，【大小】更改为4像素，完成之后单击【确定】按钮，如图2.10所示。

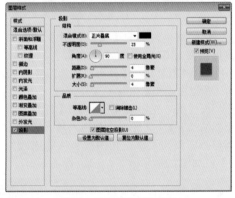

图2.10 设置【投影】参数

步骤 07 选择工具箱中的【直线工具】，在选项栏中将【填充】更改为白色，【描边】更改为无，【粗细】更改为1像素，在厚度图像顶部边缘位置按住Shift键绘制一条水平线段，如图2.11所示，此时将生成一个【形状1】图层。

图2.11 绘制图形

步骤 08 选中【形状 1】图层，执行菜单栏中的【滤镜】|【模糊】|【高斯模糊】命令，在弹出的对话框中将【半径】更改为1像素，完成之后单击【确定】按钮，效果如图2.12所示。

图2.12 高斯模糊效果

步骤 09 执行菜单栏中的【文件】|【打开】命令，打开"营养品.psd、云.psd"文件，将云复制两份，调整位置并缩小，如图2.13所示。

图2.13 添加素材

提示技巧

添加素材图像之后需要注意"云.psd"素材的图层顺序。

步骤 10 选择工具箱中的【椭圆工具】 ，在选项栏中将【填充】更改为白色，【描边】更改为无，在画布靠左侧位置按住Shift键绘制一个正圆图形，此时将生成一个【椭圆 1】图层，将其移至【图层 2】上方，如图2.14所示。

图2.14 绘制图形

步骤 11 选中【椭圆 1】图层，执行菜单栏中的【滤镜】|【模糊】|【高斯模糊】命令，在弹出的对话框中将【半径】更改为65像素，完成之后单击

【确定】按钮，如图2.15所示。

图2.15 设置【高斯模糊】参数及效果

2.1.3 制作滋补艺术字

步骤 01 选择工具箱中的【横排文字工具】 T ，在画布适当位置添加文字，如图2.16所示。

图2.16 添加文字

步骤 02 同时选中所有文字图层，按Ctrl+G组合键将其编组，将生成的组名称更改为【文字】，再单击面板底部的【创建新图层】 按钮，新建一个【图层 3】图层，执行菜单栏中的【图层】|【创建剪贴蒙版】命令，为当前图层创建剪贴蒙版，如图2.17所示。

步骤 03 选择工具箱中的【画笔工具】 ，在画布中单击鼠标右键，在弹出的面板中选择一种圆角笔触，将【大小】更改为200像素，【硬度】更改为0，如图2.18所示。

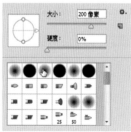

图2.17 新建图层　　　　图2.18 设置笔触

步骤 04 将前景色更改为黄色（R：255，G：228，B：0），在文字部分单击添加颜色，如图2.19所示。

步骤 05 单击【图层】面板底部的【创建新图层】 按钮，新建一个【图层4】图层，在将图层填充为黑色。

图2.19 添加颜色

步骤06 执行菜单栏中的【滤镜】|【渲染】|【镜头光晕】命令，在弹出的对话框中选中【50-300毫米变焦】单选按钮，将【亮度】更改为100%，在预览区中单击以确定光晕位置，完成之后单击【确定】按钮，如图2.20所示。

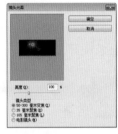

图2.20 设置【镜头光晕】参数及效果

步骤07 选中【图层4】图层，将其图层混合模式设置为【滤色】，如图2.21所示。

图2.21 设置图层混合模式

2.1.4 添加装饰图像

步骤01 执行菜单栏中的【文件】|【打开】命令，打开"叶.psd"文件，将其拖入画布中文字左侧位置并适当变形及旋转，如图2.22所示。

图2.22 添加素材

步骤02 选中【叶】图层，在画布中按住Alt键拖动将图像复制数份并将部分图像缩小及旋转，如图2.23所示。

图2.23 复制并变换图像

步骤03 选中任意一个叶图层，执行菜单栏中的【滤镜】|【模糊】|【动感模糊】命令，在弹出的对话框中将【角度】更改为20度，【距离】更改为10像素，设置完成之后单击【确定】按钮，如图2.24所示。

图2.24 设置【动感模糊】参数及效果

步骤04 以同样方法分别选中其他几个叶图像所在图层为其添加相似的动感模糊效果，这样就完成了效果的制作，如图2.25所示。

图2.25 最终效果

2.2 木刻优惠券

设计构思 本例讲解木刻优惠券的制作。木刻优惠券制作重点在于木质纹理的制作，其制作过程比较简单，只需要几种滤镜命令结合即可实现，同时在添加文字信息的时候注意文字颜色与背景图像的区分。最终效果如图2.26所示。

难易程度：★★☆☆☆
调用素材：无
最终文件：下载文件\源文件\第2章\木刻优惠券.psd
视频位置：下载文件\movie\2.2木刻优惠券.avi

图2.26 最终效果

操作步骤

2.2.1 制作优惠券纹理

步骤 01 执行菜单栏中的【文件】|【新建】命令，在弹出的对话框中设置【宽度】为300像素，【高度】为170像素，【分辨率】为72像素/英寸，新建一个空白画布。

步骤 02 单击【图层】面板底部的【创建新图层】按钮，新建一个【图层1】图层，将前景色更改为黄色（R：227，G：210，B：180），背景色更改为深黄色（R：206，G：165，B：112），执行菜单栏中的【滤镜】|【渲染】|【云彩】命令，添加云彩效果，如图2.27所示。

图2.27 添加云彩效果

步骤 03 执行菜单栏中的【滤镜】|【杂色】|【添加杂色】命令，在弹出的对话框中分别选中【高斯

分布】单选按钮及【单色】复选框，将【数量】更改为10%，完成之后单击【确定】按钮，如图2.28所示。

图2.28 设置【添加杂色】参数及效果

步骤 04 执行菜单栏中的【滤镜】|【模糊】|【动感模糊】命令，在弹出的对话框中将【距离】更改为1000像素，【角度】更改为0，完成之后单击【确定】按钮，如图2.29所示。

步骤 05 选择工具箱中的【矩形选框工具】，在图像靠左上角位置绘制一个矩形选区，如图2.30所示。

图2.29 设置【动感模糊】参数及效果

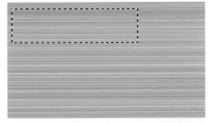

图2.30 绘制选区

步骤 06 执行菜单栏中的【滤镜】|【扭曲】|【旋转扭曲】命令，在弹出的对话框中将【角度】更改为-60度，完成之后单击【确定】按钮，如图2.31所示。

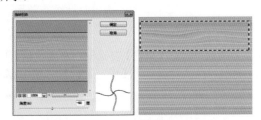

图2.31 设置【旋转扭曲】参数及效果

提示技巧

设置旋转扭曲之后需要注意保留选区。

步骤 07 选择工具箱中任意选取工具将选区适当移动，按Ctrl+F组合键为其添加相同的旋转扭曲效果，如图2.32所示。

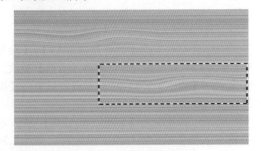

图2.32 添加旋转扭曲效果

步骤 08 以相同的方法将选区移至图像其他位置并添加相似旋转扭曲效果以修饰木纹纹理，如图2.33所示。

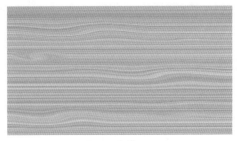

图2.33 修饰纹理

提示技巧

在为图像其他区域添加旋转扭曲效果时，可以将选区适当缩小或更改【旋转扭曲】对话框中【角度】的值，这样添加的旋转扭曲效果更加真实自然。

步骤 09 执行菜单栏中的【图像】|【调整】|【色阶】命令，在弹出的对话框中将数值更改为（40，1.41，228），完成之后单击【确定】按钮，如图2.34所示。

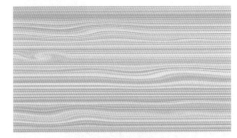

图2.34 调整色阶

2.2.2 制作优惠券轮廓

步骤 01 选择工具箱中的【圆角矩形工具】 ，在选项栏中单击【选择工具模式】按钮，在弹出的选项中选择【路径】，将【半径】更改为3像素，在图像中绘制一个圆角矩形路径，如图2.35所示。

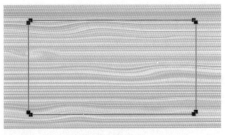

图2.35 绘制路径

步骤 02 按Ctrl+Enter组合键将路径转换为选区，如图2.36所示。

步骤 03 执行菜单栏中的【选择】|【反向】命令，将选区反向，按Delete键将选区中的图像删除，完成之后按Ctrl+D组合键取消选区，如图2.37所示。

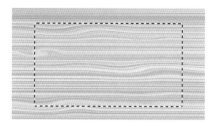

图2.36 转换选区

图2.37 删除图像

步骤 04 在【图层】面板中选中【图层 1】图层，单击面板底部的【添加图层样式】 *fx* 按钮，在菜单中选择【斜面和浮雕】命令，在弹出的对话框中将【方法】更改为【雕刻清晰】，【大小】更改为2像素，取消【使用全局光】复选框，【角度】更改为90度，【阴影模式】中的【不透明度】更改为100%，【颜色】更改为深黄色（R：98，G：58，B：0），完成之后单击【确定】按钮，如图2.38所示。

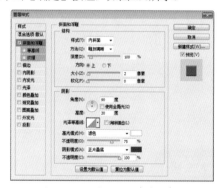

图2.38 设置【斜面和浮雕】参数

2.2.3 添加文字信息

步骤 01 选择工具箱中的【横排文字工具】 T，在木板图像位置添加文字，如图2.39所示。

图2.39 添加文字

步骤 02 在【图层】面板中选中数字【10】图层，单击面板底部的【添加图层样式】 *fx* 按钮，在菜单中选择【斜面和浮雕】命令，在弹出的对话框中将【大小】更改为2像素，【阴影模式】更改为【叠加】，如图2.40所示。

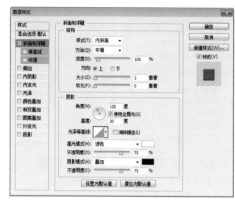

图2.40 设置【斜面和浮雕】参数

步骤 03 选中【渐变叠加】复选框，将【渐变】更改为深黄色（R：203，G：102，B：22）到黄色（R：255，G：180，B：0），完成之后单击【确定】按钮，如图2.41所示。

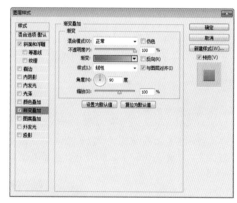

图2.41 设置【渐变叠加】参数

步骤 04 在【10】图层名称上单击鼠标右键，从弹出的快捷菜单中选择【拷贝图层样式】命令，在【￥】图层名称上单击鼠标右键，从弹出的快捷菜单中选择【粘贴图层样式】命令，将【￥】图层样式中的【斜面与浮雕】删除，如图2.42所示。

图2.42 拷贝并粘贴图层样式

步骤05 在【￥】图层名称上单击鼠标右键，从弹出的快捷菜单中选择【拷贝图层样式】命令，同时选中【满100使用】及【优惠券】图层，在其图层名称上单击鼠标右键，从弹出的快捷菜单中选择【粘贴图层样式】命令，如图2.43所示。

图2.43 拷贝并粘贴图层样式

步骤06 选择工具箱中的【矩形工具】，在选项栏中将【填充】更改为红色（R：208，G：32，B：30），【描边】更改为无，在文字右下角位置绘制一个矩形，如图2.44所示。

图2.44 绘制图形

步骤07 选择工具箱中的【横排文字工具】 **T**，在木板图像位置添加文字，这样就完成了效果的制作，如图2.45所示。

图2.45 最终效果

2.3 营养品主图直通车

设计构思 本例讲解营养品主图直通车的制作。本例的制作思路与店招保持一致，同时将木质纹理图像与经典的场景相结合，利用变形等手法制作出一种直观、出色的立体视觉效果。最终效果如图2.46所示。

难易程度：★★★★☆
调用素材：下载文件\调用素材\第2章\营养品主图直通车
最终文件：下载文件\源文件\第2章\营养品主图直通车.psd
视频位置：下载文件\movie\2.3营养品主图直通车.avi

图2.46 最终效果

2.3.1 制作直通车背景

步骤 01 执行菜单栏中的【文件】|【新建】命令，在弹出的对话框中设置【宽度】为1024像素，【高度】为920像素，【分辨率】为72像素/英寸，新建一个空白画布。

步骤 02 执行菜单栏中的【文件】|【打开】命令，打开"油菜花.jpg"文件，将其拖入画布中并适当增加图像高度及移动图像，如图2.47所示，其图层名称将更改为【图层1】。

图2.47 添加素材

提示技巧

因为色彩及版式原因，添加素材图像之后只需要保留图像上半部分图像即可。

步骤 03 在【图层】面板中选中【图层1】图层，单击面板底部的【添加图层蒙版】 按钮，为其添加图层蒙版，如图2.48所示。

步骤 04 选择工具箱中的【画笔工具】 ，在画布中单击鼠标右键，在弹出的面板中选择一种圆角笔触，将【大小】更改为350像素，【硬度】更改为0，如图2.49所示。

图2.48 添加图层蒙版

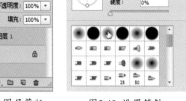

图2.49 设置笔触

步骤 05 将前景色更改为黑色，在其图像上半部分区域进行涂抹将其隐藏，如图2.50所示。

图2.50 隐藏图像

步骤 06 选中【图层1】图层，执行菜单栏中的【滤镜】|【模糊】|【高斯模糊】命令，在弹出的对话框中将【半径】更改为2像素，完成之后单击【确定】按钮，如图2.51所示。

图2.51 设置【高斯模糊】参数及效果

2.3.2 制作主体轮廓

步骤 01 执行菜单栏中的【文件】|【打开】命令，打开"木板.jpg"文件，将其拖入画布中并适当缩小，如图2.52所示，其图层名称将更改为【图层2】。

图2.52 添加素材

步骤 02 按住Ctrl键单击【图层2】图层缩览图，将其载入选区，如图2.53所示。

步骤 03 执行菜单栏中的【选择】|【修改】|【收缩】命令，在弹出的对话框中将【收缩量】更改为20像素，完成之后单击【确定】按钮，效果如图2.54所示。

图2.53 载入选区

图2.54 收缩选区

步骤04 选择工具箱中任意选取工具，在选区中单击鼠标右键，从弹出的快捷菜单中选择【变换选区】命令，等比增加选区高度，如图2.55所示。

步骤05 执行菜单栏中的【选择】|【反向】命令，选中【图层 2】图层，执行菜单栏中的【图层】|【新建】|【通过剪切的图层】命令，此时将生成一个【图层 3】图层，如图2.56所示。

图2.55 变换选区

图2.56 通过剪切的图层

步骤06 选中【图层 3】图层，按Ctrl+T组合键对其执行【自由变换】命令，单击鼠标右键，从弹出的快捷菜单中选择【水平翻转】命令，完成之后按Enter键确认，如图2.57所示。

图2.57 变换图像

步骤07 在【图层】面板中选中【图层 3】图层，单击面板底部的【添加图层样式】*fx*按钮，在菜单中选择【斜面和浮雕】命令，在弹出的对话框中将【方法】更改为【雕刻清晰】，【大小】更改为2像素，取消【使用全局光】复选框，【角度】更改为0，【阴影模式】中的【不透明度】更改为50%，完成之后单击【确定】按钮，如图2.58所示。

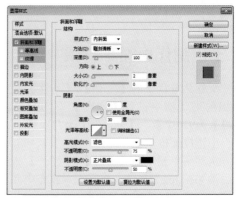
图2.58 设置【斜面和浮雕】参数

步骤08 选择工具箱中的【矩形选框工具】，在木板图像位置绘制一个矩形选区，如图2.59所示。

步骤09 执行菜单栏中的【选择】|【反向】命令，再选中【图层 2】图层，执行菜单栏中的【图层】|【新建】|【通过剪切的图层】命令，此时将生成一个【图层 4】图层，如图2.60所示。

图2.59 绘制选区

图2.60 通过剪切的图层

步骤10 在【图层 3】图层名称上单击鼠标右键，从弹出的快捷菜单中选择【拷贝图层样式】命令，在【图层 4】图层名称上单击鼠标右键，从弹出的快捷菜单中选择【粘贴图层样式】命令，如图2.61所示。

步骤11 双击【图层 4】图层样式名称，在弹出的对话框中将【角度】更改为90度，完成之后单击【确定】按钮，效果如图2.62所示。

图2.61 拷贝并粘贴图层样式

图2.62 设置图层样式后效果

步骤12 在【图层】面板中选中【图层 2】图层，单击面板底部的【添加图层样式】*fx*按钮，在菜单中选择【内发光】命令，在弹出的对话框中将【混合模式】更改为【柔光】，【颜色】更改为深黄色（R：48，G：30，B：4），【大小】更改为85像素，如图2.63所示。

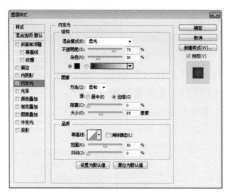

图2.63 设置【内发光】参数

步骤13 选中【渐变叠加】复选框，将【混合模式】更改为【柔光】，【渐变】更改为黑色到黑色，将第2个黑色色标【不透明度】更改为0，完成之后单击【确定】按钮，如图2.64所示。

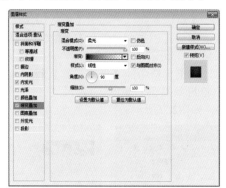

图2.64 设置【渐变叠加】参数

2.3.3 添加绿叶装饰

步骤01 执行菜单栏中的【文件】|【打开】命令，打开"树叶.psd"文件，将其拖入画布中木板图像靠顶部位置并适当缩小，如图2.65所示，将其移至【图层4】图层下方。

图2.65 添加素材

步骤02 在【图层】面板中选中【树叶】图层，单击面板底部的【添加图层样式】 *fx* 按钮，在菜单中选择【投影】命令，在弹出的对话框中将【不透明度】更改为50%，取消【使用全局光】复选框，将【角度】更改为90度，【距离】更改为2像素，【大小】更改为5像素，完成之后单击【确定】按钮，如图2.66所示。

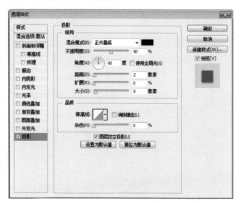

图2.66 设置【投影】参数

步骤03 执行菜单栏中的【文件】|【打开】命令，打开"木板.jpg"文件，将其拖入画布中间位置并缩小，如图2.67所示，其图层名称将更改为【图层5】。

步骤04 选择工具箱中的【矩形选框工具】 ⬚ ，在刚才添加的木板图像靠上位置绘制一个矩形选区以选中部分图像，如图2.68所示。

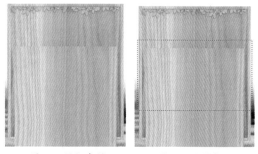

图2.67 添加素材　　图2.68 绘制选区

步骤05 执行菜单栏中的【图层】|【新建】|【通过剪切的图层】命令，此时将生成一个【图层6】图层，再选中【图层5】图层将其删除，如图2.69所示。

步骤06 将【图层6】图层名称更改为【托板】，如图2.70所示。

步骤07 在【图层】面板中选中【托板】图层，将其拖至面板底部的【创建新图层】 🔲 按钮上，复制一个【托板 拷贝】图层，将图层名称更改为【厚度】。

图2.69 通过剪切的图层

图2.70 删除图层

步骤08 将【厚度】图层暂时隐藏，再选中【托板】图层，按Ctrl+T组合键对其执行【自由变换】命令，单击鼠标右键，从弹出的快捷菜单中选择【透视】命令，拖动变形框控制点将图像变形，完成之后按Enter键确认，如图2.71所示。

图2.71 将图像变形

步骤09 将【厚度】图层显示，选择工具箱中的【矩形选框工具】，在画布中其图像靠下位置绘制一个矩形选区以选中部分图像，并按Delete键将选区中图像删除，完成之后按Ctrl+D组合键取消选区，如图2.72所示。

图2.72 删除图像

提示技巧

删除图像之后需要注意将厚度图像与托板图像边缘对齐。

步骤10 选择工具箱中的【直线工具】，在选项栏中将【填充】更改为白色，【描边】更改为无，【粗细】更改为2像素，在厚度图像与托板图像边缘位置按住Shift键绘制一条水平线段，如图2.73所示，此时将生成一个【形状1】图层。

图2.73 绘制图形

步骤11 选中【形状1】图层，执行菜单栏中的【滤镜】|【模糊】|【高斯模糊】命令，在弹出的对话框中将【半径】更改为1像素，完成之后单击【确定】按钮，如图2.74所示。

图2.74 设置【高斯模糊】参数及效果

步骤12 在【图层】面板中选中【形状1】图层，单击面板底部的【添加图层蒙版】按钮，为其添加图层蒙版，如图2.75所示。

步骤13 选择工具箱中的【渐变工具】，编辑黑色到白色再到黑色的渐变，将白色色标位置更改为50%，如图2.76所示。

图2.75 添加图层蒙版　　图2.76 编辑渐变

步骤14 单击选项栏中的【线性渐变】按钮，在其图形上按住Shift键从左向右侧拖动，将部分图像隐藏，如图2.77所示。

图2.77 隐藏图像

步骤15 选择工具箱中的【椭圆工具】 ⬭ ，在选项栏中将【填充】更改为深黄色（R：111，G：66，B：17），【描边】更改为无，在托板图像上方位置绘制一个椭圆图形，此时将生成一个【椭圆1】图层，如图2.78所示。

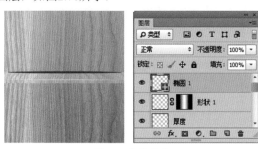

图2.78 绘制图形

步骤16 选中【椭圆1】图层，执行菜单栏中的【滤镜】|【模糊】|【高斯模糊】命令，在弹出的对话框中将【半径】更改为10像素，完成之后单击【确定】按钮，如图2.79所示。

图2.79 设置【高斯模糊】参数及效果

步骤17 选择工具箱中的【矩形工具】 ▭ ，在选项栏中将【填充】更改为深黄色（R：111，G：66，B：17），【描边】更改为无，在【厚度】图层中图像底部位置绘制一个矩形，此时将生成一个【矩形1】图层，将其移至【厚度】图层下方，如图2.80所示。

步骤18 选中【矩形1】图层，按Ctrl+T组合键对其执行【自由变换】命令，单击鼠标右键，从弹出的快捷菜单中选择【透视】命令，拖动变形框控制点将图形变形，完成之后按Enter键确认，如图2.81所示。

图2.80 绘制图形　　　　图2.81 将图形变形

步骤19 选中【矩形1】图层，执行菜单栏中的【滤镜】|【模糊】|【高斯模糊】命令，在弹出的对话框中将【半径】更改为10像素，完成之后单击【确定】按钮，如图2.82所示。

步骤20 选中【矩形1】图层，将其图层【不透明度】更改为50%。

图2.82 设置【高斯模糊】参数及效果

步骤21 选中【树叶】图层，在画布中按住Alt+Shift组合键向下方拖动至托板图像下方位置，将图像复制，如图2.83所示。

图2.83 复制图像

步骤22 同时选中【椭圆1】、【形状1】、【厚度】、【矩形1】、【托板】及【树叶 拷贝】图层，按Ctrl+G组合键将其编组，将生成的组名称更改为【托板】。选中【托板】组，将其拖至面板底部的【创建新图层】 ⬛ 按钮上，复制一个【托板 拷贝】组，如图2.84所示。

步骤23 选中【托板 拷贝】组，按住Shift键向下垂直移动，如图2.85所示。

图2.84 将图层编组　　　图2.85 移动图像

步骤24 执行菜单栏中的【文件】|【打开】命令，打开"营养品.psd"文件，将其拖入画布中上方托板靠右侧位置，如图2.86所示。

步骤25 选择工具箱中的【横排文字工具】 **T** ，在素材图像左侧位置添加文字，如图2.87所示。

图2.86 添加素材

图2.87 添加文字

步骤26 在【图层】面板中选中【补血养血】图层，单击面板底部的【添加图层样式】 **fx** 按钮，在菜单中选择【渐变叠加】命令，在弹出的对话框中将【渐变】更改为深黄色（R：203，G：102，B：22）到黄色（R：255，G：180，B：0），如图2.88所示。

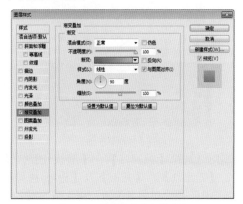
图2.88 设置【渐变叠加】参数

步骤27 选中【斜面和浮雕】复选框，将【大小】更改为2像素，【阴影模式】更改为【叠加】，完成之后单击【确定】按钮，如图2.89所示。

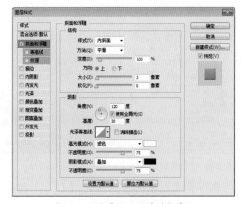
图2.89 设置【斜面和浮雕】参数

步骤28 在【补血养血】图层名称上单击鼠标右

键，从弹出的快捷菜单中选择【拷贝图层样式】命令，在【美容养颜】图层名称上单击鼠标右键，从弹出的快捷菜单中选择【粘贴图层样式】命令，如图2.90所示。

图2.90 拷贝并粘贴图层样式

2.3.4 制作红布标识

步骤01 选择工具箱中的【矩形工具】 ，在选项栏中将【填充】更改为红色（R：208，G：32，B：30），【描边】更改为无，在素材图像右上角位置绘制一个矩形，此时将生成一个【矩形2】图层，如图2.91所示。

图2.91 绘制图形

步骤02 在【图层】面板中选中【矩形2】图层，将其拖至面板底部的【创建新图层】 按钮上，复制一个【矩形2拷贝】图层，如图2.92所示。

步骤03 选中【矩形2拷贝】图层，按Ctrl+T组合键对其执行【自由变换】命令，将图形高度缩小，完成之后按Enter键确认，如图2.93所示。

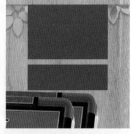
图2.92 复制图层　　图2.93 缩小图形

步骤04 选中【矩形2拷贝】图层，执行菜单栏中的【滤镜】|【扭曲】|【波浪】命令，在弹出的对话

框中将【生成器数】更改为2，【波长】中的【最小】更改为15，【最大】更改为20，【波幅】中的【最小】更改为1，【最大】更改为3，完成之后按Enter键确认，如图2.94所示。

图2.94 设置【波浪】参数

步骤05 选中【矩形 2 拷贝】图层，在画布中将图像向上移动，如图2.95所示。

步骤06 选择工具箱中的【矩形选框工具】 □ ，在【矩形 2 拷贝】图层中图像左侧位置绘制一个矩形选区，如图2.96所示。

 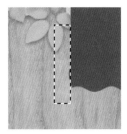

图2.95 移动图像　　图2.96 绘制选区

步骤07 选中【矩形 2】图层，按Delete键将选区中的图像删除，完成之后按Ctrl+D组合键取消选区，如图2.97所示。然后将这两个图层合并为【矩形 2 拷贝】图层。

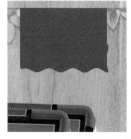 

图2.97 删除图像

步骤08 选择工具箱中的【矩形工具】 ▭ ，在选项栏中将【填充】更改为白色，【描边】更改为无，在图像靠顶部位置绘制一个矩形，此时将生成一个【矩形 2】图层，如图2.98所示。

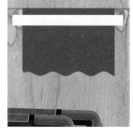 

图2.98 绘制图形

步骤09 选中【矩形 2】图层，执行菜单栏中的【滤镜】|【模糊】|【高斯模糊】命令，在弹出的对话框中将【半径】更改为6像素，完成之后单击【确定】按钮，如图2.99所示。

图2.99 设置【高斯模糊】参数及效果

步骤10 选中【矩形 2】图层，执行菜单栏中的【图层】|【创建剪贴蒙版】命令，为当前图层创建剪贴蒙版将部分图像隐藏，再将其图层混合模式设置为【叠加】，如图2.100所示。

图2.100 设置图层混合模式

步骤11 选择工具箱中的【椭圆工具】 ⬭ ，在选项栏中将【填充】更改为白色，【描边】更改为无，在刚才绘制的图像靠左侧位置绘制一个椭圆图形，此时将生成一个【椭圆 2】图层，如图2.101所示。

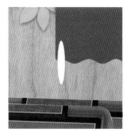 

图2.101 绘制图形

步骤12 选中【椭圆 2】图层，执行菜单栏中的【滤镜】|【模糊】|【高斯模糊】命令，在弹出的对话框中将【半径】更改为5像素，完成之后单击【确定】按钮，如图2.102所示。

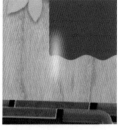

图2.102 设置【高斯模糊】参数及效果

步骤13 选中【椭圆 2】图层，执行菜单栏中的【滤镜】|【模糊】|【动感模糊】命令，在弹出的对话框中将【角度】更改为90度，【距离】更改为80像素，设置完成之后单击【确定】按钮，如图2.103所示。

图2.103 设置【动感模糊】参数及效果

步骤14 选中【椭圆 2】图层，执行菜单栏中的【图层】|【创建剪贴蒙版】命令，为当前图层创建剪贴蒙版将部分图像隐藏，再将其图层混合模式设置为【叠加】，如图2.104所示。

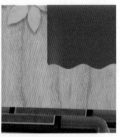

图2.104 设置图层混合模式

步骤15 选中【椭圆 2】图层，在画布中按住Alt+Shift组合键向右侧拖动至波浪中上弧形位置，将图像复制以制作高光效果，如图2.105所示。

步骤16 选中最后一个生成的【椭圆 2 拷贝 3】图层，按住Alt+Shift组合键向左侧拖动至波浪中下弧形位置，将图像复制以制作阴影效果，此时将生成一个【椭圆 2 拷贝 4】图层，如图2.106所示。

图2.105 复制图像

图2.106 复制图像

步骤17 在【图层】面板中选中【椭圆 2 拷贝 4】图层，单击面板上方的【锁定透明像素】 按钮，将透明像素锁定，并将图像填充为黑色，然后再次单击此按钮解除锁定，如图2.107所示。

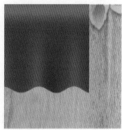

图2.107 锁定透明像素并填充颜色

步骤18 以刚才复制高光图像的方法，将【椭圆 2 拷贝 4】图层中图像复制数份以制作阴影效果，如图2.108所示。

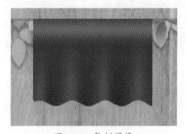

图2.108 复制图像

步骤19 选择工具箱中的【圆角矩形工具】 ，在选项栏中将【填充】更改为黄色（R：255，G：217，B：42），【描边】更改为无，【半径】更改为3像素，在刚才绘制的图像靠底部位置绘制一个圆角矩形，此时将生成一个【圆角矩形 1】图层，如图2.109所示。

步骤 20 选择工具箱中的【横排文字工具】 T ，在刚才绘制的图像位置添加文字，如图2.110所示。

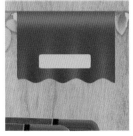
图2.109 绘制图形

图2.110 添加文字

步骤 21 同时选中所有和红布及上方图文相关的图层，按Ctrl+G组合键将其编组，并将生成的组名称更改为【红布标识】。

步骤 22 在【图层】面板中选中【红布标识】组，单击面板底部的【添加图层样式】 **fx** 按钮，在菜单中选择【投影】命令，在弹出的对话框中将【不透明度】更改为30%，取消【使用全局光】复选框，将【角度】更改为90度，【距离】更改为5像素，【大小】更改为15像素，完成之后单击【确定】按钮，如图2.111所示。

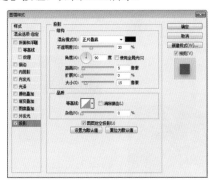
图2.111 设置【投影】参数

步骤 23 在打开的【营养品】素材文档中选中【营养品 2】图层，将其拖入画布中托板图像左侧位置并适当缩小，如图2.112所示。

步骤 24 以刚才同样的方法在添加的素材图像右侧位置添加图文详情信息，如图2.113所示。

图2.112 添加素材

图2.113 添加图文信息

提示技巧

在为【营养品 2】图层中素材图像添加图文信息时，可将【营养品】图层中素材图像旁边图文复制再更改相关信息即可。

2.3.5 添加绿叶装饰

步骤 01 执行菜单栏中的【文件】|【打开】命令，打开"叶.psd"文件，将其拖入画布中左上角位置并适当变形及旋转，如图2.114所示。

步骤 02 选中【叶】图层，在画布中按住Alt键拖动，将图像复制数份并将部分图像缩小及旋转，如图2.115所示。

图2.114 添加素材　　图2.115 复制并变换图像

步骤 03 选中任意一个叶图层，执行菜单栏中的【滤镜】|【模糊】|【动感模糊】命令，在弹出的对话框中将【角度】更改为20度，【距离】更改为10像素，设置完成之后单击【确定】按钮，如图2.116所示。

图2.116 设置【动感模糊】参数及效果

步骤 04 以同样方法分别选中其他几个叶图像所在图层为其添加相似的动感模糊效果，这样就完成了效果的制作，如图2.117所示。

图2.117 最终效果

第3章　珠宝饰品店铺装修

本章店面装修效果说明

本章店面装修采用红色与浅黄色系，整体偏向于暖色调。以浅黄色作为最底层背景颜色搭配红色图形体现出女性化特征，开幕式店招主图设计与真情好礼相对应，心形装饰图形与主题广告语互相映衬更加突出主题，整个页面的构图采用不规则图形从上至下相连接。本章店面装修包括店招、优惠券及直通车。

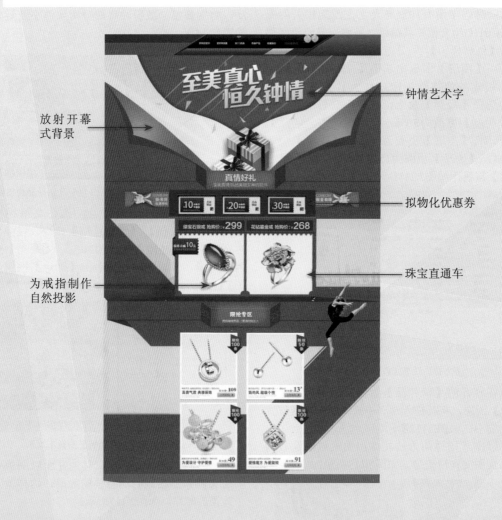

钟情艺术字

放射开幕
式背景

拟物化优惠券

珠宝直通车

为戒指制作
自然投影

3.1 珠宝店招

设计构思 本例讲解珠宝店招设计。本例在制作过程中采用突出的视觉手法，将开幕式图像与直观的文字信息相组合，整体店招的视觉效果相当出色。最终效果如图3.1所示。

难易程度：★★☆☆☆
调用素材：下载文件\调用素材\第3章\珠宝店招设计
最终文件：下载文件\源文件\第3章\珠宝店招设计.psd
视频位置：下载文件\movie\3.1珠宝店招设计.avi

图3.1 最终效果

操作步骤

3.1.1 制作放射开幕背景

步骤01 执行菜单栏中的【文件】|【新建】命令，在弹出的对话框中设置【宽度】为1024像素，【高度】为480像素，【分辨率】为72像素/英寸，【颜色模式】为RGB颜色，新建一个空白画布。

步骤02 选择工具箱中的【渐变工具】 ，编辑黄色（R：255，G：245，B：235）到黄色（R：252，G：215，B：180）的渐变，单击选项栏中的【径向渐变】 按钮，在画布中从中间向右上角方向拖动填充渐变，如图3.2所示。

图3.2 填充渐变

步骤03 选择工具箱中的【矩形工具】 ，在选项栏中将【填充】更改为白色，【描边】更改为无，在画布靠左侧位置绘制一个矩形，此时将生成一个【矩形1】图层，如图3.3所示。

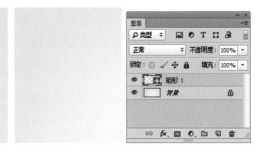

图3.3 绘制图形

步骤04 选中【矩形 1】图层，按Ctrl+Alt+T组合键对其执行【自由变换】命令，当出现变形框之后将图形向右侧稍微移动，如图3.4所示。

图3.4 变换复制图形

步骤05 按住Ctrl+Shift+Alt组合键的同时按T键多次执行多重复制命令将图形复制多份，选择工具箱中的【直接选择工具】，选中复制生成的矩形顶部锚点向上拖动增加矩形高度，以同样的方法拖动矩形底部锚点，向下增加高度，如图3.5所示。

图3.5 多重复制图形

提示技巧

在复制图形的时候，铺满画布的同时多复制几个矩形将其移至画布之外稍微增加矩形的数量。

步骤06 同时选中除【背景】之外的所有图层，按Ctrl+E组合键将图层合并，将生成的图层名称更改为【矩形】。

步骤07 选中【矩形】图层，执行菜单栏中的【滤镜】|【扭曲】|【极坐标】命令，在弹出的对话框中选中【平面坐标到极坐标】单选按钮，完成之后单击【确定】按钮，效果如图3.6所示。

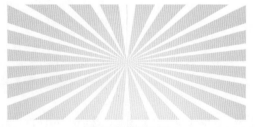

图3.6 设置极坐标

步骤08 选中【矩形】图层，按Ctrl+T组合键对其执行【自由变换】命令，单击鼠标右键，从弹出的快捷菜单中选择【垂直翻转】命令；再按Ctrl+T

组合键对其执行【自由变换】命令，单击鼠标右键，从弹出的快捷菜单中选择【透视】命令，拖动变形框控制点将图形变形，完成之后按Enter键确认，如图3.7所示。

图3.7 变换图像

步骤09 在【图层】面板中选中【矩形】图层，将其图层混合模式设置为【柔光】，【不透明度】更改为50%，效果如图3.8所示。

图3.8 设置图层混合模式

步骤10 选择工具箱中的【钢笔工具】，在选项栏中单击【选择工具模式】 [路径] 按钮，在弹出的选项中选择【形状】，将【填充】更改为红色（R：240，G：32，B：62），【描边】更改为无，在画布靠左侧位置绘制一个不规则图形，此时将生成一个【形状 1】图层，如图3.9所示。

步骤11 在【图层】面板中选中【形状 1】图层，将其拖至面板底部的【创建新图层】按钮上，复制一个【形状 1 拷贝】图层，如图3.10所示。

图3.9 绘制图形　　　　图3.10 复制图层

步骤12 选中【形状 1 拷贝】图层，按Ctrl+T组合键对其执行【自由变换】命令，单击鼠标右键，从弹出的快捷菜单中选择【水平翻转】命令，完成之后按Enter键确认，将图形与原图形对齐，如图3.11所示。

图3.11 变换图形

步骤 13 同时选中【形状 1 拷贝】及【形状 1】图层，按Ctrl+E组合键将其合并，将生成的图层名称更改为【图形】。

步骤 14 在【图层】面板中选中【图形】图层，单击面板底部的【添加图层样式】 *fx* 按钮，在菜单中选择【内发光】命令，在弹出的对话框中将【混合模式】更改为【正常】，【不透明度】更改为40%，【颜色】更改为红色（R：152，G：0，B：22），【大小】更改为20像素，完成之后单击【确定】按钮，如图3.12所示。

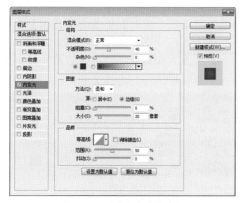

图3.12 设置【内发光】参数

提示技巧

添加内发光图层样式之后将图形向上稍微移动，以遮盖上方边缘不需要的内发光效果。

步骤 15 选择工具箱中的【钢笔工具】 ✏️，在选项栏中单击【选择工具模式】 [路径 ⬍] 按钮，在弹出的选项中选择【形状】，将【填充】更改为红色（R：230，G：35，B：73），【描边】更改为无，在画布靠左下角位置绘制一个不规则图形，此时将生成一个【形状 1】图层，如图3.13所示。

步骤 16 在【图层】面板中选中【形状 1】图层，将其拖至面板底部的【创建新图层】 🔲 按钮上，复制一个【形状 1 拷贝】图层，如图3.14所示。

图3.13 绘制图形　　　　图3.14 复制图层

步骤 17 选中【形状 1 拷贝】图层，按Ctrl+T组合键对其执行【自由变换】命令，单击鼠标右键，从弹出的快捷菜单中选择【水平翻转】命令，完成之后按Enter键确认，将图形向右侧平移至与原图形相对的位置，如图3.15所示。

图3.15 变换图形

步骤 18 选择工具箱中的【钢笔工具】 ✏️，在选项栏中单击【选择工具模式】 [路径 ⬍] 按钮，在弹出的选项中选择【形状】，将【填充】更改为黑色，【描边】更改为无，在刚才绘制的图形位置再次绘制一个不规则图形，此时将生成一个【形状 2】图层，如图3.16所示。

步骤 19 在【图层】面板中选中【形状 2】图层，将其拖至面板底部的【创建新图层】 🔲 按钮上，复制一个【形状 2 拷贝】图层，如图3.17所示。

图3.16 绘制图形　　　　图3.17 复制图层

步骤 20 在【图层】面板中选中【形状 2 拷贝】图层，单击面板底部的【添加图层样式】 *fx* 按钮，在菜单中选择【渐变叠加】命令，在弹出的对话框中将【渐变】更改为浅红色（R：255，G：154，B：185）到红色（R：234，G：46，B：123），【样式】更改为【径向】，完成之后单击【确定】按钮，如图3.18所示。

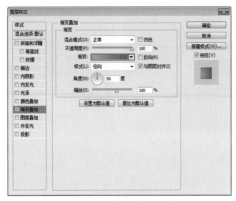

图3.18 设置【渐变叠加】参数

步骤 21 选中【形状 2】图层，将其图层【不透明度】更改为10%，如图3.19所示。

步骤 22 选择工具箱中的【直接选择工具】，拖动【形状 2】图层中图形锚点将其变形，如图3.20所示。

图3.19 更改不透明度　　图3.20 将图形变形

步骤 23 同时选中【形状 2】及【形状 2 拷贝】图层，在画布中按住Alt+Shift组合键向右侧拖动复制图形，此时将生成2个【形状 2 拷贝 2】图层，按Ctrl+T组合键对其执行【自由变换】命令，单击鼠标右键，从弹出的快捷菜单中选择【水平翻转】命令，完成之后按Enter键确认，将图形向右侧平移至与原图形相对的位置，如图3.21所示。

图3.21 复制并变换图形

提示技巧

复制变换图形之后需要双击上方的【形状 2 拷贝 2】图层样式名称，当弹出对话框时，在画布中按住鼠标拖动以更改渐变颜色位置。

步骤 24 选择工具箱中的【矩形工具】，在选

项栏中将【填充】更改为黑色，【描边】更改为无，在画布底部位置绘制一个矩形，此时将生成一个【矩形 1】图层，如图3.22所示。

步骤 25 在【图层】面板中选中【矩形 1】图层，将其拖至面板底部的【创建新图层】按钮上，复制一个【矩形 1 拷贝】图层，如图3.23所示。

图3.22 绘制图形　　　　图3.23 复制图层

步骤 26 在【图层】面板中选中【矩形 1 拷贝】图层，将其图形颜色更改为红色（R：255，G：56，B：135），单击面板底部的【添加图层样式】按钮，在菜单中选择【内发光】命令，在弹出的对话框中将【混合模式】更改为【正常】，【颜色】更改为红色（R：237，G：30，B：72），【大小】更改为40像素，完成之后单击【确定】按钮，如图3.24所示。

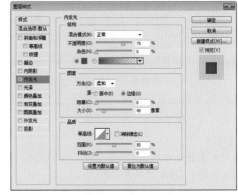

图3.24 设置【内发光】参数

步骤 27 选中【矩形 1】图层，将其图形颜色更改为红色（R：202，G：15，B：50），再按Ctrl+T组合键对其执行【自由变换】命令，将图形宽度缩小，再单击鼠标右键，从弹出的快捷菜单中选择【斜切】命令，拖动变形框左侧控制点将图形变形，完成之后按Enter键确认，如图3.25所示。

步骤 28 在【图层】面板中选中选择【矩形 1】和【矩形 2】相关图层，将其编组并重命名为【开幕】。【矩形 1】图层，将其拖至面板底部的【创建新图层】按钮上，复制一个【矩形 1 拷贝】图层，如图3.26所示。

方，如图3.31所示。

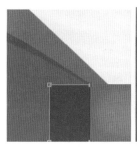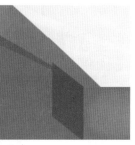

图3.25 将图形变形

步骤29 选中【矩形 1拷贝】图层，按Ctrl+T组合键对其执行【自由变换】命令，单击鼠标右键，从弹出的快捷菜单中选择【水平翻转】命令，完成之后按Enter键确认，将图形向右侧平移至与原图形相对的位置，如图3.27所示。

图3.26 复制图层　　　　图3.27 变换图形

步骤30 同时选中【形状 1】及【形状 1 拷贝】图层，将其移至【开幕】图层下方，如图3.28所示。

步骤31 选择工具箱中的【横排文字工具】T，在画布适当位置添加文字，如图3.29所示。

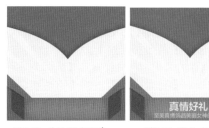

图3.28 更改图层顺序　　　　图3.29 添加文字

步骤32 在【图层】面板中选中【真情好礼】图层，单击面板底部的【添加图层样式】fx按钮，在菜单中选择【投影】命令，在弹出的对话框中将【混合模式】更改为【叠加】，取消【使用全局光】复选框，将【角度】更改为90度，【距离】更改为4像素，【大小】更改为2像素，完成之后单击【确定】按钮，如图3.30所示。

步骤33 选择工具箱中的【矩形工具】，在选项栏中将【填充】更改为黑色，【描边】更改为无，在画布左下角位置绘制一个矩形，此时将生成一个【矩形 2】图层，将其移至【开幕】组下

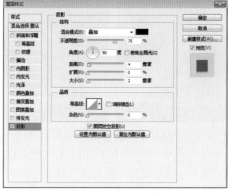

图3.30 设置【投影】参数

图3.31 绘制图形

步骤34 在【图层】面板中选中【矩形 2】图层，单击面板底部的【添加图层样式】fx按钮，在菜单中选择【渐变叠加】命令，在弹出的对话框中将【不透明度】更改为20%，【渐变】更改为黑色到黑色，将第一个黑色色标【不透明度】更改为0，并调整其位置，完成之后单击【确定】按钮，如图3.32所示。

图3.32 设置【渐变叠加】参数

提示技巧

在设置渐变的时候需要注意色标的位置。

步骤35 在【图层】面板中选中【矩形 2】图层，将其图层【填充】更改为0，再按住Alt+Shift组合键

向右侧拖动将图形复制，如图3.33所示。

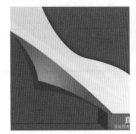

图3.33 更改填充并复制图形

步骤36 执行菜单栏中的【文件】|【打开】命令，打开"礼物.psd"文件，将其拖入画布中间位置并适当缩小，并将其移至【开幕】组下方，如图3.34所示。

图3.34 添加素材

步骤37 在【图层】面板中选中【礼物】图层，单击面板底部的【添加图层样式】**fx**按钮，在菜单中选择【投影】命令，在弹出的对话框中，取消【使用全局光】复选框，将【角度】更改为90度，【距离】更改为15像素，【大小】更改为25像素，完成之后单击【确定】按钮，如图3.35所示。

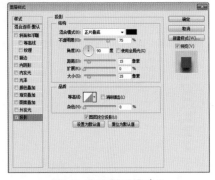

图3.35 设置【投影】参数

3.1.2 制作钟情艺术字

步骤01 选择工具箱中的【横排文字工具】**T**，在画布顶部位置添加文字（MStiffHei PRC），如图3.36所示。

步骤02 同时选中所添加的文字所在图层，在其图层名称上单击鼠标右键，从弹出的快捷菜单中选

择【转换为形状】命令，如图3.37所示。

图3.36 添加文字　　　　图3.37 转换形状

步骤03 选中【至美真心】图层，按Ctrl+T组合键对其执行【自由变换】命令，单击鼠标右键，从弹出的快捷菜单中选择【扭曲】命令，拖动变形框控制点将文字变形，完成之后按Enter键确认，以同样的方法选中其下方文字并将其变形。

步骤04 选择工具箱中的【直接选择工具】，拖动文字锚点将其变形，如图3.38所示。

图3.38 将文字变形

步骤05 同时选中【至美真心】及【恒久钟情】图层，按Ctrl+E组合键将图层合并，此时将生成一个【恒久钟情】图层。

步骤06 在【图层】面板中选中【恒久钟情】图层，单击面板底部的【添加图层样式】**fx**按钮，在菜单中选择【斜面和浮雕】命令，在弹出的对话框中将【大小】更改为1像素，【光泽等高线】更改为高斯，【高光模式】中的【不透明度】更改为75%，【阴影模式】中的【颜色】更改为红色（R：234，G：46，B：123），如图3.39所示。

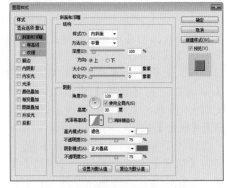

图3.39 设置【斜面和浮雕】参数

步骤 07 选中【渐变叠加】复选框，将【渐变】更改为浅红色（R：255，G：173，B：200）到白色，如图3.40所示。

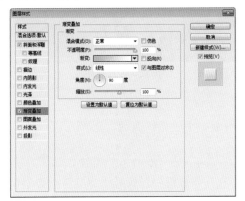

图3.40 设置【渐变叠加】参数

步骤 08 选中【投影】复选框，将【混合模式】更改为【叠加】，【不透明度】更改为100%，取消【使用全局光】复选框，将【角度】更改为90度，【距离】更改为2像素，【扩展】更改为50%，【大小】更改为2像素，完成之后单击【确定】按钮，如图3.41所示。

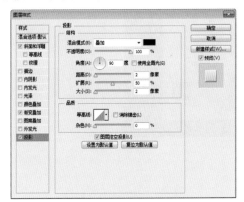

图3.41 设置【投影】参数

步骤 09 选择工具箱中的【矩形工具】，在选项栏中将【填充】更改为黄色（R：250，G：220，B：60），【描边】更改为无，在文字位置绘制一个细长矩形，此时将生成一个【矩形 3】图层，将其移至【恒久钟情】图层下方，如图3.42所示。

步骤 10 选中【矩形 3】图层，按Ctrl+T组合键对其执行【自由变换】命令，单击鼠标右键，从弹出的快捷菜单中选择【透视】命令，拖动变形框控制点将图形变形，完成之后按Enter键确认，如图3.43所示。

步骤 11 选中【矩形 3】图层，按Ctrl+T组合键对其执行【自由变换】命令，将图形适当旋转，完成之后按Enter键确认，如图3.44所示。

图3.42 绘制图形　　　　图3.43 将图形变形

图3.44 旋转图形

步骤 12 在【图层】面板中选中【矩形 3】图层，单击面板底部的【添加图层蒙版】按钮，为其添加图层蒙版，如图3.45所示。

步骤 13 选择工具箱中的【渐变工具】，编辑黑色到白色的渐变，单击选项栏中的【线性渐变】按钮，在其图形上拖动将部分图形隐藏，再将其图层【不透明度】更改为80%，如图3.46所示。

图3.45 添加图层蒙版　　　　图3.46 隐藏图形

步骤 14 以同样的方法绘制数个相似图形，如图3.47所示。

步骤 15 选择工具箱中的【钢笔工具】，在选项栏中单击【选择工具模式】 路径 按钮，在弹出的选项中选择【形状】，将【填充】更改为黄色（R：250，G：220，B：60），【描边】更改为无，在文字左下角位置绘制一个三角形图形，此时将生成一个【形状 3】图层，如图3.48所示。

步骤 16 以同样的方法绘制数个相似图形并降低部分图形不透明度，这样就完成了效果的制作，如图3.49所示。

图3.47 绘制图形　　　图3.48 绘制三角形

图3.49 最终效果

3.2 制作拟物化优惠券

设计构思 本例讲解制作拟物化优惠券制作。拟物化优惠券在制作过程中以模拟优惠券特点为制作重点，通过特别手法将图形结合，整个优惠券本身呈现一种真实的视觉。最终效果如图3.50所示。

难易程度：★★☆☆☆
调用素材：无
最终文件：下载文件\源文件\第3章\制作拟物化优惠券.psd
视频位置：下载文件\movie\3.2制作拟物化优惠券.avi

图3.50 最终效果

操作步骤

3.2.1 绘制优惠券图形

步骤 01 执行菜单栏中的【文件】|【新建】命令，在弹出的对话框中设置【宽度】为300像素，【高度】为150像素，【分辨率】为72像素/英寸。

步骤 02 选择工具箱中的【圆角矩形工具】 ◻，在选项栏中将【填充】更改为深红色（R：53，G：0，B：10），【描边】更改为无，【半径】更改为10像素，在画布中绘制一个圆角矩形，此时将生成一个【圆角矩形 1】图层，如图3.51所示。

图3.51 绘制图形

步骤 03 选择工具箱中的【椭圆工具】 ⬭，在刚才绘制的圆角矩形左侧顶端位置按住Shift组合键绘制一个正圆图形，如图3.52所示。

图3.52 绘制图形

步骤 04 以同样的方法在圆角矩形右侧顶端位置再次绘制一个正圆图形。

提示技巧

在绘制每2个椭圆图形的时候，可以利用工具箱中的【路径选择工具】▶选中左侧顶端正圆图形的同时按住Alt+Shift组合键拖至右侧相对的位置。

步骤 05 在【图层】面板中选中【圆角矩形1】图层，单击面板底部的【添加图层样式】*fx* 按钮，在菜单中选择【投影】命令，在弹出的对话框中将【混合模式】更改为【叠加】，【颜色】更改为白色，【不透明度】更改为100%，取消【使用全局光】复选框，【角度】更改为-90度，【距离】更改为2像素，【大小】更改为2像素，完成之后单击【确定】按钮，如图3.53所示。

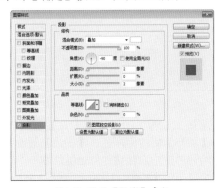

图3.53 设置【投影】参数

步骤 06 选择工具箱中的【矩形工具】▢，在选项栏中将【填充】更改为浅黄色（R：250，G：232，B：216），【描边】更改为无，在刚才绘制的图形位置再次绘制一个矩形，此时将生成一个【矩形1】图层，如图3.54所示。

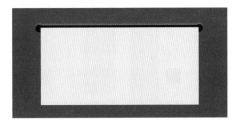

图3.54 绘制图形

步骤 07 在【图层】面板中选中【矩形1】图层，将其拖至面板底部的【创建新图层】� 按钮上，复制一个【矩形1拷贝】图层，如图3.55所示。

步骤 08 选中【矩形1拷贝】图层，将其图形颜色更改为深红色（R：53，G：0，B：10），再按Ctrl+T组合键对其执行【自由变换】命令，分别增加图形宽度和高度，完成之后按Enter键确认，如图3.56所示。

图3.55 绘制图形　　　　图3.56 变换图形

步骤 09 选中【矩形1拷贝】图层，执行菜单栏中的【滤镜】|【模糊】|【高斯模糊】命令，在弹出的对话框中将【半径】更改为3像素，完成之后单击【确定】按钮，如图3.57所示。

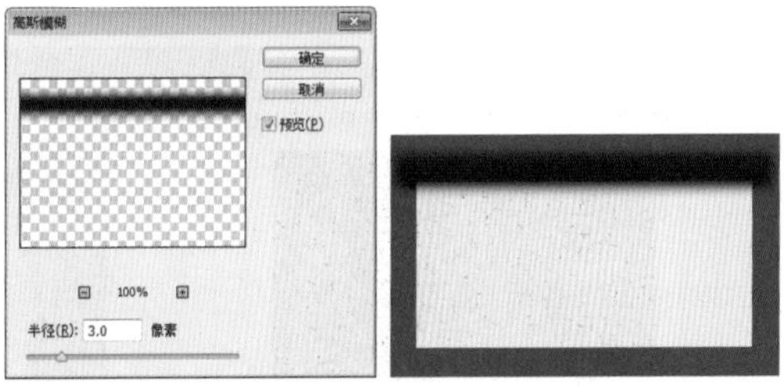

图3.57 设置【高斯模糊】参数及效果

步骤 10 选中【矩形1拷贝】图层，执行菜单栏中的【图层】|【创建剪贴蒙版】命令，为当前图层创建剪贴蒙版将部分图像隐藏，再将其图层【不透明度】更改为80%，如图3.58所示。

图3.58 创建剪贴蒙版

步骤 11 在【图层】面板中选中【矩形1】图层，单击面板底部的【添加图层样式】*fx* 按钮，在菜单中选择【投影】命令，在弹出的对话框中将【不透明度】更改为30%，取消【使用全局光】复选框，【角度】更改为90度，【距离】更改为2像素，【大小】更改为5像素，完成之后单击【确定】按钮，如图3.59所示。

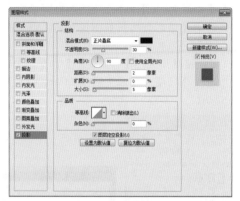

图3.59 设置【投影】参数

3.2.2 绘制优惠券细节

步骤 01 选择工具箱中的【矩形工具】 ，在选项栏中将【填充】更改为黑色，【描边】更改为无，在刚才绘制的图形位置绘制一个矩形，此时将生成一个【矩形2】图层，如图3.60所示。

图3.60 绘制图形

步骤 02 选择工具箱中的【椭圆工具】 ，选中【矩形2】图层，在其图形右上角位置按住Alt键的同时按住Shift绘制一个路径并将部分图形减去，如图3.61所示。

步骤 03 按Ctrl+Alt+T组合键对其执行复制变换命令，当出现变形框之后将其向下移动，如图3.62所示。

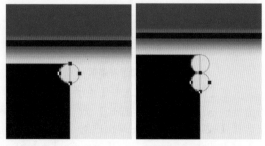

图3.61 减去图形　　图3.62 复制变换路径

步骤 04 按住Ctrl+Alt+Shift组合键的同时按T键多次执行多重复制命令将路径复制多份，如图3.63所示。

图3.63 多重复制

步骤 05 在【图层】面板中选中【矩形2】图层，单击面板底部的【添加图层样式】 fx 按钮，在菜单中选择【渐变叠加】命令，在弹出的对话框中将【渐变】更改为紫色（R：106，G：22，B：118）到紫色（R：158，G：25，B：177），完成之后单击【确定】按钮，如图3.64所示。

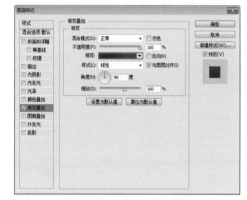

图3.64 设置【渐变叠加】参数

步骤 06 选择工具箱中的【矩形工具】 ，在选项栏中将【填充】更改为黑色，【描边】更改为无，在刚才绘制的图形右侧按住Shift键绘制一个矩形，此时将生成一个【矩形3】图层，如图3.65所示。

步骤 07 在【矩形2】图层名称上单击鼠标右键，从弹出的快捷菜单中选择【拷贝图层样式】命令，在【矩形3】图层名称上单击鼠标右键，从弹出的快捷菜单中选择【粘贴图层样式】命令，如图3.66所示。

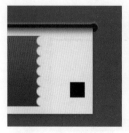

图3.65 绘制图形　　图3.66 拷贝并粘贴图层样式

步骤 08 选择工具箱中的【钢笔工具】，在选项栏中单击【选择工具模式】 [路径] 按钮，在弹出的选项中选择【形状】，将【填充】更改为无，【描边】更改为浅黄色（R：250，G：232，B：216），【大小】为1点，在刚才绘制的矩形位置绘制一个直角线段，以同样方法再绘制1条倾斜线段，如图3.67所示。

步骤 09 选择工具箱中的【横排文字工具】 T ，在画布适当位置添加文字，这样就完成了效果的制作，如图3.68所示。

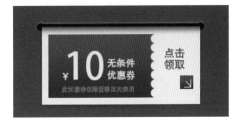

图3.68 最终效果

图3.67 绘制图形

3.3 珠宝直通车

设计构思 本例讲解珠宝直通车的制作。本例在制作过程中，将规范化的边栏与直观标签相结合，重点在于珠宝素材图像底部投影效果的实现，同时注意其色调应与店招保持一致。最终效果如图3.69所示。

难易程度：★★☆☆☆
调用素材：下载文件\调用素材\第3章\珠宝直通车
最终文件：下载文件\源文件\第3章\珠宝直通车.psd
视频位置：下载文件\movie\3.3珠宝直通车.avi

图3.69 最终效果

3.3.1 绘制直通车轮廓

步骤 01 执行菜单栏中的【文件】|【新建】命令，在弹出的对话框中设置【宽度】为560像素，【高度】为315像素，【分辨率】为72像素/英寸，将画布填充为黄色（R：255，G：217，B：186）。

步骤 02 选择工具箱中的【矩形工具】 ▭，在选项栏中将【填充】更改为红色（R：222，G：40，B：76），【描边】更改为无，在画布中绘制一个矩形，此时将生成一个【矩形 1】图层，如图3.70所示。

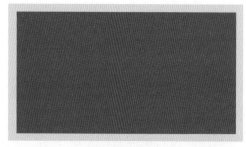

图3.70 绘制图形

步骤 03 选择工具箱中的【矩形工具】 ▭，在选项栏中将【填充】更改为浅黄色（R：255，G：245，B：237），在刚才绘制的矩形靠左侧位置再次绘制一个矩形，此时将生成一个【矩形 2】图层，如图3.71所示。

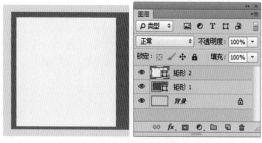

图3.71 绘制图形

步骤 04 选择工具箱中的【椭圆工具】 ⬭，在刚才绘制的矩形左下角位置按住Alt键的同时按住Shift键绘制一个正圆图形将部分矩形减去，如图3.72所示。

步骤 05 选择工具箱中的【路径选择工具】 ▸，选中路径并按住Alt键向右侧拖动将图形复制，如图3.73所示。

步骤 06 选中【矩形 2】图层，在画布中按住Alt+Shift组合键向右侧拖动将图形复制，如图3.74所示。

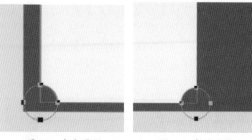

图3.72 减去图形　　　图3.73 复制路径

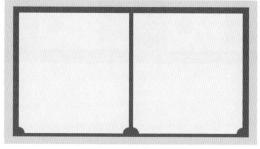

图3.74 复制图形

步骤 07 在【图层】面板中选中【矩形 1】图层，将其拖至面板底部的【创建新图层】 ◲ 按钮上，复制一个【矩形 1拷贝】图层。

步骤 08 将【矩形 1 拷贝】图层移至所有图层的上方，按Ctrl+T组合键对其执行【自由变换】命令，将图形高度缩小，完成之后按Enter键确认，如图3.75所示。

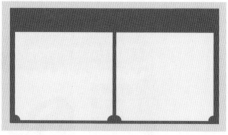

图3.75 复制并变换图形

步骤 09 在【图层】面板中选中【矩形 1 拷贝】图层，将其拖至面板底部的【创建新图层】 ◲ 按钮上，复制一个【矩形 1拷贝 2】图层，如图3.76所示。

步骤 10 选中【矩形 1拷贝】图层，选择工具箱中的【椭圆工具】 ⬭，按住Alt键的同时按住Shift键绘制一个正圆图形将部分矩形减去，如图3.77所示。

步骤 11 按住Ctrl+Alt组合键向右侧拖动将路径复制，如图3.78所示。

图3.76 复制图层　　　　图3.77 减去图形

步骤12 按住Ctrl+Alt+Shift组合键的同时按T键多次执行多重复制命令，将其复制多份，如图3.79所示。

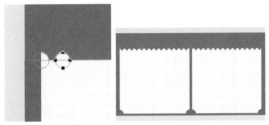

图3.78 变换复制路径　　　图3.79 多重复制路径

步骤13 在【图层】面板中选中【矩形 1 拷贝】图层，单击面板底部的【添加图层样式】 **fx** 按钮，在菜单中选择【投影】命令，在弹出的对话框中将【颜色】更改为深红色（R：80，G：0，B：16），【不透明度】更改为40%，取消【使用全局光】复选框，将【角度】更改为90度，【距离】更改为2像素，【大小】更改为2像素，完成之后单击【确定】按钮，如图3.80所示。

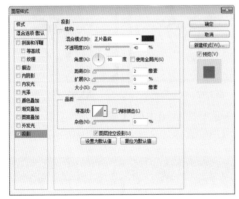

图3.80 设置【投影】参数

步骤14 在【矩形 1 拷贝】图层名称上单击鼠标右键，从弹出的快捷菜单中选择【拷贝图层样式】命令，在【矩形 1 拷贝 2】图层名称上单击鼠标右键，从弹出的快捷菜单中选择【粘贴图层样式】命令，如图3.81所示。

图3.81 拷贝并粘贴图层样式

步骤15 选择工具箱中的【矩形工具】 ，在选项栏中将【填充】更改为红色（R：184，G：20，B：52），【描边】更改为无，在刚才绘制的图形顶部位置再次绘制一个矩形，此时将生成一个【矩形 3】图层，如图3.82所示。

步骤16 选中【矩形 3】图层，在画布中按住Alt+Shift组合键向右侧拖动将图形复制，如图3.83所示。

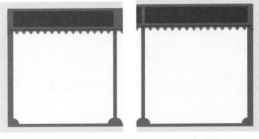

图3.82 绘制图形　　　　图3.83 复制图形

3.3.2 为戒指制作自然投影

步骤01 执行菜单栏中的【文件】|【打开】命令，打开"戒指.psd"文件，将其拖入画布左侧位置，如图3.84所示。

图3.84 添加素材

步骤02 选择工具箱中的【椭圆工具】 ，在选项栏中将【填充】更改为灰色（R：176，G：176，B：176），【描边】更改为无，在戒指图像底部绘制一个椭圆图形并适当旋转，此时将生成一个

【椭圆 1】图层，将其移至【戒指】图层的下方，如图3.85所示。

图3.85 绘制图形

步骤 03 选中【椭圆 1】图层，按Ctrl+T组合键对其执行【自由变换】命令，单击鼠标右键，从弹出的快捷菜单中选择【变形】命令，拖动变形框控制点将图形变形，完成之后按Enter键确认，如图3.86所示。

图3.86 将图形变形

步骤 04 选中【椭圆 1】图层，执行菜单栏中的【滤镜】|【模糊】|【高斯模糊】命令，在弹出的对话框中将【半径】更改为2像素，完成之后单击【确定】按钮，如图3.87所示。

步骤 05 选中【椭圆 1】图层，将其图层【不透明度】更改为60%，效果如图3.88所示。

图3.87 设置【高斯模糊】参数　图3.88 更改不透明度后效果

步骤 06 在【图层】面板中选中【椭圆 1】图层，单击面板底部的【添加图层蒙版】 按钮，为其添加图层蒙版，如图3.89所示。

步骤 07 选择工具箱中的【画笔工具】 ，在画布中单击鼠标右键，在弹出的面板中选择一种圆角笔触，将【大小】更改为30像素，【硬度】更改为0，如图3.90所示。

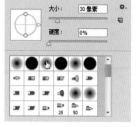

图3.89 添加图层蒙版　　图3.90 设置笔触

步骤 08 将前景色更改为黑色，在图像部分区域进行涂抹将其隐藏，如图3.91所示。

图3.91 隐藏图像

步骤 09 执行菜单栏中的【文件】|【打开】命令，打开"戒指 2.psd"文件，将其拖入画布右侧位置，如图3.92所示。

步骤 10 以刚才同样的方法绘制椭圆图形并制作相似的阴影效果，如图3.93所示。

图3.92 添加素材　　　图3.93 制作阴影

步骤 11 选择工具箱中的【横排文字工具】 T ，在画布适当位置添加文字，如图3.94所示。

图3.94 添加文字

步骤 12 选择工具箱中的【矩形工具】 ，在选项栏中将【填充】更改为黑色，【描边】更改为无，在图像左侧位置绘制一个矩形，此时将生成一个【矩形 4】图层，如图3.95所示。

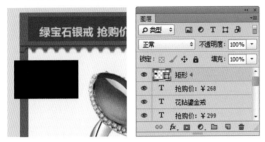

图3.95 绘制图形

步骤13 在【图层】面板中选中【矩形 4】图层，单击面板底部的【添加图层样式】 **fx** 按钮，在菜单中选择【渐变叠加】命令，在弹出的对话框中将【渐变】更改为紫色（R：106，G：22，B：118）到紫色（R：158，G：25，B：177），完成之后单击【确定】按钮，如图3.96所示。

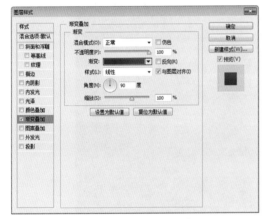

图3.96 设置【渐变叠加】参数

步骤14 选择工具箱中的【矩形工具】 ，在选项栏中将【填充】更改为黑色，【描边】更改为无，在刚才绘制的矩形右侧按住Alt键绘制一个矩形，将部分图形减去，如图3.97所示。

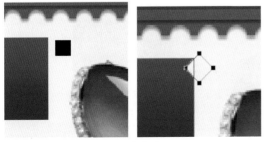

图3.97 减去图形

步骤15 按住Ctrl+Alt组合键向下方拖动将路径复制，如图3.98所示。

步骤16 按住Ctrl+Alt+Shift组合键的同时按T键多次执行多重复制命令，将其复制多份，如图3.99所示。

图3.98 变换复制路径　　　图3.99 多重复制路径

步骤17 选择工具箱中的【钢笔工具】 ，在选项栏中单击【选择工具模式】 路径 按钮，在弹出的选项中选择【形状】，将【填充】更改为深紫色（R：66，G：2，B：75），【描边】更改为无，在标签左下角位置绘制一个三角形图形以制作折纸效果，此时将生成一个【形状1】图层，如图3.100所示。

步骤18 选中【形状 1】图层，在画布中按住Alt+Shift组合键向上方拖动，将图形复制，再按Ctrl+T组合键对其执行【自由变换】命令，单击鼠标右键，从弹出的快捷菜单中选择【垂直翻转】命令，完成之后按Enter键确认，如图3.101所示。

图3.100 绘制图形　　　图3.101 复制变换图形

步骤19 选择工具箱中的【横排文字工具】 **T**，在画布适当位置添加文字，这样就完成了效果的制作，如图3.102所示。

图3.102 最终效果

第4章　家用电器店铺装修

本章店面装修效果说明

　　本章店面装修采用紫色作为主体色调，与太空主题背景相结合给人一种大气的视觉感受；通过闪电图像、星空背景的组合，衬托出折叠图形的立体感；以低价聚惠的主题信息为视觉焦点，整个页面的构图十分出色，神秘紫色调与大气的场景共同突出了整个店面的特点。本章店面装修包括轮播图、优惠券、导航栏及直通车。

星空装饰背景

家用电器
轮播图

分区导航栏

家用电器
直通车

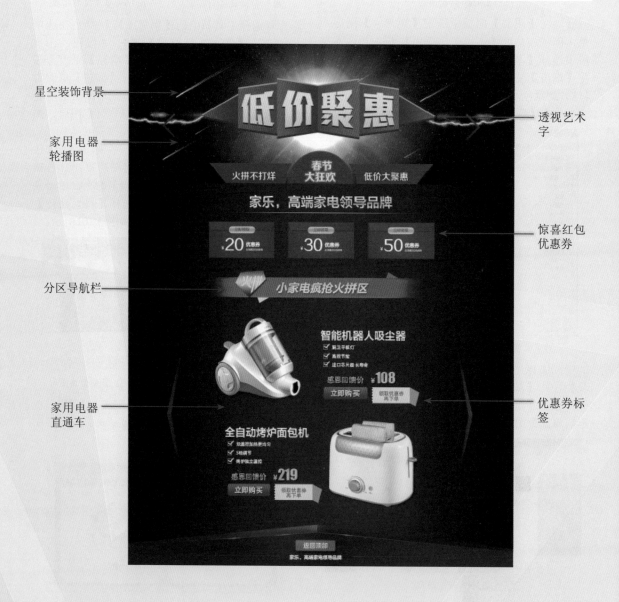

透视艺术
字

惊喜红包
优惠券

优惠券标
签

4.1 家用电器轮播图

设计构思 本例讲解家用电器轮播图设计。轮播图在视觉上以体现当前页面商品信息为制作重点，其表现形式与店招、促销图较为相似；在本例中以星空背景作为衬托，以闪电特效图像贯穿主题页面，同时立体透视文字完美地提升了整个页面的视觉效果。最终效果如图4.1所示。

难易程度：★★★☆☆
调用素材：下载文件\调用素材\第4章\家用电器轮播图
最终文件：下载文件\源文件\第4章\家用电器轮播图.psd
视频位置：下载文件\movie\4.1家用电器轮播图.avi

图4.1 最终效果

操作步骤

4.1.1 制作星空特效背景

步骤01 执行菜单栏中的【文件】|【新建】命令，在弹出的对话框中设置【宽度】为1024像素，【高度】为470像素，【分辨率】为72像素/英寸，【颜色模式】为RGB颜色，新建一个空白画布。

步骤02 将前景色更改为深蓝色（R：0，G：0，B：16），背景色更改为深紫色（R：14，G：0，B：24），执行菜单栏中的【滤镜】|【渲染】|【云彩】命令，效果如图4.2所示。

图4.2 添加云彩

步骤03 单击【图层】面板底部的【创建新图层】按钮，新建一个【图层1】图层，将其填充为黑色。

步骤04 执行菜单栏中的【滤镜】|【杂色】|【添加杂色】命令，在弹出的对话框中将【数量】更改为30%，分别选中【高斯分布】单选按钮及【单色】复选框，完成之后单击【确定】按钮，如图4.3所示。

图4.3 设置【添加杂色】参数及效果

步骤05 执行菜单栏中的【滤镜】|【模糊】|【高斯

模糊】命令，在弹出的对话框中将【半径】更改为0.5像素，完成之后单击【确定】按钮，如图4.4所示。

图4.4 设置【高斯模糊】参数及效果

步骤 06 执行菜单栏中的【图像】|【调整】|【色阶】命令，在弹出的对话框中将数值更改为（88，1.65，150），完成之后单击【确定】按钮，效果如图4.5所示。

步骤 07 执行菜单栏中的【图像】|【调整】|【色相/饱和度】命令，在弹出的对话框中选中【着色】复选框，将【色相】更改为196，【饱和度】更改为40，完成之后单击【确定】按钮，效果如图4.6所示。

图4.5 调整色阶　　图4.6 调整色相/饱和度

步骤 08 选中【图层1】图层，将其图层混合模式设置为【滤色】，效果如图4.7所示。

图4.7 设置图层混合模式

步骤 09 执行菜单栏中的【文件】|【新建】命令，在弹出的对话框中设置【宽度】为550像素，【高度】为200像素，【分辨率】为72像素/英寸，新建一个空白画布。

步骤 10 选择工具箱中的【渐变工具】██，编辑黑色到白色的渐变，单击选项栏中的【线性渐变】

██按钮，在画布中从上至下拖动填充渐变，如图4.8所示。

图4.8 添加渐变

步骤 11 执行菜单栏中的【滤镜】|【渲染】|【分层云彩】命令，效果如图4.9所示。

图4.9 制作云彩

提示技巧

重复按Ctrl+F组合键可变换云彩的样式。云彩的颜色是由前景色和背景色所决定，如无特殊需求，在执行命令之前按键盘上的"D"键恢复默认的前景色和背景色。

步骤 12 执行菜单栏中的【图像】|【调整】|【反相】命令，如图4.10所示。

图4.10 将图像反相

提示技巧

重复按Ctrl+I组合键可快速执行【反相】命令。

步骤 13 执行菜单栏中的【图像】|【调整】|【色阶】命令，在弹出的对话框中将数值更改为（230，0.34，255），完成之后单击【确定】按钮，效果如图4.11所示。

步骤 14 执行菜单栏中的【图像】|【调整】|【色相/饱和度】命令，在弹出的对话框中选中【着色】复选框，将【色相】更改为320，【饱和度】更改为25，完成之后单击【确定】按钮，效果如图4.12所示。

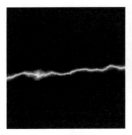

图4.11 调整色阶　　图4.12 调整色相/饱和度

步骤15 将制作的特效图像拖入之前创建的文档中，其图层名称将更改为【图层2】，按Ctrl+T组合键对其执行【自由变换】命令，单击鼠标右键，从弹出的快捷菜单中选择【水平翻转】命令，完成之后按Enter键确认，如图4.13所示。

步骤16 选中【图层2】图层，将其图层混合模式设置为【滤色】，效果如图4.14所示。

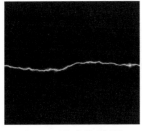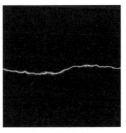

图4.13 添加素材并调整　　图4.14 设置图层混合模式

步骤17 在【图层】面板中选中【图层2】图层，将其拖至面板底部的【创建新图层】🔲按钮上，复制一个【图层2拷贝】图层。

步骤18 选中【图层2拷贝】图层，按Ctrl+T组合键对其执行【自由变换】命令，单击鼠标右键，从弹出的快捷菜单中选择【水平翻转】命令，完成之后按Enter键确认，将图像适当移动，如图4.15所示。

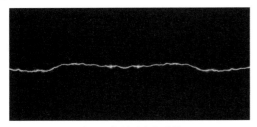

图4.15 复制并变换图像

步骤19 执行菜单栏中的【文件】|【打开】命令，打开"光芒.jpg"文件，将其拖入画布中并适当缩小，其图层名称将更改为【图层3】，如图4.16所示。

图4.16 添加素材

步骤20 在【图层】面板中选中【图层3】图层，将其拖至面板底部的【创建新图层】🔲按钮上，复制一个【图层3拷贝】图层。

步骤21 选中【图层3拷贝】图层，按Ctrl+T组合键对其执行【自由变换】命令，单击鼠标右键，从弹出的快捷菜单中选择【水平翻转】命令，完成之后按Enter键确认，将图像适当移动，如图4.17所示。

图4.17 复制并变换图像

步骤22 选择工具箱中的【橡皮擦工具】🧽，在画布中单击鼠标右键，在弹出的面板中选择一种圆角笔触，将【大小】更改为100像素，【硬度】更改为0，如图4.18所示。

步骤23 在【图层3拷贝】图层中的图像右侧边缘进行涂抹，将部分图像擦除，如图4.19所示。

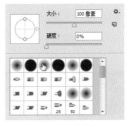

图4.18 设置笔触　　图4.19 擦除图像

步骤24 同时选中【图层3拷贝】及【图层3】图层，按Ctrl+E组合键将其合并，此时将生成一个【图层3拷贝】图层。

步骤25 选中【图层3拷贝】图层，将其图层混合模式设置为【滤色】，效果如图4.20所示。

图4.20 设置图层混合模式

步骤26 执行菜单栏中的【图像】|【调整】|【色相/饱和度】命令，在弹出的对话框中选中【着色】复选框，将【饱和度】更改为25，完成之后单击【确定】按钮，效果如图4.21所示。

图4.21 调整色相/饱和度

4.1.2 绘制装饰图形

步骤01 选择工具箱中的【矩形工具】，在选项栏中将【填充】更改为红色（R：236，G：28，B：85），【描边】更改为无，在适当位置绘制一个矩形，此时将生成一个【矩形1】图层，如图4.22所示。

步骤02 选中【矩形1】图层，按Ctrl+T组合键对其执行【自由变换】命令，单击鼠标右键，从弹出的快捷菜单中选择【透视】命令，拖动变形框控制点将图形变形，完成之后按Enter键确认，效果如图4.23所示。

 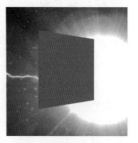

图4.22 绘制图形　　图4.23 将图形变形

步骤03 在【图层】面板中选中【矩形1】图层，将其拖至面板底部的【创建新图层】按钮上，复制一个【矩形1拷贝】图层，如图4.24所示。

步骤04 选中【矩形1拷贝】图层，按Ctrl+T组合键对其执行【自由变换】命令，单击鼠标右键，从弹出的快捷菜单中选择【水平翻转】命令，完成之后按Enter键确认，如图4.25所示。

图4.24 复制图层　　图4.25 变换图形

步骤05 在【图层】面板中选中【矩形1】图层，单击面板底部的【添加图层样式】fx按钮，在菜单中选择【渐变叠加】命令，在弹出的对话框中将【混合模式】更改为【正片叠底】，【不透明度】更改为40%，【渐变】更改为白色到到黑色，【角度】更改为0，完成之后单击【确定】按钮，如图4.26所示。

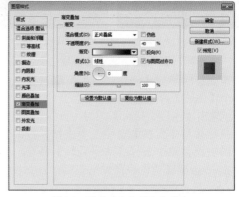

图4.26 设置【渐变叠加】参数

步骤06 在【矩形1】图层名称上单击鼠标右键，从弹出的快捷菜单中选择【拷贝图层样式】命令，在【矩形1拷贝】图层名称上单击鼠标右键，从弹出的快捷菜单中选择【粘贴图层样式】命令，如图4.27所示。

步骤07 双击【矩形1拷贝】图层样式名称，在弹出的对话框中将【不透明度】更改为20%，选中【反向】复选框，完成之后单击【确定】按钮，如图4.28所示。

图4.27 拷贝并粘贴图层样式　　图4.28 设置图层样式

步骤 08 以同样的方法在刚才绘制的图形左右两侧继续绘制两个相似的图形，如图4.29所示。

图4.29 绘制图形

提示技巧

绘制图形之后，需要注意为图形添加相对应的图层样式。

步骤 09 选择工具箱中的【钢笔工具】，在选项栏中单击【选择工具模式】 路径 按钮，在弹出的选项中选择【形状】，将【填充】更改为红色（R：236，G：28，B：85），【描边】更改为无，在刚才绘制的图形左侧位置绘制一个不规则图形，并为其所在图层添加相应图层样式，如图4.30所示。

步骤 10 以刚才同样的方法将绘制的图形复制并变换后移动至与原图形相对的位置，如图4.31所示。

图4.30 绘制图形　　　图4.31 复制变换图形

步骤 11 同时选中刚才绘制的所有和不规则图形相关的图层，按Ctrl+G组合键将图层编组，此时将生成一个【组1】组，选中【组1】组，将其拖至面板底部的【创建新图层】按钮上，复制一个

【组 1 拷贝】组，如图4.32所示。

步骤 12 选中【组 1】组，按Ctrl+E组合键将其合并，此时将生成一个【组 1】图层，如图4.33所示。

图4.32 将图层编组复制组　　图4.33 合并组

步骤 13 在【图层】面板中选中【组 1】图层，单击面板上方的【锁定透明像素】 按钮，将透明像素锁定，将图像填充为红色（R：126，G：7，B：40），在画布中将图像向下稍微移动，如图4.34所示。

图4.34 锁定透明像素并填充颜色

步骤 14 在【图层】面板中选中【组 1】图层，将其拖至面板底部的【创建新图层】 按钮上，复制一个【组 1 拷贝 2】图层，将其图层颜色填充为浅红色（R：230，G：148，B：170），再将图像向上稍微移动，如图4.35所示。

图4.35 复制图层并填充颜色

4.1.3 制作透视艺术字

步骤 01 选择工具箱中的【横排文字工具】 T，在刚才绘制的图形位置添加文字（MStiffHei PRC），如图4.36所示。

步骤 02 同时选中所有文字图层，单击鼠标右键，从弹出的快捷菜单中选择【转换为形状】命令，将文字转换为形式，如图4.37所示。

图4.36 添加文字　　图4.37 转换为形状

步骤 03 选中【低】图层，按Ctrl+T组合键对其执行【自由变换】命令，单击鼠标右键，从弹出的快捷菜单中选择【透视】命令，拖动变形框控制点将文字变形，完成之后按Enter键确认，以同样方法分别选中其他几个文字所在的图层，将文字变形，如图4.38所示。

图4.38 将文字变形

提示技巧

将文字变形时，参照其下方图形的透视效果进行变形，整体效果会更加自然。

步骤 04 同时选中所有和文字相关图层，按Ctrl+E组合键将其合并，将生成图层名称更改为【文字】。

步骤 05 在【图层】面板中选中【文字】图层，单击面板底部的【添加图层样式】 fx 按钮，在菜单中选择【渐变叠加】命令，在弹出的对话框中将【混合模式】更改为【叠加】，【渐变】更改为黑色到透明，如图4.39所示。

步骤 06 选中【投影】复选框，将【混合模式】更改为【正片叠底】，【颜色】更改为深红色（R：72，G：4，B：22），取消【使用全局光】复选框，将【角度】更改为90度，【距离】更改为3像素，【大小】更改为0像素，完成之后单击【确定】按钮，如图4.40所示。

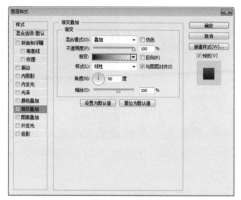

图4.39 设置【渐变叠加】参数

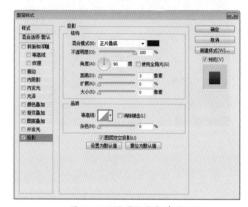

图4.40 设置【投影】参数

步骤 07 选择工具箱中的【矩形工具】 ，在选项栏中将【填充】更改为深紫色（R：51，G：5，B：70），【描边】更改为无，绘制一个与画布相同宽度的矩形，此时将生成一个【矩形 3】图层，如图4.41所示。

图4.41 绘制图形

步骤 08 在【图层】面板中选中【矩形 3】图层，单击面板底部的【添加图层样式】 fx 按钮，在菜单中选择【渐变叠加】命令，在弹出的对话框中将【渐变】更改为深紫色（R：10，G：0，B：20）到紫色（R：52，G：5，B：70）到深紫色（R：10，G：0，B：20），将中间色标位置更改为50%，【角度】更改为0，完成之后单击【确定】按钮，如图4.42所示。

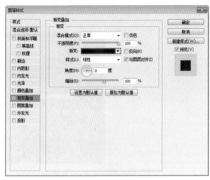

图4.42 设置【渐变叠加】参数

4.1.4 绘制底部边栏

步骤 01 选择工具箱中的【椭圆工具】 ⬭ ，在选项栏中将【填充】更改为红色（R：163，G：12，B：53），【描边】更改为无，按住Shift键在画布中间底部位置绘制一个正圆图形，此时将生成一个【椭圆 1】图层，如图4.43所示。

步骤 02 选择工具箱中的【直接选择工具】 ▷ ，选中椭圆底部锚点，按Delete键将其删除，再将其移至【矩形 3】图层的下方，如图4.44所示。

图4.43 绘制图形　　　　图4.44 删除锚点

步骤 03 在【图层】面板中选中【椭圆 1】图层，单击面板底部的【添加图层样式】 *fx* 按钮，在菜单中选择【斜面和浮雕】命令，在弹出的对话框中将【大小】更改为3像素，取消【使用全局光】复选框，【角度】更改为90度，【高光模式】更改为【叠加】，完成之后单击【确定】按钮，如图4.45所示。

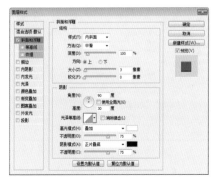

图4.45 设置【斜面和浮雕】参数

步骤 04 选择工具箱中的【矩形工具】 ▣ ，在选项栏中将【填充】更改为紫色（R：140，G：0，B：104），【描边】更改为无，在刚才绘制的椭圆位置绘制一个矩形，此时将生成一个【矩形 4】图层，如图4.46所示。

步骤 05 选中【矩形 4】图层，按Ctrl+T组合键对其执行【自由变换】命令，单击鼠标右键，从弹出的快捷菜单中选择【透视】命令，拖动变形框控制点将图形变形，完成之后按Enter键确认，如图4.47所示。

图4.46 绘制图形　　　　图4.47 将图形变形

步骤 06 在【图层】面板中选中【矩形 4】图层，单击面板底部的【添加图层蒙版】 ▣ 按钮，为其添加图层蒙版，如图4.48所示。

步骤 07 按住Ctrl键单击【椭圆 1】图层缩览图，将其载入选区，如图4.49所示。

图4.48 添加图层蒙版　　　　图4.49 载入选区

步骤 08 执行菜单栏中的【选择】|【修改】|【扩展】命令，在弹出的对话框中将【扩展量】更改为5像素，完成之后单击【确定】按钮，如图4.50所示。

步骤 09 将选区填充为黑色，将部分图形隐藏，完成之后按Ctrl+D组合键取消选区，如图4.51所示。

图4.50 扩展选区　　　　图4.51 隐藏图形

步骤 10 选择工具箱中的【横排文字工具】 **T** ，在刚才绘制的图形位置添加文字，如图4.52所示。

图4.52 添加文字

步骤 11 在【图层】面板中选中【春节 大狂欢】图层，单击面板底部的【添加图层样式】 *fx* 按钮，在菜单中选择【描边】命令，在弹出的对话框中将【大小】更改为3像素，【混合模式】更改为【叠加】，【颜色】更改为白色，完成之后单击【确定】按钮，如图4.53所示。

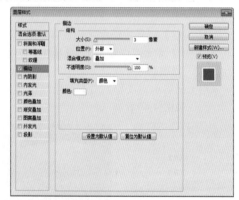

图4.53 设置【描边】参数

4.1.5 制作流星特效

步骤 01 选择工具箱中的【矩形工具】 ■，在选项栏中将【填充】更改为白色，【描边】更改为无，在适当位置绘制一个矩形，此时将生成一个【矩形 5】图层，如图4.54所示。

图4.54 绘制图形

步骤 02 选中【矩形 5】图层，执行菜单栏中的【滤镜】|【风格化】|【风】命令，在弹出的对话框中分别选中【从右】及【风】单选按钮，完成之后

单击【确定】按钮，如图4.55所示。

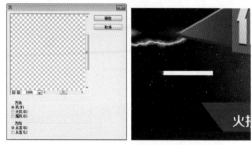

图4.55 设置【风】参数及效果

步骤 03 按Ctrl+F组合键重复添加风效果，如图4.56所示。

步骤 04 选中【矩形 1】图层，按Ctrl+T组合键对其执行【自由变换】命令，单击鼠标右键，从弹出的快捷菜单中选择【透视】命令，拖动变形框，将图像变形后并适当旋转，完成之后按Enter键确认，如图4.57所示。

图4.56 重复添加风效果　　图4.57 将图像变形

步骤 05 在【图层】面板中选中【矩形 5】图层，单击面板底部的【添加图层样式】 *fx* 按钮，在菜单中选择【外发光】命令，在弹出的对话框中将【混合模式】更改为【线性减淡（添加）】，【不透明度】更改为45%，【颜色】更改为紫色（R：150，G：0，B：255），【大小】更改为3像素，完成之后单击【确定】按钮，如图4.58所示。

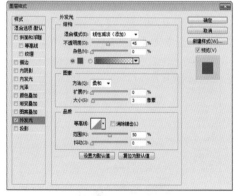

图4.58 设置【外发光】参数

步骤 06 选中【矩形 5】图层，在画布中按住Alt键

将其复制数份，并分别将生成的拷贝图像适当适当缩小及移动，如图4.59所示。

图4.59 复制并变换图像

步骤07选择工具箱中的【横排文字工具】 **T**，在画布适当位置添加文字，如图4.60所示。

图4.60 添加文字

步骤08在【图层】面板中选中【家乐，高端家电领导品牌】图层，单击面板底部的【添加图层样式】 **fx** 按钮，在菜单中选择【渐变叠加】命令，在弹出的对话框中将【渐变】更改为灰色系渐变，如图4.61所示。

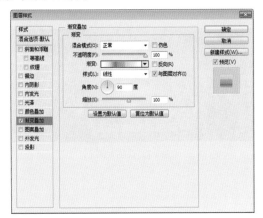

图4.61 设置【渐变叠加】参数

提示技巧

在设置渐变的时候，可以根据实际的图像效果增加相应的色标。

步骤09选中【描边】复选框，将【大小】更改为1像素，【位置】更改为【内部】，【渐变】更改为灰色系渐变，【角度】更改为35度，完成之后单击【确定】按钮，如图4.62所示。

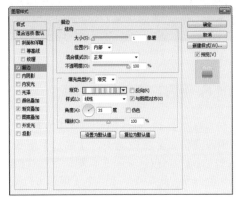

图4.62 设置【描边】参数

提示技巧

与【渐变叠加】图层样式中的渐变颜色相同，在设置渐变的时候，可以根据实际的图像效果增加相应的色标，其目的在于体现出字体的金属质感效果。

步骤10选择工具箱中的【直线工具】 ✏，在选项栏中将【填充】更改为白色，【描边】更改为无，【粗细】更改为1像素，在刚才添加的文字下方按住Shift键绘制一条水平线段，此时将生成一个【形状2】图层，如图4.63所示。

步骤11在【图层】面板中选中【形状2】图层，单击面板底部的【添加图层蒙版】 ▣ 按钮，为其添加图层蒙版，如图4.64所示。

图4.63 绘制图形　　　　图4.64 添加图层蒙版

步骤12选择工具箱中的【渐变工具】 ▬，编辑黑色到白色再到黑色的渐变，将白色色标位置更改为50%，单击选项栏中的【线性渐变】 ▬ 按钮，在其图形上拖动，将部分图形隐藏，如图4.65所示。

图4.65 隐藏图形

4.1.6 制作轮播图按钮

步骤 01 选择工具箱中的【矩形工具】 🔲 ，在选项栏中将【填充】更改为无，【描边】更改为白色，【大小】为5点，在画布左侧位置按住Shift键绘制一个矩形，此时将生成一个【矩形 6】图层，如图4.66所示。

步骤 02 选中【矩形 6】图层，按Ctrl+T组合键对其执行【自由变换】命令，当出现变形框之后，在选项栏的【旋转】文本框中输入45，完成之后按Enter键确认，如图4.67所示。

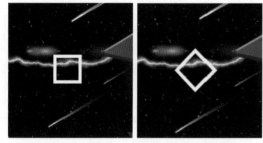

图4.66 绘制图形　　图4.67 旋转图形

步骤 03 选择工具箱中的【直接选择工具】 ▶ ，选中矩形右侧锚点并按Delete键将其删除，如图4.68所示。

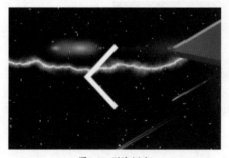

图4.68 删除锚点

步骤 04 在【图层】面板中选中【矩形 6】图层，单击面板底部的【添加图层样式】 *fx* 按钮，在菜单中选择【渐变叠加】命令，在弹出的对话框中将【渐变】更改为紫色（R：50，G：5，B：67）到紫色（R：203，G：24，B：73），完成之后单击【确定】按钮，如图4.69所示。

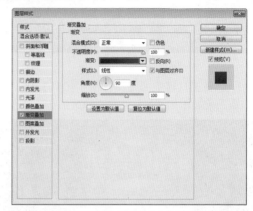

图4.69 设置【渐变叠加】参数

步骤 05 在【图层】面板中选中【矩形 6】图层，将其拖至面板底部的【创建新图层】 🔲 按钮上，复制一个【矩形 6 拷贝】图层。

步骤 06 选中【矩形 6 拷贝】图层，按Ctrl+T组合键对其执行【自由变换】命令，单击鼠标右键，从弹出的快捷菜单中选择【水平翻转】命令，完成之后按Enter键确认，这样就完成了效果的制作，如图4.70所示。

图4.70 最终效果

4.2 惊喜红包优惠券

设计构思　本例讲解惊喜红包优惠券的制作。本例中的优惠券以形象的图形组合方式模拟出信封效果，在视觉上十分直观。最终效果如图4.71所示。

难易程度：★★☆☆☆
调用素材：无
最终文件：下载文件\源文件\第4章\惊喜红包优惠券.psd
视频位置：下载文件\movie\4.2惊喜红包优惠券.avi

图4.71 最终效果

操作步骤

4.2.1 绘制优惠券轮廓

步骤 01 执行菜单栏中的【文件】|【新建】命令，在弹出的对话框中设置【宽度】为400像素，【高度】为250像素，【分辨率】为72像素/英寸，【颜色模式】为RGB颜色，新建一个空白画布，将画布填充为黄色（R：238，G：203，B：35）。

步骤 02 选择工具箱中的【矩形工具】 ，在选项栏中将【填充】更改为红色（R：163，G：12，B：53），【描边】更改为无，在画布中绘制一个矩形，此时将生成一个【矩形 1】图层，如图4.72所示。

图4.72 绘制图形

步骤 03 在【图层】面板中选中【矩形 1】图层，将其拖至面板底部的【创建新图层】 按钮上，复制一个【矩形 1拷贝】图层，如图4.73所示。

步骤 04 选中【矩形 1拷贝】图层，将其图形颜色更改为白色，再按Ctrl+T组合键对其执行【自由变换】命令，单击鼠标右键，从弹出的快捷菜单中选择【透视】命令，拖动变形框控制点将图形变形，完成之后按Enter键确认，如图4.74所示。

图4.73 复制图层　　　　图4.74 将图形变形

步骤 05 在【图层】面板中选中【矩形 1】图层，单击面板底部的【添加图层样式】 **fx** 按钮，在菜单中选择【渐变叠加】命令，在弹出的对话框中将【混合模式】更改为【叠加】，【不透明度】更改为40%，【渐变】更改为白色到透明，【样式】更改为【径向】，【角度】更改为0，完成之后单击【确定】按钮，如图4.75所示。

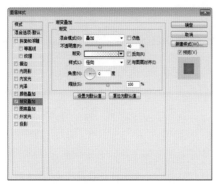

图4.75 设置【渐变叠加】参数

步骤06 在【矩形 1】图层名称上单击鼠标右键，从弹出的快捷菜单中选择【拷贝图层样式】命令，在【矩形 1 拷贝】图层名称上单击鼠标右键，从弹出的快捷菜单中选择【粘贴图层样式】命令，如图4.76所示。

步骤07 双击【矩形 1 拷贝】图层样式名称，在弹出的对话框中将【混合模式】更改为【正常】，【不透明度】更改为100%，【渐变】更改为红色（R：203，G：8，B：60）到红色（R：163，G：12，B：53），【角度】更改为0，【样式】更改线性。

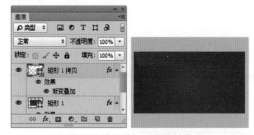

图4.76 拷贝并粘贴图层样式

步骤08 选中【投影】复选框，将【不透明度】更改为30%，【距离】更改为2像素，【大小】更改为4像素，完成之后单击【确定】按钮，如图4.77所示。

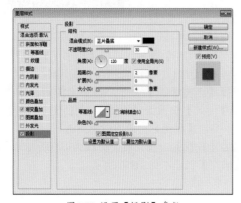

图4.77 设置【投影】参数

4.2.2 添加图文信息

步骤01 选择工具箱中的【圆角矩形工具】□，在选项栏中将【填充】更改为白色，【描边】更改为无，【半径】为30像素，在红包图像位置绘制一个圆角矩形，此时将生成一个【圆角矩形 1】图层，如图4.78所示。

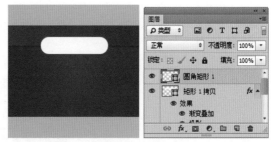

图4.78 绘制图形

步骤02 在【圆角矩形 1】图层名称上单击鼠标右键，从弹出的快捷菜单中选择【粘贴图层样式】命令，再双击其图层样式名称，在弹出的对话框中将【混合模式】更改为正常，【不透明度】更改为100%，【渐变】更改为黄色（R：253，G：220，B：135）到橙色（R：243，G：137，B：57）到黄色（R：253，G：220，B：135），将中间色标位置更改为50%，【样式】更改为线性，【角度】更改为90度，完成之后单击【确定】按钮，如图4.79所示。

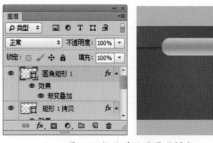

图4.79 粘贴并设置图层样式

步骤03 选择工具箱中的【横排文字工具】T，在画布适当位置添加文字，这样就完成了效果的制作，如图4.80所示。

图4.80 最终效果

4.3 分区导航栏

本例讲解分区导航栏的制作。导航栏以引领顾客前往某一特定信息区域为制作重点，将文字信息与主题导航图形相结合。最终效果如图4.81所示。

难易程度：★☆☆☆☆
调用素材：无
最终文件：下载文件\源文件\第4章\分区导航栏.psd
视频位置：下载文件\movie\4.3分区导航栏.avi

图4.81 最终效果

操作步骤

4.3.1 制作导航栏轮廓

步骤 01 执行菜单栏中的【文件】|【新建】命令，在弹出的对话框中设置【宽度】为800像素，【高度】为140像素，【分辨率】为72像素/英寸，【颜色模式】为RGB颜色，新建一个空白画布，将画布填充为深紫色（R：19，G：2，B：34）。

步骤 02 选择工具箱中的【矩形工具】，在选项栏中将【填充】更改为紫色（R：162，G：35，B：200），【描边】更改为无，在画布中绘制一个矩形，此时将生成一个【矩形 1】图层，如图4.82所示。

图4.82 绘制图形

步骤 03 在【图层】面板中选中【矩形 1】图层，单击面板底部的【添加图层蒙版】按钮，为其添加图层蒙版，如图4.83所示。

步骤 04 选择工具箱中的【画笔工具】，在画布中单击鼠标右键，在弹出的面板中选择一种圆角笔触，将【大小】更改为250像素，【硬度】更改为0，如图4.84所示。

图4.83 添加图层蒙版

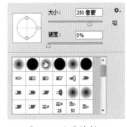
图4.84 设置笔触

步骤 05 将前景色更改为黑色，在其图形左右两侧区域涂抹将其隐藏，如图4.85所示。

图4.85 隐藏图像

步骤 06 在【图层】面板中选中【矩形 1】图层，将其拖至面板底部的【创建新图层】按钮上，复制一个【矩形 1拷贝】图层。

步骤 07 将【矩形 1】图层中图形颜色更改为紫色（R：207，G：63，B：250），在画布中将其向下稍微移动，如图4.86所示。

图4.86 移动图形

步骤 08 选择工具箱中的【钢笔工具】 ✍，在选项栏中单击【选择工具模式】 路径 ⬍ 按钮，在弹出的选项中选择【形状】，将【填充】更改为白色，【描边】更改为无，在适当位置绘制一个不规则图形，此时将生成一个【形状 1】图层，如图4.87所示。

图4.87 绘制图形

步骤 09 选中【形状 1】图层，执行菜单栏中的【图层】|【创建剪贴蒙版】命令，为当前图层创建剪切蒙版将部分图形隐藏，再将其图层混合模式更改为【叠加】，【不透明度】更改为30%，如图4.88所示。

图4.88 创建剪贴蒙版

4.3.2 添加图文信息

步骤 01 选择工具箱中的【钢笔工具】 ✍，在选项栏中单击【选择工具模式】 路径 ⬍ 按钮，在弹出的选项中选择【形状】，将【填充】更改为白色，【描边】更改为无，在图形左侧位置绘制两个不规则图形，此时将生成一个【形状 2】图层，如图4.89所示。

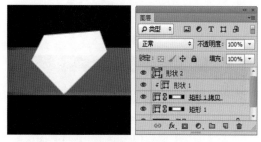

图4.89 绘制图形

步骤 02 在【图层】面板中选中【形状 2】图层，单击面板底部的【添加图层样式】 fx 按钮，在菜单中选择【渐变叠加】命令，在弹出的对话框中将【渐变】更改为紫色（R：107，G：0，B：140）到浅紫色（R：240，G：196，B：255）再到紫色（R：107，G：0，B：140），并将浅紫色色标位置更改为50%，如图4.90所示。

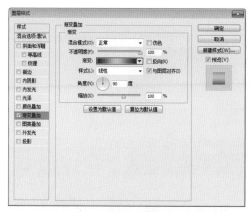

图4.90 设置【渐变叠加】参数

步骤 03 选中【投影】复选框，将【距离】更改为2像素，【大小】更改为2像素，完成之后单击【确定】按钮，如图4.91所示。

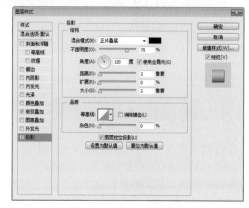

图4.91 设置【投影】参数

步骤 04 选择工具箱中的【横排文字工具】 T，在画布适当位置添加文字，如图4.92所示。

步骤 05 在【火拼】图层名称上单击鼠标右键，从弹出的快捷菜单中选择【转换为形状】命令，将文字转换为形状，如图4.93所示。

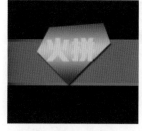

图4.92 添加文字　　图4.93 转换为形状

步骤 06 选中【火拼】图层，按Ctrl+T组合键对其执行【自由变换】命令，单击鼠标右键，从弹出的快捷菜单中选择【斜切】命令，拖动变形框控制点将文字变形，完成之后按Enter键确认，如图4.94所示。

步骤 07 选择工具箱中的【直接选择工具】↖，拖动文字部分锚点将其变形，如图4.95所示。

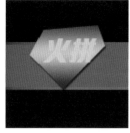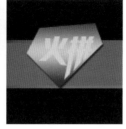

图4.94 将文字变形　　图4.95 拖动锚点

步骤 08 选择工具箱中的【横排文字工具】T，在画布适当位置添加文字，如图4.96所示。

图4.96 添加文字

步骤 09 选中【小家电疯抢火拼区】图层，按Ctrl+T组合键对其执行【自由变换】命令，单击鼠标右键，从弹出的快捷菜单中选择【斜切】命令，拖动变形框控制点将文字变形，完成之后按Enter键确认，如图4.97所示。

图4.97 将文字变形

步骤 10 在【图层】面板中选中【小家电疯抢火拼区】图层，单击面板底部的【添加图层样式】fx按钮，在菜单中选择【渐变叠加】命令，在弹出的对话框中将【渐变】更改为黄色（R: 255，G: 240，B: 177）到黄色（R: 247，G: 218，B: 80），如图4.98所示。

步骤 11 选中【投影】复选框，将【不透明度】更改为30%，【距离】更改为4像素，完成之后单击【确定】按钮，如图4.99所示。

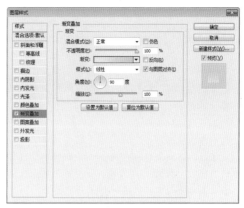

图4.98 设置【渐变叠加】参数

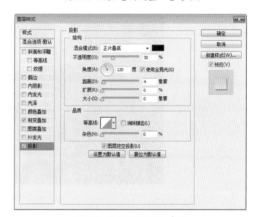

图4.99 设置【投影】参数

步骤 12 选择工具箱中的【钢笔工具】，在选项栏中单击【选择工具模式】 路径 按钮，在弹出的选项中选择【形状】，将【填充】更改为黄色（R: 253，G: 225，B: 100），【描边】更改为无，在刚才绘制的图形左下角位置绘制一个三角形图形，如图4.100所示。

图4.100 绘制图形

步骤 13 以同样的方法在其他位置绘制相似的图形，这样就完成了效果的制作，如图4.101所示。

图4.101 最终效果

4.4 家用电器直通车

本例讲解家用电器直通车的制作。本例讲解的是一款简洁而直观的直通车制作，在制作过程中将店铺主题背景与商品图像信息直观体现，与导航栏制作类似，要注意与店铺整体色彩、版式的结合。最终效果如图4.102所示。

难易程度：★★☆☆☆
调用素材：下载文件\调用素材\第4章\家用电器直通车
最终文件：下载文件\源文件\第4章\家用电器直通车.psd
视频位置：下载文件\movie\4.4家用电器直通车.avi

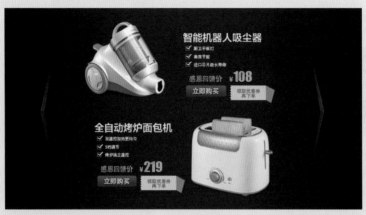

图4.102 最终效果

操作步骤

4.4.1 制作背景并添加素材

步骤01 执行菜单栏中的【文件】|【新建】命令，在弹出的对话框中设置【宽度】为1024像素，【高度】为560像素，【分辨率】为72像素/英寸，【颜色模式】为RGB颜色，新建一个空白画布。

步骤02 选择工具箱中的【渐变工具】■，编辑深紫色（R：10，G：0，B：20）到紫色（R：52，G：5，B：70）再到深紫色（R：10，G：0，B：20）的渐变，并将紫色色标位置更改为50%，单击选项栏中的【线性渐变】■按钮，在画布中从左向右拖动填充渐变，如图4.103所示。

图4.103 填充渐变

步骤03 执行菜单栏中的【文件】|【打开】命令，打开"吸尘器.psd"文件，将其拖入画布左上角位置并适当缩小，如图4.104所示。

图4.104 添加素材

步骤04 按住Ctrl键单击【吸尘器】图层缩览图，将其载入选区，如图4.105所示。

步骤05 单击【图层】面板底部的【创建新图层】■按钮，在【背景】图层上方新建一个【图层1】图层，并将其填充为黑色，完成之后Ctrl+D组合键取消选区，如图4.106所示。

图4.105 载入选区

图4.106 新建图层并填充颜色

步骤 06 选中【图层1】图层，按Ctrl+T组合键对其执行【自由变换】命令，将图像适当缩小，完成之后按Enter键确认，再将其向下稍微移动。

步骤 07 选中【图层1】图层，执行菜单栏中的【滤镜】|【模糊】|【高斯模糊】命令，在弹出的对话框中将【半径】更改为5像素，完成之后单击【确定】按钮，如图4.107所示。

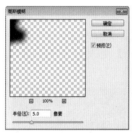

图4.107 设置【高斯模糊】参数及效果

4.4.2 添加商品信息

步骤 01 选择工具箱中的【横排文字工具】 **T** ，在素材图像右侧位置添加文字，如图4.108所示。

图4.108 添加文字

步骤 02 选择工具箱中的【自定形状工具】 ，在画布中单击鼠标右键，在弹出的面板中选择【Web】|【选中复选框】形状，如图4.109所示。

步骤 03 在选项栏中将【填充】更改为白色，在添加的文字部分按住Shift键绘制一个形状，此时将生成一个【形状1】图层，如图4.110所示。

图4.109 选择形状　　　图4.110 绘制图形

步骤 04 选中【形状1】图层，在画布中按住Alt+Shift组合键向下拖动将图形复制两份并分别放在相对应的文字前方，如图4.111所示。

步骤 05 选择工具箱中的【圆角矩形工具】 ，在选项栏中将【填充】更改为白色，【描边】更改为无，【半径】更改为5像素，在文字下方位置绘制一个圆角矩形，此时将生成一个【圆角矩形1】图层，如图4.112所示。

图4.111 复制图形　　　图4.112 绘制图形

步骤 06 在【图层】面板中选中【圆角矩形1】图层，单击面板底部的【添加图层样式】 **fx** 按钮，在菜单中选择【渐变叠加】命令，在弹出的对话框中将【渐变】更改为紫色（R：140，G：0，B：104）到紫色（R：226，G：23，B：175），完成之后单击【确定】按钮，如图4.113所示。

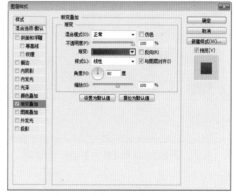

图4.113 设置【渐变叠加】参数

步骤 07 选择工具箱中的【横排文字工具】 **T** ，在刚才绘制的圆角矩形位置添加文字，如图4.114所示。

图4.114 添加文字

步骤 08 在【图层】面板中选中【感恩回馈价】图层，单击面板底部的【添加图层样式】 *fx* 按钮，在菜单中选择【渐变叠加】命令，在弹出的对话框中将【渐变】更改为黄色系渐变，【角度】更改为135度，【缩放】更改为150%，如图4.115所示。

图4.115 设置【渐变叠加】参数

步骤 09 选中【投影】复选框，将【不透明度】更改为100%，【距离】更改为2像素，【大小】更改为2像素，完成之后单击【确定】按钮，如图4.116所示。

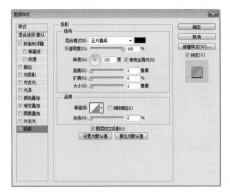

图4.116 设置【投影】参数

提示技巧

在设置渐变的时候，需要注意渐变颜色中的色标位置与数量。

步骤 10 在【感恩回馈价】图层名称上单击鼠标右

键，从弹出的快捷菜单中选择【拷贝图层样式】命令，在【￥108】图层名称上单击鼠标右键，从弹出的快捷菜单中选择【粘贴图层样式】命令，如图4.117所示。

图4.117 拷贝并粘贴图层样式

步骤 11 在【立即购买】图层名称上单击鼠标右键，从弹出的快捷菜单中选择【粘贴图层样式】命令，如图4.118所示。

步骤 12 双击【立即购买】图层样式名称，在弹出的对话框中【渐变叠加】取消选中，然后选中【投影】选项，将【混合模式】更改为【叠加】，【距离】更改为2像素，【大小】更改为1像素，完成之后单击【确定】按钮，如图4.119所示。

图4.118 粘贴图层样式　　　图4.119 设置图层样式

4.4.3 制作优惠券标签

步骤 01 选择工具箱中的【矩形工具】，在选项栏中将【填充】更改为黄色（R：255，G：226，B：93），【描边】更改为无，在文字旁边位置绘制一个矩形，此时将生成一个【矩形1】图层，如图4.120所示。

步骤 02 按住Alt键的同时按Shift键在矩形左上角位置绘制一个矩形路径，并将部分图形减去，如图4.121所示。

图4.120 绘制图形　　　图4.121 减去图形

步骤 03 按Ctrl+T组合键对路径执行【自由变换】命令，当出现变形框之后，在选项栏的【旋转】文本框中输入45，完成之后按Enter键确认，按Ctrl+Alt+T组合键将图形向下复制一份，如图4.122所示。

图4.122 复制并变换路径

步骤 04 按住Ctrl+Alt+Shift组合键的同时按T键多次将路径复制多份，为矩形制作锯齿效果，如图4.123所示。

步骤 05 选择工具箱中的【矩形工具】■，在选项栏中将【填充】更改为稍深黄色（R：163，G：144，B：54），【描边】更变为无，在刚才绘制的矩形右侧再次绘制一个矩形，此时将生成一个【矩形 2】图层，如图4.124所示。

图4.123 制作锯齿　　　图4.124 绘制图形

步骤 06 选择工具箱中的【直接选择工具】▷，拖动矩形锚点将其变形，如图4.125所示。

步骤 07 选择工具箱中的【横排文字工具】T，在矩形位置添加文字，如图4.126所示。

图4.125 将图形变形　　　图4.126 添加文字

步骤 08 同时选中除【背景】之外的所有图层，按Ctrl+G组合键将其编组，将生成的组名称更改为【吸尘器】。

步骤 09 执行菜单栏中的【文件】|【打开】命令，打开"面包机.psd"文件，将其拖入画布中合适位置并缩小，如图4.127所示。

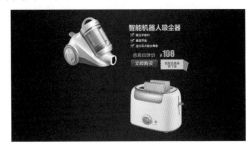

图4.127 添加素材

步骤 10 在面包机图像左侧添加文字及相关信息，如图4.128所示。

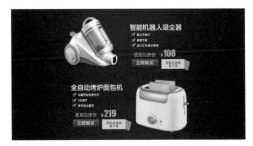

图4.128 添加信息

4.4.4 绘制装饰图像

步骤 01 选择工具箱中的【矩形工具】■，在选项栏中将【填充】更改为白色，【描边】更改为无，在画布靠左侧位置绘制一个矩形，此时将生成一个【矩形 3】图层，如图4.129所示。

步骤 02 选择工具箱中的【直接选择工具】▷，拖动矩形锚点将其稍微变形，如图4.130所示。

图4.129 绘制图形　　　图4.130 将图形变形

步骤 03 在【图层】面板中选中【矩形 3】图层，单击面板底部的【添加图层样式】ƒx 按钮，在菜单中选择【渐变叠加】命令，在弹出的对话框中将【渐变】更改为紫色（R：107，G：0，B：106）

到紫色（R：24，G：2，B：36），完成之后单击【确定】按钮，如图4.131所示。

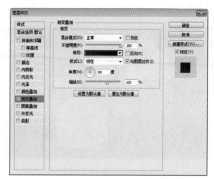

图4.131 设置【渐变叠加】参数

步骤04 在【图层】面板中选中【矩形 3】图层，将其拖至面板底部的【创建新图层】按钮上，复制一个【矩形 3 拷贝】图层，如图4.132所示。

步骤05 选中【矩形 3 拷贝】图层，按Ctrl+T组合键对其执行【自由变换】命令，单击鼠标右键，从弹出的快捷菜单中选择【垂直翻转】命令，完成之后按Enter键确认；再双击其图层样式名称，在弹出的对话框中将【渐变】更改为深紫色（R：16，G：0，B：27）到紫色（R：62，G：0，B：96），完成之后单击【确定】按钮，如图4.133所示。

图4.132 复制图层 图4.133 变换图形

步骤06 选择工具箱中的【钢笔工具】，在选项栏中单击【选择工具模式】 路径 按钮，在弹出的选项中选择【形状】，将【填充】更改为无，【描边】更改为白色，【大小】更改为1点，沿刚才绘制的图形左侧边缘位置绘制一条线段，此时将生成一个【形状 2】图层，如图4.134所示。

步骤07 选中【形状 2】图层，将其图层混合模式设置为【叠加】，如图4.135所示。

图4.134 绘制图形 图4.135 设置图层混合模式

步骤08 同时选中【形状 2】、【矩形 3 拷贝】及【矩形 3】图层，在画布中按住Alt+Shift组合键向右侧拖动将图形复制，再按Ctrl+T组合键对其执行【自由变换】命令，单击鼠标右键，从弹出的快捷菜单中选择【水平翻转】命令，完成之后按Enter键确认，这样就完成了效果的制作，如图4.136所示。

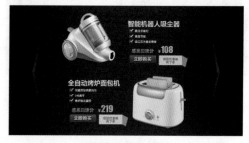

图4.136 最终效果

第5章　户外用品店铺装修

本章店面装修效果说明

　　本章店面装修采用草绿色与激情红作为主体色调，整体色彩具有强烈的视觉对比，在设计学中红色与绿色的搭配并不多见，而在本章店铺装修场景中却十分适用。首先春天背景主题为绿色，在视觉上清新、舒爽，直观体现出春游的主题，而直通车中的红色则表现出强烈的热情、欢乐的效果，很好地表现出热卖商品的特点，将两者结合将产生前后呼应，视觉信息兼收的完美效果；整体版式结构明显，主题突出，细节完美使得最终效果相当出色。本章店面装修包括店招与直通车两部分。

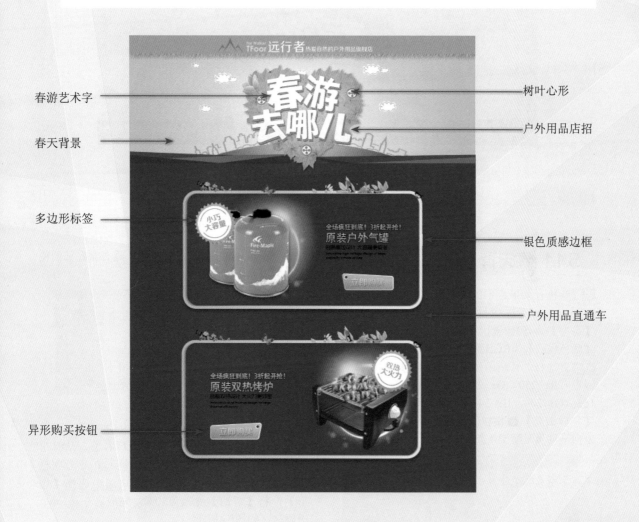

春游艺术字

春天背景

多边形标签

异形购买按钮

树叶心形

户外用品店招

银色质感边框

户外用品直通车

5.1 户外用品店招

设计构思

本例讲解户外用品店招的制作。本例在制作过程中需要重点将户外主题体现出来，无论是何种商品或服务，只有通过表现当前店招完美主题才能吸引顾客，本例以绿色背景与城市线条画相结合，同时主题文字也十分直观地刻画出户外的特点。最终效果如图5.1所示。

难易程度：★★★☆☆
调用素材：下载文件\调用素材\第5章\户外用品店招
最终文件：下载文件\源文件\第5章\户外用品店招.psd
视频位置：下载文件\movie\5.1户外用品店招.avi

图5.1 最终效果

操作步骤

5.1.1 春天背景制作

步骤 01 执行菜单栏中的【文件】|【新建】命令，在弹出的对话框中设置【宽度】为1024像素，【高度】为450像素，【分辨率】为72像素/英寸，【颜色模式】为RGB颜色，新建一个空白画布。

步骤 02 选择工具箱中的【渐变工具】■，编辑浅绿色（R：250，G：252，B：235）到绿色（R：163，G：206，B：34）的渐变，单击选项栏中的【径向渐变】■按钮，在画布中从底部向右上角方向拖动填充渐变，如图5.2所示。

图5.2 填充渐变

步骤 03 执行菜单栏中的【文件】|【打开】命令，

打开"城市.psd"文件，将其拖入画布靠底部的位置并适当缩小，如图5.3所示。

图5.3 添加素材

步骤 04 选中【城市】图层，按Ctrl+T组合键对其执行【自由变换】命令，单击鼠标右键，从弹出的快捷菜单中选择【变形】命令，单击选项栏中 [自定] 按钮，在弹出的选项中选择【扇形】，将【弯曲】更改为30%，完成之后按Enter键确认，如图5.4所示。

步骤 05 执行菜单栏中的【文件】|【打开】命令，打开"草坪.jpg"文件，将其拖入画布中间位置并缩小，其图层名称将更改为【图层 1】，如图5.5所示。

图5.4 将图像变形

图5.5 添加素材

步骤06 以刚才同样的方法将图像变形，如图5.6所示。

图5.6 将图像变形

步骤07 选择工具箱中的【钢笔工具】✍，在选项栏中单击【选择工具模式】 路径 按钮，在弹出的选项中选择【形状】，将【填充】更改为白色，【描边】更改为无，在画布靠左侧位置绘制一个云朵形状的图形，此时将生成一个【形状1】图层，如图5.7所示。

图5.7 绘制图形

步骤08 在【图层】面板中选中【形状 1】图层，将其拖至面板底部的【创建新图层】 🔲 按钮上，复制一个【形状 1 拷贝】图层，如图5.8所示。

步骤09 将【形状 1 拷贝】图层中的图形【填充】更改为无，【描边】更改为绿色（R：126，G：172，B：14），【大小】更改为1点；再按Ctrl+T组合键对其执行【自由变换】命令，将图形等比缩小，完成之后按Enter键确认，如图5.9所示。

图5.8 复制图形　　　　　图5.9 变换图形

步骤10 同时选中【形状 1】及【形状 1 拷贝】图层，在画布中按住Alt键拖动，将图形复制数份并将部分图形等比缩小，如图5.10所示。

图5.10 复制并变换图形

步骤11 选择工具箱中的【矩形工具】 ▬，在选项栏中将【填充】更改为绿色（R：126，G：172，B：14），【描边】更改为无，在画布靠顶部位置绘制一个与画布相同宽度的矩形，如图5.11所示。

图5.11 绘制图形

步骤12 在【画笔】面板中选择【Grass】笔触，将【大小】更改为30像素，【角度】更改为180，【间距】更改为50%，如图5.12所示。

步骤13 选中【形状动态】复选框，将【大小抖动】更改为60%，【角度抖动】更改为10%，如图5.13所示。

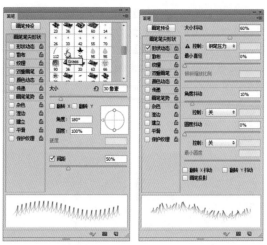

图5.12 设置画笔笔尖形状　图5.13 设置【形状动态】参数

步骤14 单击【图层】面板底部的【创建新图层】按钮，新建一个【图层 2】图层，将其移至【矩形 1】图层下方。

步骤15 将前景色更改为绿色（R：104，G：140，B：22），在刚才绘制的矩形底部左侧按住Shift键向右侧拖动绘制图像，如图5.14所示。

图5.14 绘制图像

步骤16 在【图层】面板中选中【图层 2】图层，单击面板底部的【添加图层样式】fx按钮，在菜单中选择【斜面和浮雕】命令，在弹出的对话框中将【大小】更改为1像素，取消【使用全局光】复选框，【角度】更改为90度，完成之后单击【确定】按钮，如图5.15所示。

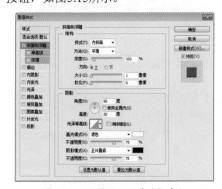

图5.15 设置【斜面和浮雕】参数

步骤17 在【图层】面板中选中【图层 1】图层，

单击面板底部的【添加图层样式】fx按钮，在菜单中选择【渐变叠加】命令，在弹出的对话框中将【混合模式】更改为【柔光】，【渐变】更改为白色到黑色，【样式】更改为【径向】，【角度】更改为0，【缩放】更改为80%，完成之后单击【确定】按钮，如图5.16所示。

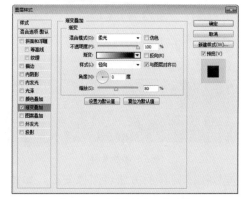

图5.16 设置【渐变叠加】参数

步骤18 选择工具箱中的【矩形工具】，在选项栏中将【填充】更改为红色（R：177，G：0，B：25），【描边】更改为无，在画布底部绘制一个与画布相同宽度的矩形，如图5.17所示。

图5.17 绘制图形

步骤19 选择工具箱中的【钢笔工具】，单击选项栏中的【选择工具模式】路径按钮，在弹出的选项中选择【形状】，以刚才同样的方法将【填充】更改为红色（R：153，G：0，B：22），【描边】更改为无，在刚才绘制的图形左上角位置绘制一个不规则图形，此时将生成一个【形状 2】图层，如图5.18所示。

图5.18 绘制图形

步骤20 以同样的方法在刚才绘制的图形右侧绘制

数个不规则图形，如图5.19所示。

图5.19 绘制图形

5.1.2 制作树叶心形

步骤 01 同时选中除【背景】之外的所有图层，按Ctrl+G组合键将其编组，将生成的组名称更改为【背景】。

步骤 02 选择工具箱中的【自定形状工具】 ，在画布中单击鼠标右键，从弹出的快捷菜单中选择【形状】|【红心形卡】，如图5.20所示。

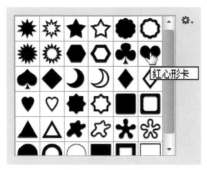

图5.20 设置形状

步骤 03 在选项栏中将【填充】更改为白色，【描边】更改为无，在画布中间位置绘制一个心形图形，此时将生成一个【形状 10】图层，如图5.21所示。

步骤 04 选择工具箱中的【直接选择工具】 ，选中刚才绘制的心形图形的部分锚点并拖动，将其稍微变形，如图5.22所示。

图5.21 绘制图形　　图5.22 将图形变形

步骤 05 执行菜单栏中的【文件】|【打开】命令，打开"树叶.psd"文件，将其拖入画布中心形图形位置并适当缩小，如图5.23所示。

图5.23 添加素材

步骤 06 选中【树叶】组中的树叶图层，在画布中按住Alt键将图像复制数份并放在心形不同的位置，如图5.24所示。

步骤 07 选中【形状 10】图层，将其移至【树叶】组的上方，如图5.25所示。

图5.24 复制图形　　图5.25 更改图层顺序

步骤 08 选中【形状 10】图层，执行菜单栏中的【滤镜】|【模糊】|【高斯模糊】命令，在弹出的对话框中将【半径】更改为50像素，完成之后单击【确定】按钮，如图5.26所示。

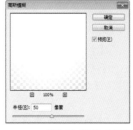

图5.26 设置【高斯模糊】参数及效果

步骤 09 在【图层】面板中选中【形状 10】图层，将其图层混合模式设置为【叠加】，【不透明度】更改为50%，如图5.27所示。

图5.27 设置图层混合模式

5.1.3 制作春游艺术字

步骤01选择工具箱中的【横排文字工具】 T ，在画布中适当位置添加文字，如图5.28所示。

步骤02同时选中所有的文字图层，在其图层名称上单击鼠标右键，从弹出的快捷菜单中选择【转换为形状】命令，将文字转换为形状，如图5.29所示。

图5.28 添加文字　　　图5.29 转换为形状

步骤03分别选中几个文字图层，在画布中按Ctrl+T组合键对其执行【自由变换】命令，将文字扭曲变形，如图5.30所示。

图5.30 将文字变形

步骤04同时选中【春】、【游】、【去】、【哪】、【儿】图层，按Ctrl+G组合键将图层编组，并将生成的组名称更改为【文字】，如图5.31所示。

步骤05选中【文字】组，按Ctrl+E组合键将其合并，此时将生成一个【文字】图层。选中【文字】图层，将其拖至面板底部的【创建新图层】 按钮上，复制一个【文字 拷贝】图层及【文字拷贝2】图层，如图5.32所示。

图5.31 将文字图层编组　　图5.32 合并组及复制图层

步骤06在【图层】面板中选中【文字 拷贝】图层，单击面板上方的【锁定透明像素】 按钮，将当前图层中的透明像素锁定，在画布中将图层填充为绿色（R：132，G：194，B：37），填充完成之后再次单击此按钮将其解除锁定。

步骤07以同样的方法选中【文字 拷贝2】图层，将其图层中的文字填充为白色，如图5.33所示。

图5.33 锁定透明像素并填充颜色

步骤08分别选中【文字 拷贝】及【文字 拷贝2】图层，在画布中将其稍微移动，如图5.34所示。

图5.34 移动文字

步骤09在【图层】面板中选中【文字 拷贝 2】图层，单击面板底部的【添加图层样式】 fx 按钮，在菜单中选择【投影】命令，在弹出的对话框中将【距离】更改为1像素，【大小】更改为3像素，完成之后单击【确定】按钮，如图5.35所示。

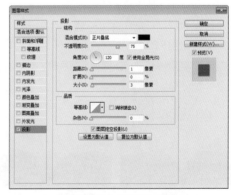

图5.35 设置【投影】参数

步骤10在【文字 拷贝 2】图层名称上单击鼠标右键，从弹出的快捷菜单中选择【拷贝图层样式】命令，在【树叶】图层名称上单击鼠标右键，从弹出的快捷菜单中选择【粘贴图层样式】命令。双击【树叶】图层样式名称，在弹出的对话框中将【不透明度】更改为50%，【距离】更改为4像素，【大小】更改为6像素，完成之后单击【确定】按钮，如图5.36所示。

度】更改为30%，如图5.37所示。

图5.37　添加素材

步骤12 选择工具箱中的【横排文字工具】**T**，在画布靠顶部位置添加文字，这样就完成了效果的制作，如图5.38所示。

图5.38　最终效果

图5.36　拷贝并粘贴图层样式

步骤11 执行菜单栏中的【文件】|【打开】命令，打开"装饰图形.psd、logo.psd"文件，将其拖入画布中刚才制作的文字旁边并适当缩小；选中【纽扣】图层，在画布中按住Alt键将其复制数份并放在不同位置，再将【logo】图层的【不透明

5.2　户外用品直通车

设计构思 本例讲解户外用品直通车的制作。本例将质感边框与商品主体图像相结合，而标签与装饰素材图像也很好地丰富了整个版面内容。最终效果如图5.39所示。

难易程度：★★☆☆☆
调用素材：下载文件\调用素材\第5章\户外用品直通车
最终文件：下载文件\源文件\第5章\户外用品直通车.psd
视频位置：下载文件\movie\5.2户外用品直通车.avi

图5.39　最终效果

5.2.1 制作银色质感边框

步骤 01 执行菜单栏中的【文件】|【新建】命令，在弹出的对话框中设置【宽度】为400像素，【高度】为300像素，【分辨率】为72像素/英寸，【颜色模式】为RGB颜色，新建一个空白画布，将画布填充为红色（R：177，G：0，B：25）。

步骤 02 选择工具箱中的【圆角矩形工具】 ⬜，在选项栏中将【填充】更改为无，【描边】更改为白色，【大小】更改为2点，【半径】为40像素，在画布中绘制一个圆角矩形，此时将生成一个【圆角矩形 1】图层，如图5.40所示。

图5.40 绘制图形

步骤 03 在【图层】面板中选中【圆角矩形1】图层，单击面板底部的【添加图层样式】 fx 按钮，在菜单中选择【渐变叠加】命令，在弹出的对话框中将【渐变】更改为灰色（R：202，G：188，B：186）到灰色（R：242，G：242，B：240），【角度】更改为0，完成之后单击【确定】按钮，如图5.41所示。

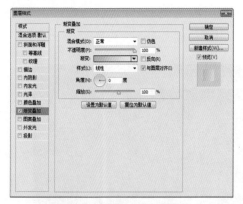

图5.41 设置【渐变叠加】参数

步骤 04 在【图层】面板中选中【圆角矩形1】图层，将其拖至面板底部的【创建新图层】 🔲 按钮上，复制一个【圆角矩形1 拷贝】图层。

步骤 05 双击【圆角矩形1】图层样式名称，在弹出的对话框中将【渐变】更改为灰色（R：140，G：128，B：130）到灰色（R：122，G：120，B：

120），按Ctrl+T组合键对其执行【自由变换】命令，分别将图形宽度和高度适当缩小，如图5.42所示。

图5.42 复制图层并变换图形

步骤 06 同时选中【圆角矩形1 拷贝】及【圆角矩形1】图层，按Ctrl+G组合键将其编组，将生成的组名称更改为【边框】，如图5.43所示。

步骤 07 在【图层】面板中选中【边框】组，将其拖至面板底部的【创建新图层】 🔲 按钮上，复制一个【边框 拷贝】组。选中【边框】组，按Ctrl+E组合键将其合并，选中生成的【边框】图层，单击面板上方的【锁定透明像素】 🔲 按钮，将当前图层中的透明像素锁定，在画布中将图像填充为黑色，填充完成之后再次单击此按钮将其解除锁定，如图5.44所示。

图5.43 将图层编组　　　图5.44 复制图层

步骤 08 选中【边框】图层，执行菜单栏中的【滤镜】|【模糊】|【高斯模糊】命令，在弹出的对话框中将【半径】更改为5像素，完成之后单击【确定】按钮，再将其图层【不透明度】更改为50%，效果如图5.45所示。

图5.45 高斯模糊效果

步骤 09 在【图层】面板中选中【边框】图层，单击面板底部的【添加图层蒙版】 🔲 按钮，为其添加图层蒙版，如图5.46所示。

步骤 10 选择工具箱中的【画笔工具】 ，在画布中单击鼠标右键，在弹出的面板中选择一种圆角笔触，将【大小】更改为300像素，【硬度】更改为0，在选项栏中将【不透明度】更改为50%，如图5.47所示。

图5.46 添加图层蒙版

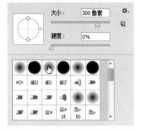

图5.47 设置笔触

步骤 11 选中【边框】图层，在画布中将其向下稍微移动，再将前景色更改为黑色，单击其图层蒙版缩览图，在画布中其图像左右两侧区域涂抹将其隐藏，如图5.48所示。

图5.48 隐藏图像

5.2.2 添加商品素材

步骤 01 执行菜单栏中的【文件】|【打开】命令，打开"户外气罐.psd"文件，将其拖入画布中方框图像靠左侧位置并适当缩小，如图5.49所示。

图5.49 添加素材

步骤 02 在【图层】面板中选中【户外气罐】图层，将其拖至面板底部的【创建新图层】 按钮上，复制一个【户外气罐 拷贝】图层，将其移至【户外气罐】图层的下方，如图5.50所示。

步骤 03 选中【户外气罐 拷贝】图层，按Ctrl+T组合键对其执行【自由变换】命令，将图像等比缩

小再稍微移动，完成之后按Enter键确认，如图5.51所示。

图5.50 复制图层　　　　图5.51 变换图像

步骤 04 按住Ctrl键单击【户外气罐】图层缩览图，将其载入选区，再按住Ctrl键的同时按住Shift键单击【户外气罐 拷贝】图层缩览图将其添加至选区，如图5.52所示。

步骤 05 单击【图层】面板底部的【创建新图层】 按钮，新建一个【图层 1】图层，将其填充为黑色，如图5.53所示。

图5.52 载入选区　　　　图5.53 新建图层并填充颜色

步骤 06 选中【图层 1】图层，执行菜单栏中的【滤镜】|【模糊】|【高斯模糊】命令，在弹出的对话框中将【半径】更改为5像素，完成之后单击【确定】按钮，如图5.54所示。

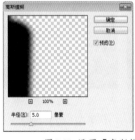

图5.54 设置【高斯模糊】参数及效果

步骤 07 选择工具箱中的【椭圆工具】 ，在选项栏中将【填充】更改为绿色（R：126，G：172，B：14），【描边】更改为无，在素材图像右上角位置绘制一个椭圆图形，此时将生成一个【椭圆 1】图层，将其移至【图层 1】图层的下方，如图5.55所示。

图5.55 绘制图形

步骤08 选中【图层1】图层，执行菜单栏中的【滤镜】|【模糊】|【高斯模糊】命令，在弹出的对话框中将【半径】更改为40像素，完成之后单击【确定】按钮，如图5.56所示。

图5.56 设置【高斯模糊】参数及效果

步骤09 执行菜单栏中的【文件】|【打开】命令，打开"光晕.jpg"文件，将其拖入画布中刚才绘制的图像位置，此时其图层名称将自动更改为【图层2】，如图5.57所示。

步骤10 选中【图层2】图层，将其移至【图层1】图层的下方，再将其图层混合模式更改为【滤色】，如图5.58所示。

图5.57 添加素材　　　图5.58 设置图层混合模式

步骤11 在【图层】面板中选中【图层2】图层，单击面板底部的【添加图层蒙版】 ▣ 按钮，为其添加图层蒙版，如图5.59所示。

步骤12 选择工具箱中的【画笔工具】 ✎，在画布中单击鼠标右键，在弹出的面板中选择一种圆角笔触，将【大小】更改为100像素，【硬度】更改为0，如图5.60所示。

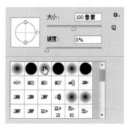

图5.59 添加图层蒙版　　　图5.60 设置笔触

步骤13 将前景色更改为黑色，在其图像右侧部分区域进行涂抹，将部分图像隐藏，如图5.61所示。

图5.61 隐藏图像

5.2.3 制作多边形标签

步骤01 选择工具箱中的【多边形工具】 ⬡，在选项栏中将【填充】更改为绿色（R：120，G：175，B：33），单击 ✿ 图标，在弹出的面板中选中【星形】复选框，将【缩进边依据】更改为10%，【边】更改为30，按住Shift键在图像左上角位置绘制一个多边形，此时将生成一个【多边形1】图层，如图5.62所示。

图5.62 绘制图形

步骤02 选择工具箱中的【椭圆工具】 ⬭，在选项栏中将【填充】更改为白色，【描边】更改为无，在刚才绘制的多边形图形上按住Shift键绘制一个正圆图形，此时将生成一个【椭圆2】图层，如图5.63所示。

图5.63 绘制图形

步骤03 在【图层】面板中选中【椭圆2】图层，将其拖至面板底部的【创建新图层】按钮上，复制一个【椭圆2拷贝】图层，如图5.64所示。

步骤04 选中【椭圆2拷贝】图层，在选项栏中将其【填充】更改为无，【描边】更改为绿色（R：120，G：175，B：33），【大小】更改为0.5点，再按Ctrl+T组合键对其执行【自由变换】命令，将图形等比缩小，完成之后按Enter键确认，如图5.65所示。

图5.64 复制图层   图5.65 变换图形

步骤05 在【图层】面板中选中【椭圆2拷贝】图层，单击面板底部的【添加图层蒙版】按钮，为其添加图层蒙版，如图5.66所示。

步骤06 选择工具箱中的【矩形选框工具】，在画布中椭圆图形位置绘制一个矩形选区，如图5.67所示。

图5.66 添加图层蒙版   图5.67 绘制选区

步骤07 将选区填充为黑色并将部分图形隐藏，完成之后按Ctrl+D组合键取消选区，如图5.68所示。

步骤08 选择工具箱中的【横排文字工具】T，在刚才绘制的椭圆位置添加文字，如图5.69所示。

图5.68 隐藏图形   图5.69 添加文字

步骤09 同时选中【小巧 大容量】及【椭圆2拷贝】图层，在画布中按Ctrl+T组合键对其执行【自由变换】命令，将图文适当旋转，完成之后按Enter键确认，如图5.70所示。

图5.70 旋转图文

步骤10 同时选中【小巧 大容量】、【椭圆2拷贝】、【椭圆2】及【多边形1】图层，按Ctrl+G组合键将其编组，此时将生成一个【组1】组。选中【组1】组，将其拖至面板底部的【创建新图层】按钮上，复制一个【组1拷贝】组，如图5.71所示。

步骤11 选中【组1拷贝】组，按Ctrl+E组合键将其合并，此时将生成一个【组1拷贝】图层，如图5.72所示。

图5.71 将图层编组   图5.72 复制及合并组

步骤12 在【图层】面板中选中【组1拷贝】图层，将其图层混合模式设置为【叠加】，如图5.73所示。

步骤13 选择工具箱中的【多边形套索工具】，在标签位置绘制一个不规则选区，如图5.74所示。

图5.73 设置图层混合模式

图5.74 绘制选区

步骤14 执行菜单栏中的【选择】|【反向】命令，将选区反向，按Delete键将选区中的图像删除，完成之后按Ctrl+D组合键取消选区，如图5.75所示。

图5.75 删除图像

5.2.4 制作异形购买按钮

步骤01 选择工具箱中的【圆角矩形工具】 ⬭，在选项栏中将【填充】更改为白色，【描边】更改为白色，【大小】更改为0.5点，【半径】更改为7像素，在素材右侧位置绘制一个圆角矩形，此时将生成一个【圆角矩形 2】图层，如图5.76所示。

步骤02 选择工具箱中的【直接选择工具】 ▷，选中圆角矩形左上角的锚点并向左上角方向拖动，将图形变形，如图5.77所示。

图5.76 绘制图形

图5.77 将图形变形

步骤03 在【图层】面板中选中【圆角矩形 2】图层，单击面板底部的【添加图层样式】 fx 按钮，在菜单中选择【渐变叠加】命令，在弹出的对话框中将【渐变】更改为绿色（R：113，G：150，B：0）到绿色（R：160，G：210，B：0），

【角度】更改为85度，完成之后单击【确定】按钮，如图5.78所示。

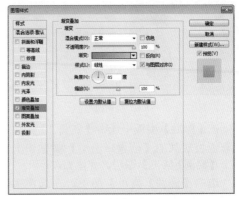

图5.78 设置【渐变叠加】参数

步骤04 选择工具箱中的【椭圆工具】 ⬭，在圆角矩形左上角位置按住Alt键同时按Shift键绘制一个稍小正圆图形将部分图形减去，如图5.79所示。

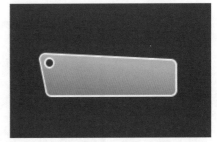

图5.79 减去图形

步骤05 选择工具箱中的【直线工具】 ╱，在选项栏中将【填充】更改为白色，【描边】更改为无，【粗细】更改为1像素，在刚才绘制的圆角矩形上方位置按住Shift键绘制一条线段，此时将生成一个【形状 1】图层，如图5.80所示。

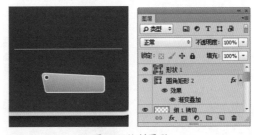

图5.80 绘制图形

步骤06 选中【形状 1】图层，按Ctrl+Alt+T组合键执行复制变换命令，当出现变形框之后将图形向下稍微移动，按Enter键确认，如图5.81所示。

步骤07 按住Ctrl+Shift+Alt组合键的同时按T键多次执行多重复制命令，将图形复制多份，如图5.82所示。

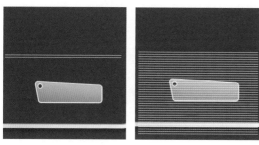

图5.81 复制变换图形　　　　图5.82 多重复制图形

步骤 08 同时选中所有和【形状 1】相关的图层，按Ctrl+E组合键将其合并，将生成的图层名称更改为【条纹】，再按Ctrl+T组合键对其执行【自由变换】命令，当出现变形框后，在选项栏的【旋转】文本框中输入45，按Enter键确认，如图5.83所示。

步骤 09 选中【条纹】图层，单击面板底部的【添加图层蒙版】 按钮，为其添加图层蒙版，如图5.84所示。

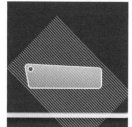 

图5.83 旋转图形　　　　图5.84 添加图层蒙版

步骤 10 按住Ctrl键单击【圆角矩形 2】图层缩览图，将其载入选区，执行菜单栏中的【选择】|【反向】命令将选区反向，将选区填充为黑色隐藏部分图形，完成之后按Ctrl+D组合键取消选区，如图5.85所示。

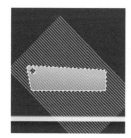 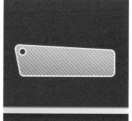

图5.85 隐藏图形

步骤 11 选中【条纹】图层，将其图层混合模式设置为【柔光】，效果如图5.86所示。

步骤 12 选择工具箱中的【横排文字工具】 T ，在画布适当位置添加文字，如图5.87所示。

图5.86 设置图层混合模式　　　图5.87 添加文字

步骤 13 在【图层】面板中选中【立即购买】图层，单击面板底部的【添加图层样式】 fx 按钮，在菜单中选择【渐变叠加】命令，在弹出的对话框中将【渐变】更改为黄色（R：242，G：158，B：30）到黄色（R：252，G：234，B：96），如图5.88所示。

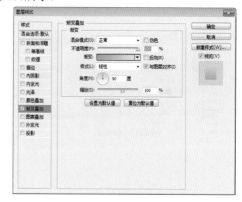

图5.88 设置【渐变叠加】参数

步骤 14 选中【投影】复选框，将【混合模式】更改为【叠加】，【不透明度】更改为100%，取消【使用全局光】复选框，将【角度】更改为90度，【距离】更改为1像素，【大小】更改为2像素，完成之后单击【确定】按钮，如图5.89所示。

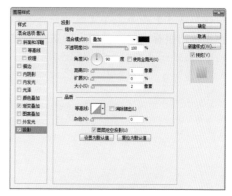

图5.89 设置【投影】参数

步骤 15 选择工具箱中的【横排文字工具】 T ，在按钮上方位置添加文字，如图5.90所示。

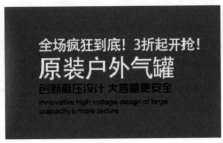

图5.90 添加文字

步骤16在【图层】面板中选中【全场疯狂到底！3折起开抢！】图层，单击面板底部的【添加图层样式】*fx* 按钮，在菜单中选择【描边】命令，在弹出的对话框中将【大小】更改为2像素，【混合模式】更改为【叠加】，【颜色】更改为黑色，如图5.91所示。

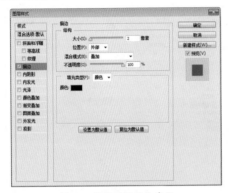

图5.91 设置【描边】参数

步骤17选中【渐变叠加】复选框，将【渐变】更改为黄色（R：242，G：158，B：30）到黄色（R：252，G：234，B：96），完成之后单击【确定】按钮，如图5.92所示。

步骤18在【全场疯狂到底！3折起开抢！】图层名称上单击鼠标右键，从弹出的快捷菜单中选择【拷贝图层样式】命令，在【原装户外气罐】图层名称上单击鼠标右键，从弹出的快捷菜单中选择【粘贴图层样式】命令，如图5.93所示。

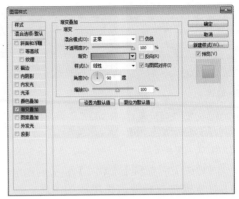

图5.92 设置【渐变叠加】参数

图5.93 拷贝并粘贴图层样式

步骤19执行菜单栏中的【文件】|【打开】命令，打开"叶子.psd、蝴蝶.psd"文件，将其拖入画布中适当的位置并缩小，这样就完成了效果的制作，如图5.94所示。

图5.94 最终效果

第6章 食品店铺装修

本章店面装修效果说明

　　本章店面装修采用浅绿色与浅红色作为主色调，整体色系偏暖。以浅绿色作为店招背景色调，给人一种清爽的视觉感受，浅红色作为直通车主色调与食品主题相衬，在店招制作过程中以特别创意的蔬菜图像模拟出山脉效果；帘幕式分隔栏完美将店招与直通车分开，整体效果相当出色。本章店面装修包括店招、分隔栏、优惠券及直通车。

国风艺术字 —————

食品店招 —————

满减优惠券 —————

美食直通车 —————

————— 撕纸特效图像

————— 分隔栏

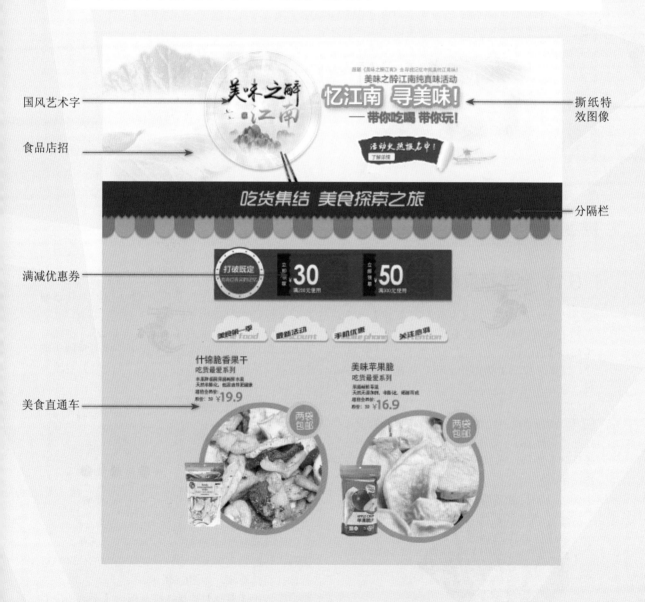

6.1 食品店招

设计构思

本例讲解食品店招设计。食品店招的制作重点在于突出食品卖点，通过图文主题从对应角度来说明店铺当前的活动、所售商品等信息，在本例制作过程中将美味通过国风艺术来表现当前店招内容。最终效果如图6.1所示。

难易程度：★★★☆☆
调用素材：下载文件\调用素材\第6章\食品店招
最终文件：下载文件\源文件\第6章\食品店招.psd
视频位置：下载文件\movie\6.1食品店招.avi

图6.1 食品店招最终效果

操作步骤

6.1.1 制作蔬菜背景

步骤 01 执行菜单栏中的【文件】|【新建】命令，在弹出的对话框中设置【宽度】为1024像素，【高度】为315像素，【分辨率】为72像素/英寸，【颜色模式】为RGB颜色，新建一个空白画布，将画布填充为浅黄色（R：250，G：245，B：230）。

步骤 02 执行菜单栏中的【文件】|【打开】命令，打开"素材.psd"文件，在打开的素材文档中选中【菜叶】图层，将其拖入画布中并适当缩小及旋转，如图6.2所示。

图6.2 添加素材

步骤 03 在【图层】面板中选中【菜叶】图层，单击面板底部的【添加图层蒙版】 按钮，为其添加图层蒙版，如图6.3所示。

步骤 04 选择工具箱中的【画笔工具】 ，在画布中单击鼠标右键，在弹出的面板中选择一种圆角笔触，将【大小】更改为100像素，【硬度】更改为0，如图6.4所示。

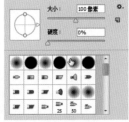

图6.3 添加图层蒙版　　　图6.4 设置笔触

步骤 05 将前景色更改为黑色，在其图像部分区域进行涂抹将其隐藏，如图6.5所示。

步骤 06 选中【菜叶】图层，将其图层【不透明度】更改为20%，效果如图6.6所示。

图6.5 隐藏图像　　　　图6.6 更改不透明度效果

图6.10 复制图像　　　　图6.11 隐藏图像

步骤07 在【图层】面板中选中【菜叶】图层，将其拖至面板底部的【创建新图层】🖿按钮上，复制一个【菜叶 拷贝】图层，如图6.7所示。

步骤08 选择工具箱中的【画笔工具】🖊，单击【菜叶 拷贝】图层蒙版缩览图，以同样的方法将部分图像隐藏，如图6.8所示。

图6.7 复制图层　　　　图6.8 隐藏图像

步骤09 在打开的素材文档中选中【卷心菜】图层，将其拖入当前画布左下角位置，并为其添加图层蒙版隐藏部分图像，如图6.9所示。

图6.9 添加素材并隐藏图像

步骤10 选中【卷心菜】图层，在画布中按住Alt键将图像拖至画布右上角位置，如图6.10所示。

步骤11 选择工具箱中的【画笔工具】🖊，单击【卷心菜 拷贝】图层蒙版缩览图，以刚才同样的方法将部分图像隐藏，如图6.11所示。

步骤12 在打开的素材文档中同时选中【米斗】、【盘子】及【小舟】图层，将其拖入当前画布适当位置，如图6.12所示。

图6.12 添加素材

步骤13 选中【米斗】图层，将其图层【不透明度】更改为20%，效果如图6.13所示。

步骤14 选中【小舟】图层，将其图层混合模式设置为【正片叠底】，【不透明度】更改为30%，如图6.14所示。

图6.13 更改不透明度　　　图6.14 设置图层混合模式

步骤15 在【图层】面板中选中【盘子】图层，单击面板底部的【添加图层样式】fx按钮，在菜单中选择【投影】命令，在弹出的对话框中将【不透明度】更改为25%，取消【使用全局光】复选框，将【角度】更改为90度，【距离】更改为3像素，【大小】更改为5像素，完成之后单击【确定】按钮，如图6.15所示。

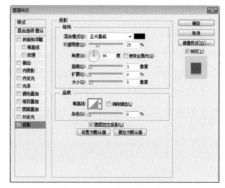

图6.15 设置【投影】参数

6.1.2 制作国风艺术字

步骤 01 选择工具箱中的【横排文字工具】 **T**，在盘子图像位置添加文字，如图6.16所示。

图6.16 添加文字

提示技巧

为了使文字排版更加美观，在添加"美味之醉"文字的过程中注意将每个文字分单个图层添加。

步骤 02 同时选中【美】、【味】、【之】及【醉】图层，按Ctrl+G组合键将其编组，此时将生成一个【组 1】。

步骤 03 在【图层】面板中选中【组 1】组，单击面板底部的【添加图层样式】 **fx** 按钮，在菜单中选择【斜面和浮雕】命令，在弹出的对话框中将【大小】更改为3像素，取消【使用全局光】复选框，【角度】更改为90度，完成之后单击【确定】按钮，如图6.17所示。

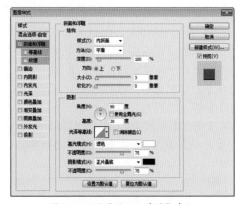

图6.17 设置【斜面和浮雕】参数

步骤 04 在【图层】面板中选中【江南】图层，单击面板底部的【添加图层样式】 **fx** 按钮，在菜单中选择【斜面和浮雕】命令，在弹出的对话框中将【大小】更改为3像素，取消【使用全局光】复选框，【角度】更改为90度，【阴影模式】更改为【柔光】，【不透明度】更改为75%，如图6.18所示。

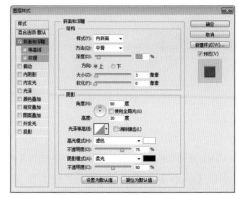

图6.18 设置【斜面和浮雕】参数

步骤 05 选中【渐变叠加】复选框，将【混合模式】更改为【柔光】，【渐变】更改为黑色到白色，完成之后单击【确定】按钮，如图6.19所示。

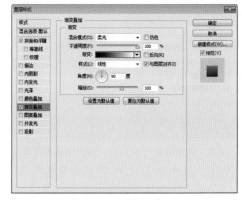

图6.19 设置【渐变叠加】

步骤 06 选择工具箱中的【横排文字工具】 **T**，在盘子图像靠右侧位置添加文字，如图6.20所示。

步骤 07 选择工具箱中的【矩形工具】 ，在选项栏中将【填充】更改为深黄色（R：174，G：94，B：35），【描边】更改为无，在【带你吃喝 带你玩！】文字左侧绘制一个细长矩形，此时将生成一个【矩形 1】图层，如图6.21所示。

图6.20 添加文字　　　　图6.21 绘制图形

步骤 08 在【图层】面板中选中【忆江南 寻美味！】图层，将其拖至面板底部的【创建新图层】 按钮上，复制一个【忆江南 寻美味！拷贝】图层。

步骤 09 在【图层】面板中选中【忆江南 寻美味！】图层，单击面板底部的【添加图层样式】fx 按钮，在菜单中选择【描边】命令，在弹出的对话框中将【大小】更改为6像素，【颜色】更改为深黄色（R：253，G：122，B：5），如图6.22所示。

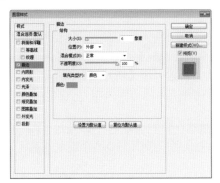

图6.22 设置【描边】参数

步骤 10 选中【投影】复选框，将【距离】更改为6像素，【大小】更改为16像素，如图6.23所示。

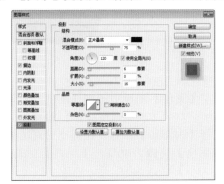

图6.23 设置【投影】参数

步骤 11 在【图层】面板中选中【忆江南 寻美味！拷贝】图层，单击面板底部的【添加图层样式】fx 按钮，在菜单中选择【投影】命令，在弹出的对话框中将【不透明度】更改为50%，【距离】更改为1像素，完成之后单击【确定】按钮，如图6.24所示。

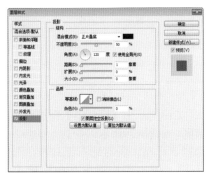

图6.24 设置【投影】参数

步骤 12 在【忆江南 寻美味！ 拷贝】图层名称上单击鼠标右键，从弹出的快捷菜单中选择【拷贝图层样式】命令，在【带你吃喝 带你玩！】图层名称上单击鼠标右键，从弹出的快捷菜单中选择【粘贴图层样式】命令，如图6.25所示。

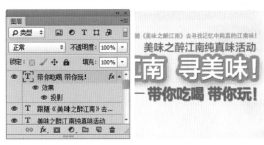

图6.25 拷贝并粘贴图层样式

6.1.3 制作撕纸特效图像

步骤 01 选择工具箱中的【套索工具】，在文字下方位置绘制一个不规则选区，如图6.26所示。

步骤 02 在【通道】面板中单击面板底部的【创建新通道】按钮，新建一个【Alpha 1】通道，如图6.27所示。

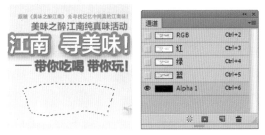

图6.26 绘制选区　　图6.27 新建通道

步骤 03 将选区填充为白色，完成之后按Ctrl+D组合键取消选区，如图6.28所示。

图6.28 填充颜色

步骤 04 执行菜单栏中的【滤镜】|【滤镜库】命令，在弹出的对话框中选择【画笔描边】|【喷溅】，将【喷色半径】更改为2，【平滑度】更改为4，完成之后单击【确定】按钮，如图6.29所示。

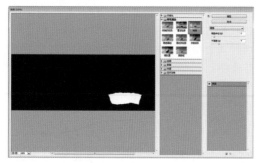

图6.29 设置【喷溅】参数

步骤05 在【通道】面板中单击面板底部的【创建新通道】按钮，新建一个【Alpha 2】通道，如图6.30所示。

步骤06 按住Ctrl键单击【Alpha 1】通道缩览图将其载入选区，执行菜单栏中的【选择】|【修改】|【收缩】命令，在弹出的对话框中将【收缩量】更改为3像素，完成之后单击【确定】按钮，如图6.31所示。

图6.30 新建通道　　　图6.31 载入并收缩选区

步骤07 将选区填充为白色，完成之后按Ctrl+D组合键取消选区，如图6.32所示。

步骤08 单击【图层】面板底部的【创建新图层】按钮，新建一个【图层 1】图层，如图6.33所示。

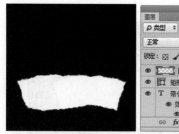 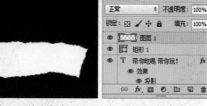

图6.32 填充颜色　　　图6.33 新建图层

步骤09 按住Ctrl键单击【Alpha 1】通道缩览图，将其载入选区，如图6.34所示。

步骤10 将选区填充为白色，完成之后按Ctrl+D组合键取消选区，如图6.35所示。

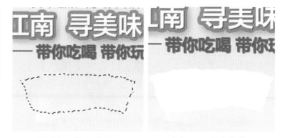

图6.34 载入选区　　　图6.35 填充颜色

步骤11 单击【图层】面板底部的【创建新图层】按钮，新建一个【图层 2】图层。按住Ctrl键单击【Alpha 2】通道缩览图将其载入选区，如图6.36所示。

步骤12 将选区填充为红色（R：222，G：0，B：16），完成之后按Ctrl+D组合键取消选区，如图6.37所示。

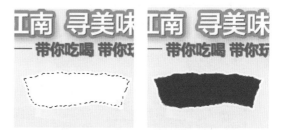

图6.36 载入选区　　　图6.37 填充颜色

步骤13 在【图层】面板中选中【图层 2】图层，单击面板底部的【添加图层样式】按钮，在菜单中选择【内阴影】命令，在弹出的对话框中将【不透明度】更改为40%，【距离】更改为2像素，【大小】更改为3像素，完成之后单击【确定】按钮，如图6.38所示。

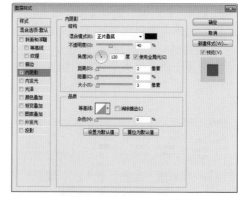

图6.38 设置【内阴影】参数

步骤14 按住Ctrl键单击【图层 2】图层缩览图，将其载入选区，如图6.39所示。

步骤15 选择工具箱中任意选取工具，在选区中单击鼠标右键从弹出的快捷菜单中选择【变换选区】命令，再单击鼠标右键，从弹出的快捷菜单中选择【水平翻转】命令，再将选区宽度缩小并适当旋转，完成之后按Enter键确认，如图6.40所示。

图6.39 载入选区　　　图6.40 变换选区

步骤16 单击【图层】面板底部的【创建新图层】按钮，新建一个【图层3】图层，如图6.41所示。

步骤17 将选区填充为白色，完成之后按Ctrl+D组合键取消选区，如图6.42所示。

图6.41 新建图层　　　图6.42 填充颜色

步骤18 在【图层】面板中选中【图层3】图层，单击面板底部的【添加图层样式】fx按钮，在菜单中选择【渐变叠加】命令，在弹出的对话框中将【渐变】更改为灰色（R：213，G：206，B：204）到浅灰色（R：250，G：250，B：250）再到灰色（R：183，G：175，B：172），再将中间色标位置更改为35%，【角度】更改为-15度，如图6.43所示。

图6.43 设置【渐变叠加】参数

步骤19 选中【投影】复选框，将【不透明度】更改为30%，【距离】更改为2像素，【大小】更改为7像素，完成之后单击【确定】按钮，如图6.44所示。

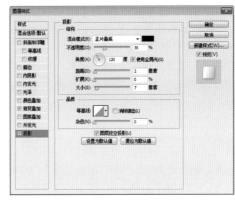

图6.44 设置【投影】参数

步骤20 在【图层】面板中选中【图层3】图层，将其拖至面板底部的【创建新图层】按钮上，复制一个【图层3 拷贝】图层，将【图层3 拷贝】中的【投影】图层样式删除，如图6.45所示。

步骤21 选中【图层3】图层，在画布中将图像向下稍微移动，再按Ctrl+T组合键对其执行【自由变换】命令，单击鼠标右键，从弹出的快捷菜单中选择【透视】命令，拖动变形框控制点将图像变形，完成之后按Enter键确认，如图6.46所示。

图6.45 复制图层并清除图层样式　图6.46 将图像变形

步骤22 选择工具箱中的【圆角矩形工具】，在选项栏中将【填充】更改为浅黄色（R：250，G：245，B：230），【描边】更改为无，【半径】更改为3像素，在红色图像区域左下角位置绘制一个圆角矩形，如图6.47所示。

步骤23 选择工具箱中的【横排文字工具】T，在刚才绘制的图形适当位置添加文字，如图6.48所示。

图6.47 绘制图形　　　图6.48 添加文字

步骤24 在【图层】面板中选中【活动火热报名

中！】图层，单击面板底部的【添加图层样式】
fx按钮，在菜单中选择【投影】命令，在弹出的
对话框中将【不透明度】更改为50%，【距离】更
改为2像素，【大小】更改为2像素，完成之后单
击【确定】按钮，这样就完成了效果的制作，如
图6.49所示。

图6.49 最终效果

6.2 制作分隔栏

设计构思　本例讲解分隔栏的制作。此款分隔栏的特征很明显，以绘制布帘图像效果直观地衬托出当前店铺装修风格，整个制作比较简单。最终效果如图6.50所示。

难易程度：★★☆☆☆
调用素材：无
最终文件：下载文件\源文件\第6章\制作分隔栏.psd
视频位置：下载文件\movie\6.2制作分隔栏.avi

吃货集结　美食探索之旅

图6.50 最终效果

操作步骤

6.2.1 绘制分隔栏轮廓

步骤01 执行菜单栏中的【文件】|【新建】命令，
在弹出的对话框中设置【宽度】为1024像素，
【高度】为140像素，【分辨率】为72像素/英寸，
【颜色模式】为RGB颜色，新建一个空白画布，
将画布填充为浅红色（R：247，G：200，B：
188）。

步骤02 选择工具箱中的【圆角矩形工具】，
在选项栏中将【填充】更改为红色（R：233，G：
80，B：36），【描边】更改为无，【半径】更改
为50像素，在画布左侧位置绘制一个圆角矩形，此
时将生成一个【圆角矩形1】图层，如图6.51所示。

步骤03 在【图层】面板中选中【圆角矩形1】图
层，将其拖至面板底部的【创建新图层】按钮
上，复制一个【圆角矩形1拷贝】图层，如图6.52
所示。

图6.51 绘制图形

图6.52 复制图层

步骤04 将【圆角矩形1拷贝】图层中图形颜色更
改为黄色（R：246，G：150，B：2），并将图形
向右侧平移，如图6.53所示。

步骤05 同时选中【圆角矩形1拷贝】及【圆角矩形
1】图层，按Ctrl+G组合键将其编组，将生成的组
名称更改为【彩条】，按Ctrl+E组合键将其合并，
再按住Ctrl键单击其缩览图将其载入选区，如图
6.54所示。

图6.53 移动图形

步骤 06 选中【彩条】图层,将图形向左侧适当平移,如图6.55所示。

图6.54 将图层编组并合并

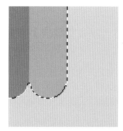

图6.55 移动图形

步骤 07 选中【彩条】图层,按Ctrl+Alt+T组合键对其执行变换复制命令,当出现变形框之后将其向右侧平移,完成之后按Enter键确认,如图6.56所示。

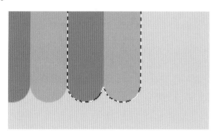

图6.56 变换复制图像

步骤 08 按Ctrl+Shift+Alt组合键的同时按T键多次对其执行变换复制命令,将图像复制多份并铺满整个画布,如图6.57所示。

图6.57 多重复制图像

步骤 09 选择工具箱中的【矩形工具】 ,在选项栏中将【填充】更改为深红色(R:114,G:32,B:10),【描边】更改为无,在画布顶部位置绘制一个与其宽度相同的矩形,此时将生成一个【矩形1】图层,如图6.58所示。

图6.58 绘制图形

6.2.2 制作锯齿效果

步骤 01 以同样的方法将【填充】更改为黑色,【描边】更改为无,在适当位置再次按住Shift键绘制一个稍小的矩形,此时将生成一个【矩形2】图层,如图6.59所示。

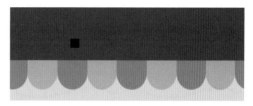

图6.59 绘制图形

步骤 02 选中【矩形2】图层,按Ctrl+T组合键对其执行【自由变换】命令,当出现变形框之后,在选项栏的【旋转】文本框中输入45,完成之后按Enter键确认,如图6.60所示。

步骤 03 选择工具箱中的【直接选择工具】 ,选中图形底部的锚点并按Delete键将其删除,如图6.61所示。

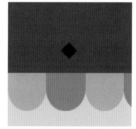 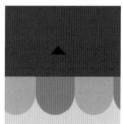

图6.60 旋转图形　　　　图6.61 删除锚点

步骤 04 按住Ctrl键单击【矩形2】图层缩览图将其载入选区,执行菜单栏中的【编辑】|【定义画笔预设】命令,在弹出的对话框中将【名称】更改为【锯齿】,完成之后单击【确定】按钮,如图6.62所示。

图6.62 设置定义画笔预设

提示技巧

定义画笔预设之后【矩形2】图层将无用,可以将其删除。

步骤 05 在【画笔】面板中选择刚才定义的【锯齿】笔触,将【间距】更改为150%,如图6.63所示。

步骤 06 选中【平滑】复选框,如图6.64所示。

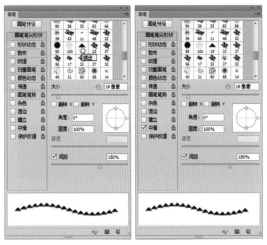

图6.63 设置【画笔笔尖形状】参数　图6.64 选中平滑

步骤 07 在【图层】面板中选中【矩形 1】图层，单击面板底部的【添加图层蒙版】 按钮，为其添加图层蒙版，如图6.65所示。

步骤 08 将前景色更改为黑色，在【矩形 1】图层的图形底部按住Shift键绘制图像，将部分图形隐藏以制作锯齿效果，如图6.66所示。

图6.65 新建图层　　　　图6.66 绘制图像

步骤 09 在【图层】面板中选中【彩条】图层，单击面板底部的【添加图层样式】 *fx* 按钮，在菜单中选择【投影】命令，在弹出的对话框中将【不透明度】更改为40%，取消【使用全局光】复选框，将【角度】更改为90度，【距离】更改为2像素，【大小】更改为4像素，完成之后单击【确定】按钮，如图6.67所示。

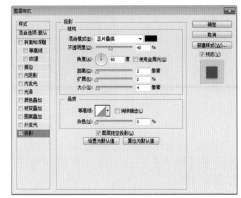

图6.67 设置【投影】参数

步骤 10 在【彩条】图层名称上单击鼠标右键，从弹出的快捷菜单中选择【拷贝图层样式】命令，在【矩形 1】图层名称上单击鼠标右键，从弹出的快捷菜单中选择【粘贴图层样式】命令，如图6.68所示。

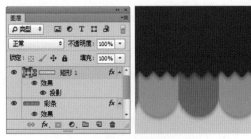

图6.68 拷贝并粘贴图层样式

步骤 11 选择工具箱中的【横排文字工具】 T ，在画布适当位置添加文字，按Ctrl+T组合键对其执行【自由变换】命令，单击鼠标右键，从弹出的快捷菜单中选择【斜切】命令，拖动变形框控制点将文字变形，完成之后按Enter键确认，这样就完成了效果的制作，如图6.69所示。

图6.69 最终效果

6.3 满减优惠券

设计构思 本例讲解满减优惠券制作。本例中的优惠券制作比较传统，造型十分规整，其特点在于文字信息的添加，将圆形券字以叠加形式呈现别具视觉特色。最终效果如图6.70所示。

难易程度：★☆☆☆☆
调用素材：无
最终文件：下载文件\源文件\第6章\满减优惠券.psd
视频位置：下载文件\movie\6.3满减优惠券.avi

图6.70 最终效果

操作步骤

6.3.1 制作轮廓

步骤 01 执行菜单栏中的【文件】|【新建】命令，在弹出的对话框中设置【宽度】为300像素，【高度】为200像素，【分辨率】为72像素/英寸，将画布填充为浅黄色（R：252，G：246，B：216）。

步骤 02 选择工具箱中的【矩形工具】，在选项栏中将【填充】更改为红色（R：174，G：2，B：42），【描边】更改为无，在画布中绘制一个矩形，此时将生成一个【矩形 1】图层，如图6.71所示。

图6.71 绘制图形

步骤 03 在【图层】面板中选中【矩形 1】图层，将其拖至面板底部的【创建新图层】按钮上，复制一个【矩形1 拷贝】图层，如图6.72所示。

步骤 04 将【矩形1 拷贝】图层中的图形颜色更改为深红色（R：90，G：0，B：4），再按Ctrl+T组合键对其执行【自由变换】命令，将图形宽度缩小，完成之后按Enter键确认，如图6.73所示。

图6.72 复制图层　　　　图6.73 缩小图形

步骤 05 选择工具箱中的【椭圆工具】，在选项栏中将【填充】更改为白色，【描边】更改为无，在【矩形1 拷贝】图层中的图形右侧位置按住Shift键绘制一个正圆图形，此时将生成一个【椭圆1】图层，如图6.74所示。

步骤06 在【图层】面板中选中【椭圆 1】图层，在其图层名称上单击鼠标右键，从弹出的快捷菜单中选择【栅格化图层】命令，如图6.75所示。

图6.74 绘制图形　　　　图6.75 栅格化图层

步骤07 按住Ctrl键单击【椭圆 1】图层缩览图，将其载入选区，如图6.76所示。

步骤08 选中【椭圆 1】图层，按Ctrl+Alt+T组合键对其执行复制变换命令，当出现变形框之后将图像向下方移动，完成之后按Enter键确认，如图6.77所示。

图6.76 载入选区　　　　图6.77 变换复制图像

步骤09 按住Ctrl+Alt+Shift组合键的同时按T键多次执行多重复制命令，如图6.78所示。

步骤10 在【图层】面板中选中【矩形 1 拷贝】图层，单击面板底部的【添加图层蒙版】 ◻ 按钮，为其添加图层蒙版，如图6.79所示。

图6.78 多重复制　　　　图6.79 添加图层蒙版

6.3.2 椭圆图文细节

步骤01 按住Ctrl键单击【椭圆1】图层缩览图，将其载入选区，将选区填充为黑色隐藏部分图形，完成之后按Ctrl+D组合键取消选区，如图6.80所示。

步骤02 选择工具箱中的【椭圆工具】 ◯，在选项栏中将【填充】更改为无，【描边】更改为白色，【大小】更改为3点，在锯齿图形右侧位置按住Shift键绘制一个正圆图形，此时将生成一个【椭圆1】图层，将其移至【矩形 1 拷贝】图层下方，如图6.81所示。

图6.80 隐藏图形　　　　图6.81 绘制图形

步骤03 选中【椭圆1】图层，执行菜单栏中的【图层】|【创建剪贴蒙版】命令，为当前图层创建剪贴蒙版隐藏部分图形，如图6.82所示。

步骤04 选择工具箱中的【横排文字工具】 Ｔ，在图形位置添加文字，如图6.83所示。

图6.82 创建剪贴蒙版　　　　图6.83 添加文字

步骤05 在【图层】面板中选中【￥50】图层，单击面板底部的【添加图层样式】 *fx* 按钮，在菜单中选择【渐变叠加】命令，在弹出的对话框中将【渐变】更改为黄色（R：255，G：238，B：160）到浅黄色（R：253，G：254，B：240），如图6.84所示。

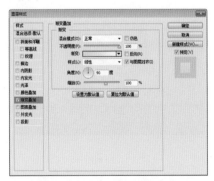

图6.84 设置【渐变叠加】参数

步骤 06 选中【投影】复选框，将【不透明度】更改为30%，取消【使用全局光】复选框，将【角度】更改为90度，【距离】更改为2像素，【大小】更改为2像素，完成之后单击【确定】按钮，如图6.85所示。

步骤 07 选中【券】及【椭圆 1】图层，将其图层混合模式设置为【叠加】，【不透明度】更改为30%，这样就完成了效果的制作，如图6.86所示。

图6.86 最终效果

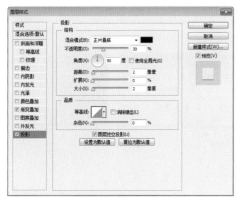

图6.85 设置【投影】参数

6.4 美食直通车

设计构思 本例讲解美食直通车的制作。本例直通车在制作过程中以直观圆形为主视觉图像，将素材图像以剪切蒙版的形式制作出圆形效果。最终效果如图6.87所示。

难易程度：★☆☆☆☆
调用素材：下载文件\调用素材\第6章\美食直通车
最终文件：下载文件\源文件\第6章\美食直通车.psd
视频位置：下载文件\movie\6.4美食直通车.avi

图6.87 最终效果

6.4.1 制作轮廓

步骤 01 执行菜单栏中的【文件】|【新建】命令，在弹出的对话框中设置【宽度】为1024像素，【高度】为500像素，【分辨率】为72像素/英寸，将画布填充为浅黄色（R：247，G：200，B：188）。

步骤 02 选择工具箱中的【椭圆工具】 ⬭ ，在选项栏中将【填充】更改为橙色（R：253，G：105，B：2），【描边】更改为无，在画布左侧位置按住Shift键绘制一个正圆图形，此时将生成一个【椭圆1】图层，如图6.88所示。

步骤 03 选择工具箱中的【直线工具】 ／ ，在选项栏中将【填充】更改为白色，【描边】更改为无，【粗细】更改为1像素，在椭圆图形上方位置按住Shift键绘制一条线段，此时将生成一个【形状1】图层，如图6.89所示。

图6.88 绘制椭圆　　　图6.89 绘制线段

步骤 04 选中【形状 1】图层，按Ctrl+Alt+T组合键对其执行变换复制命令，当出现变形框之后将其向下方适当移动，完成之后按Enter键确认，如图6.90所示。

步骤 05 按Ctrl+Shift+Alt组合键的同时按T键多次对其执行变换复制命令，将图像复制多份，并将椭圆图形完全遮盖，如图6.91所示。

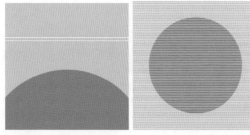

图6.90 变换复制图像　　　图6.91 多重复制图像

步骤 06 同时选中除【背景】及【椭圆 1】之外的所有图层，按Ctrl+E组合键将其合并，将生成的图层

名称更改为【纹理】，如图6.92所示。

步骤 07 选中【纹理】图层，按Ctrl+T组合键对其执行【自由变换】命令，当出现变形框之后，在选项栏的【旋转】文本框中输入-45，完成之后按Enter键确认，如图6.93所示。

 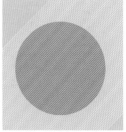

图6.92 将图层合并　　　图6.93 旋转图形

步骤 08 选中【纹理】图层，将其图层混合模式设置为【叠加】，【不透明度】更改为30%，按Ctrl+Alt+G组合键对其执行剪切蒙版命令隐藏部分图形，如图6.94所示。

图6.94 设置图层混合模式并隐藏图形

步骤 09 在【图层】面板中选中【椭圆 1】图层，将其拖至面板底部的【创建新图层】 ⬚ 按钮上，复制一个【椭圆 1 拷贝】图层并将其移至所有图层的上方，如图6.95所示。

步骤 10 选中【椭圆 1 拷贝】图层，按Ctrl+T组合键对其执行【自由变换】命令，将图像等比缩小，完成之后按Enter键确认，如图6.96所示。

图6.95 复制图层　　　图6.96 缩小图形

6.4.2 添加素材及文字信息

步骤 01 执行菜单栏中的【文件】|【打开】命令，打开"果干.psd"文件，将其拖入画布中椭圆图形位置并适当缩小，如图6.97所示。

步骤 02 选中【果干图像】图层，按Ctrl+Alt+G组合键对其执行剪切蒙版命令隐藏部分图像，如图6.98所示。

图6.97 添加素材　　　　图6.98 创建剪贴蒙版

步骤 03 选择工具箱中的【椭圆工具】 ，在选项栏中将【填充】更改为橙色（R：255，G：102，

B：0），【描边】更改为黄色（R：246，G：210，B：30），【大小】更改为8点，在画布左侧位置按住Shift键绘制一个正圆图形，如图6.99所示。

步骤 04 选择工具箱中的【横排文字工具】 **T** ，在画布适当位置添加文字，如图6.100所示。

图6.99 绘制图形　　　　图6.100 添加文字

步骤 05 以同样的方法在当前图文右侧再次添加图文，这样就完成了效果的制作，如图6.101所示。

图6.101 最终效果

第7章 皮具箱包店铺装修

本章店面装修效果说明

　　本章店面装修采用紫色为主色调，同时以橙色和黄色作为辅助色，整体给人一种神秘、活力、热情的视觉感受。其构图采用欢快风格，促销图与弧形直通车图像相结合，整体结构明快，视觉效果前卫，促销图在制作中以炫彩秒杀字与小彩旗装饰图像组合，突出秒杀主题，而散落的彩色装饰图像起到画龙点睛的作用，使整个版面更加丰富。本章店面装修包括促销图、红包券及直通车。

斜纹背景

秒杀字

皮具主题促销图

红包券

包边标签

皮具主图直通车

提升皮包质感

双色背景

购买按钮

7.1 皮具主题促销图

设计构思 本例讲解皮具主题促销图的设计。此款主题促销图的制作重点在于艺术字体的制作，通过典雅、神秘的背景与炫丽质感的艺术相结合，整个页面呈现出色的艺术效果，而用作装饰的小彩旗图像更是提升了促销图的视觉跳跃感，增强了店铺整体的主题效应。最终效果如图7.1所示。

难易程度：★★★☆☆
调用素材：下载文件\调用素材\第7章\皮具主题促销图
最终文件：下载文件\源文件\第7章\皮具主题促销图.psd
视频位置：下载文件\movie\7.1皮具主题促销图.avi

图7.1 最终效果

操作步骤

7.1.1 制作斜纹背景

步骤01 执行菜单栏中的【文件】|【新建】命令，在弹出的对话框中设置【宽度】为1024像素，【高度】为360像素，【分辨率】为72像素/英寸，【颜色模式】为RGB颜色，新建一个空白画布。

步骤02 选择工具箱中的【渐变工具】■，编辑紫色（R：114，G：5，B：174）到紫色（R：40，G：12，B：58）的渐变，单击选项栏中的【径向渐变】■按钮，在画布中从中间向右上角方向拖动填充渐变，如图7.2所示。

图7.2 填充渐变

步骤03 选择工具箱中的【直线工具】✓，在选项栏中将【填充】更改为白色，【描边】更改为

无，【粗细】更改为1像素，在画布顶部边缘按住Shift键绘制一条比画布稍宽的线段，此时将生成一个【形状1】图层，如图7.3所示。

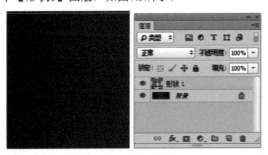

图7.3 绘制图形

步骤04 选中【形状1】图层，按Ctrl+Alt+T组合键对其执行复制变换命令，当出现变形框之后将其向下稍微移动，完成之后按Enter键确认，如图7.4所示。

图7.4 变换复制线段

步骤05 按住Ctrl+Alt+Shift组合键的同时按T键多次执行多重复制命令将线段复制多份，如图7.5所示。

图7.5 多重复制

步骤06 同时选中所有与【形状 1】相关的图层，按Ctrl+E组合键将其合并，将生成的图层名称更改为【斜纹】，按Ctrl+T组合键对其执行【自由变换】命令，当出现变形框之后在选项栏的【旋转】文本框中输入-45，完成之后按Enter键确认，如图7.6所示。

图7.6 旋转图形

步骤07 选中复制生成的图层，将其图层混合模式更改为【叠加】，【不透明度】更改为30%，如图7.7所示。

图7.7 设置图层混合模式

提示技巧

为了方便后期在背景上添加文字及其他元素，可以将【斜纹】图层与【背景】图层合并。

7.1.2 制作秒杀字

步骤01 选择工具箱中的【横排文字工具】 **T** ，在画布中添加文字，如图7.8所示。

图7.8 添加文字

步骤02 在【年终秒杀】图层名称上单击鼠标右键，从弹出的快捷菜单中选择【转换为形状】命令，如图7.9所示。

步骤03 选择工具箱中的【直接选择工具】 ，选中【秒】字右下角结构图形，按Delet键将其删除，再拖动文字部分锚点将其变形，如图7.10所示。

图7.9 转换为形状　　　　图7.10 将文字变形

步骤04 在【图层】面板中选中【年终秒杀】图层，将其拖至面板底部的【创建新图层】 按钮上，复制一个【年终秒杀 拷贝】图层，如图7.11所示。

步骤05 选中【年终秒杀】图层，将其颜色更改为黑色，再单击鼠标右键，从弹出的快捷菜单中选择【栅格化图层】命令，如图7.12所示。

图7.11 复制图层　　　　图7.12 栅格化图层

步骤06 选中【疯狂秒杀】图层，执行菜单栏中的【滤镜】|【模糊】|【动感模糊】命令，在弹出的对话框中将【角度】更改为-45度，【距离】更改

为60像素，设置完成之后单击【确定】按钮，如图7.13所示。

图7.13 设置【动感模糊】参数及效果

步骤 07 在【图层】面板中选中【年终秒杀】图层，单击面板底部的【添加图层蒙版】█按钮，为其添加图层蒙版，如图7.14所示。

步骤 08 选择工具箱中的【画笔工具】✎，在画布中单击鼠标右键，在弹出的面板中选择一种圆角笔触，将【大小】更改为150像素，【硬度】更改为0，如图7.15所示。

图7.14 添加图层蒙版　　图7.15 设置笔触

步骤 09 将前景色更改为黑色，在其图像部分区域进行涂抹将其隐藏，如图7.16所示。

图7.16 隐藏图像

7.1.3 添加光效

步骤 01 执行菜单栏中的【文件】|【打开】命令，打开"光效.jpg"文件，将其拖入画布中文字位置并缩小，其图层名称将更改为【图层1】，如图7.17所示。

图7.17 添加素材

步骤 02 选中【图层1】图层，执行菜单栏中的【图层】|【创建剪贴蒙版】命令，为当前图层创建剪贴蒙版隐藏部分图像，再按Ctrl+T组合键对其执行【自由变换】命令，将图像等比缩小，完成之后按Enter键确认，如图7.18所示。

图7.18 创建剪贴蒙版并变形

步骤 03 执行菜单栏中的【文件】|【打开】命令，打开"光效2.jpg"文件，将其拖入画布中，其图层名称将更改为【图层2】，如图7.19所示。

图7.19 添加素材

步骤 04 选中【图层2】图层，将其图层混合模式设置为【滤色】，如图7.20所示。

图7.20 设置图层混合模式

步骤 05 在【图层】面板中选中【图层2】图层，单击面板底部的【添加图层蒙版】█按钮，为其添加图层蒙版，如图7.21所示。

步骤 06 选择工具箱中的【画笔工具】✎，在画布中单击鼠标右键，在弹出的面板中选择一种圆角笔触，将【大小】更改为150像素，【硬度】更改为0，如图7.22所示。

图7.21 添加图层蒙版

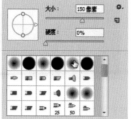

图7.22 设置笔触

步骤07 将前景色更改为黑色，在其图像部分区域进行涂抹将其隐藏，如图7.23所示。

图7.23 隐藏图像

步骤08 选中【图层2】图层，在画布中按住Alt键将图像复制数份并分别放在文字适当位置，如图7.24所示。

图7.24 复制图像

步骤09 单击【图层】面板底部的【创建新图层】按钮，新建一个【图层3】图层，如图7.25所示。

步骤10 选择工具箱中的【画笔工具】，在画布中单击鼠标右键，在弹出的面板中选择一种圆角笔触，将【大小】更改为150像素，【硬度】更改为0，如图7.26所示。

图7.25 新建图层

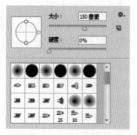

图7.26 设置笔触

步骤11 将前景色更改为白色，在文字部分区域单

击数次添加颜色，如图7.27所示。

图7.27 添加颜色

步骤12 选中【图层3】图层，将其图层混合模式设置为【叠加】，如图7.28所示。

图7.28 设置图层混合模式

步骤13 执行菜单栏中的【文件】|【打开】命令，打开"光效.jpg"文件，将其拖入画布中并适当缩小，其图层名称将更改为【图层4】，如图7.29所示。

图7.29 添加素材

步骤14 选中【图层4】图层，将其图层混合模式设置为【滤色】，如图7.30所示。

图7.30 设置图层混合模式

步骤15 在【图层】面板中选中【图层4】图层，单击面板底部的【添加图层蒙版】按钮，为其添加图层蒙版，如图7.31所示。

步骤16 选择工具箱中的【画笔工具】，在画布中单击鼠标右键，在弹出的面板中选择一种圆角笔触，将【大小】更改为250像素，【硬度】更改为0，如图7.32所示。

 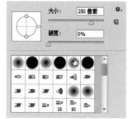

图7.31 添加图层蒙版　　　图7.32 设置笔触

步骤17 将前景色更改为黑色，在其图像部分区域进行涂抹将其隐藏，如图7.33所示。

图7.33 隐藏图像

7.1.4 添加装饰图像

步骤01 执行菜单栏中的【文件】|【打开】命令，打开"装饰图像.psd"文件，将其拖入画布中并适当缩小，将【彩条】图层移至【背景】图层上方，如图7.34所示。

图7.34 添加素材

步骤02 选中【小彩旗】图层，按Ctrl+T组合键对其执行【自由变换】命令，单击鼠标右键，从弹出的快捷菜单中选择【变形】命令，拖动变形框控制点将图形变形，完成之后按Enter键确认，如图7.35所示。

图7.35 将图像变形

步骤03 在【图层】面板中选中【小彩旗】图层，单击面板底部的【添加图层样式】fx 按钮，在菜单中选择【投影】命令，在弹出的对话框中将【不透明度】更改为30%，将【距离】更改为10像素，【大小】更改为4像素，完成之后单击【确定】按钮，如图7.36所示。

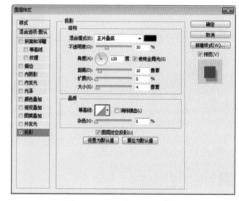

图7.36 设置【投影】参数

步骤04 选中【小彩旗】图层，在画布中按住Alt+Shift组合键向右侧拖动将图形复制，按Ctrl+T组合键对其执行【自由变换】命令，单击鼠标右键，从弹出的快捷菜单中选择【水平翻转】命令，完成之后按Enter键确认，这样就完成了效果的制作，如图7.37所示。

图7.37 最终效果

7.2 制作红包券

设计构思　本例讲解红包优惠券的制作。本例中的优惠券视觉效果具有明显的喜庆特色，采用紫色作为主色调，将红色与黄色相结合，整体造型模拟出红包效果，在制作过程中注意图形整体轮廓的绘制。最终效果如图7.38所示。

难易程度：★★☆☆☆
调用素材：无
最终文件：下载文件\源文件\第7章\制作红包券.psd
视频位置：下载文件\movie\7.2制作红包券.avi

图7.38 最终效果

操作步骤

7.2.1 绘制红包轮廓

步骤01 执行菜单栏中的【文件】|【新建】命令，在弹出的对话框中设置【宽度】为250像素，【高度】为250像素，【分辨率】为72像素/英寸，将画布填充为灰色（R：245，G：245，B：245）。

步骤02 选择工具箱中的【圆角矩形工具】 ，在选项栏中将【填充】更改为紫色（R：234，G：18，B：105），【描边】更改为无，【半径】更改为15像素，在画布中绘制一个圆角矩形，此时将生成一个【圆角矩形 1】图层，如图7.39所示。

图7.39 绘制图形

步骤03 选择工具箱中的【圆角矩形工具】 ，在选项栏中将【填充】更改为任意颜色，【描边】更改为无，【半径】更改为15像素，以同样的方法在刚才绘制的圆角矩形上方再次绘制一个圆角矩形，此时将生成一个【圆角矩形 2】图层，如图7.40所示。

图7.40 绘制圆角矩形

步骤04 选中【圆角矩形 2】图层，按Ctrl+T组合键对其执行【自由变换】命令，当出现变形框之后，在选项栏的【旋转】文本框中输入45，再按住Alt键向外拖动变形框右侧控制点等比增加图形宽度，完成之后按Enter键确认，如图7.41所示。

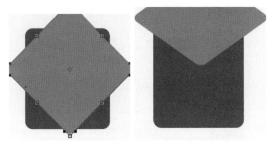

图7.41 变换图形

步骤05选中【圆角矩形 2】图层，执行菜单栏中的【图层】|【创建剪贴蒙版】命令，为当前图层创建剪贴蒙版隐藏部分图形，如图7.42所示。

图7.42 创建剪贴蒙版

步骤06在【图层】面板中选中【圆角矩形 2】图层，单击面板底部的【添加图层样式】**fx**按钮，在菜单中选择【渐变叠加】命令，在弹出的对话框中将【渐变】更改为黄色（R：255，G：214，B：55）到黄色（R：233，G：180，B：22），【角度】更改为0，如图7.43所示。

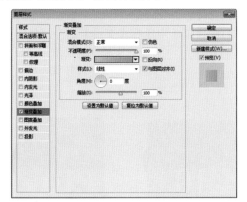

图7.43 设置【渐变叠加】参数

步骤07选中【投影】复选框，将【不透明度】更改为30%，取消【使用全局光】复选框，将【角度】更改为90度，【距离】更改为2像素，【大小】更改为2像素，完成之后单击【确定】按钮，如图7.44所示。

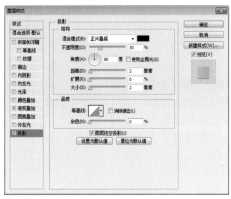

图7.44 设置【投影】参数

7.2.2 绘制红丝带

步骤01选择工具箱中的【矩形工具】■，在选项栏中将【填充】更改为红色（R：172，G：33，B：30），【描边】更改为无，在红包图像底部位置绘制一个矩形，此时将生成一个【矩形 1】图层，如图7.45所示。

图7.45 绘制图形

步骤02选择工具箱中的【添加锚点工具】，在矩形右侧边缘中间位置单击添加锚点，如图7.46所示。

步骤03选择工具箱中的【转换点工具】，单击添加的锚点，再选择工具箱中的【直接选择工具】，拖动锚点将图形变形，如图7.47所示。

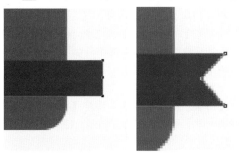

图7.46 添加锚点　　图7.47 转换锚点

步骤04选中【矩形 1】图层，按Ctrl+T组合键对其执行【自由变换】命令，单击鼠标右键，从弹出的快捷菜单中选择【变形】命令，单击选项栏中 自定 按钮，在弹出的选项中选择【旗帜】，将【弯曲】更改为30%，完成之后按Enter键确认，如图7.48所示。

步骤 05 选择工具箱中的【钢笔工具】，单击选项栏中的【路径操作】按钮，在弹出的选项中选择【合并形状】，在刚才绘制的矩形左侧绘制一个不规则图形，以制作包围图形，如图7.49所示。

图7.48 将图形变形　　　　图7.49 绘制图形

步骤 06 选择工具箱中的【钢笔工具】，在红包图形右上角再次绘制一个不规则图形，此时将生成一个【形状 1】图层，如图7.50所示。

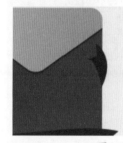

图7.50 绘制图形

步骤 07 在【图层】面板中选中【矩形 1】图层，单击面板底部的【添加图层样式】fx 按钮，在菜单中选择【投影】命令，在弹出的对话框中将【颜色】更改为红色（R：172，G：33，B：30），【不透明度】更改为45%，取消【使用全局光】复选框，将【角度】更改为90度，【距离】更改为2像素，【扩展】更改为50%，【大小】更改为2像素，完成之后单击【确定】按钮，如图7.51所示。

步骤 08 在【图层】面板中选中【形状 1】图层，将其拖至面板底部的【创建新图层】按钮上，复制一个【形状 1 拷贝】图层，再将【形状 1】图层的【不透明度】更改为45%，如图7.52所示。

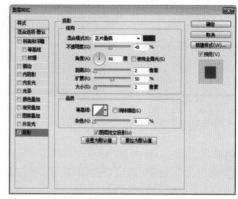

图7.51 设置【投影】参数

步骤 09 选中【形状 1】图层，按Ctrl+T组合键对其执行【自由变换】命令，将图形高度缩小，完成之后按Enter键确认，如图7.53所示。

图7.52 复制图层并更改不透明度　　图7.53 将图形变形

步骤 10 选择工具箱中的【横排文字工具】T，在画布适当位置添加文字，如图7.54所示。

步骤 11 选中其中的一个文字图层，按Ctrl+T组合键对其执行【自由变换】命令，单击鼠标右键，从弹出的快捷菜单中选择【变形】命令，单击选项栏中 自定 按钮，在弹出的选项中选择【旗帜】，将【弯曲】更改为20%，这样就完成了效果的制作，如图7.55所示。

图7.54 添加文字　　　　图7.55 最终效果

7.3 皮具主图直通车

设计构思 本例讲解皮具主图直通车的制作。本例重点在于突出皮具的质感，以此来提升产品的品质，从而带动顾客的购买欲望；在制作过程中以双色对比不规则图形作为背景，整齐排列的单个图像显得更加规范。最终效果如图7.56所示。

难易程度：★★☆☆☆
调用素材：下载文件\调用素材\第7章\皮具主图直通车
最终文件：下载文件\源文件\第7章\皮具主图直通车.psd
视频位置：下载文件\movie\7.3皮具主图直通车.avi

图7.56 最终效果

操作步骤

7.3.1 制作双色背景

步骤 01 执行菜单栏中的【文件】|【新建】命令，在弹出的对话框中设置【宽度】为1024像素，【高度】为600像素，【分辨率】为72像素/英寸，【颜色模式】为RGB颜色，新建一个空白画布。

步骤 02 选择工具箱中的【渐变工具】 ■，编辑黄色（R：200，G：80，B：10）到黄色（R：228，G：99，B：0）的渐变，单击选项栏中的【线性渐变】■ 按钮，在画布中从右下角向左上角方向拖动填充渐变，如图7.57所示。

步骤 03 选择工具箱中的【钢笔工具】 ✎，在选项栏中单击【选择工具模式】 [路径 ▾] 按钮，在弹出的选项中选择【形状】，将【填充】更改为深黄色（R：180，G：75，B：13），【描边】更改为无，在画布左上角位置绘制一个三角形图形，此时将生成一个【形状 1】图层，如图7.58所示。

图7.57 填充渐变

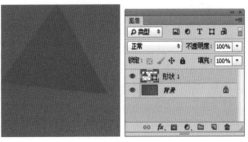

图7.58 绘制图形

步骤 04 在【图层】面板中选中【形状 1】图层，单击面板底部的【添加图层蒙版】  按钮，为其添加图层蒙版，如图7.59所示。

步骤 05 选择工具箱中的【渐变工具】 ，编辑黑色到白色的渐变，单击选项栏中的【线性渐变】 按钮，在其图形上拖动隐藏部分图形，如图7.60所示。

图7.59 添加图层蒙版　　图7.60 设置渐变并隐藏图形

步骤 06 以同样的方法绘制3个相似的图形，如图7.61所示。

图7.61 绘制图形

步骤 07 选择工具箱中的【钢笔工具】 ，在选项栏中单击【选择工具模式】 路径 按钮，在弹出的选项中选择【形状】，将【填充】更改为黄色（R：255，G：217，B：54），【描边】更改为无，在画布下半部分位置绘制一个不规则图形，此时将生成一个【形状 5】图层，如图7.62所示。

图7.62 绘制图形

步骤 08 在【图层】面板中选中【形状 5】图层，单击面板底部的【添加图层蒙版】 按钮，为其添加图层蒙版，如图7.63所示。

步骤 09 选择工具箱中的【多边形套索工具】 ，在图形左侧位置绘制一个不规则选区，如图7.64所示。

图7.63 添加图层蒙版　　图7.64 绘制选区

步骤 10 将选区填充为黑色隐藏部分图形，完成之后按Ctrl+D组合键取消选区，如图7.65所示。

步骤 11 以同样的方法在图形右上角位置绘制一个相似的不规则选区，并将选区中的图形隐藏，如图7.66所示。

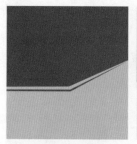

图7.65 隐藏图形　　图7.66 绘制图形

步骤 12 选择工具箱中的【钢笔工具】 ，在选项栏中单击【选择工具模式】 路径 按钮，在弹出的选项中选择【形状】，将【填充】更改为黑色，【描边】更改为无，在画布左下角位置绘制一个不规则图形，此时将生成一个【形状 6】图层，如图7.67所示。

图7.67 绘制图形

步骤 13 选中【形状 6】图层，将其图层混合模式设置为【叠加】，【不透明度】更改为20%，如图7.68所示。

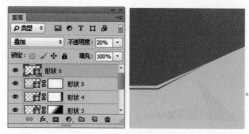

图7.68 设置图层混合模式

步骤 14 以同样的方法绘制数个图形并设置其图层混合模式及不透明度，如图7.69所示。

图7.69 绘制图形

步骤 15 同时选中除【背景】之外的所有图层，按Ctrl+G组合键将其编组，将生成的组名称更改为【背景元素】。

步骤 16 选择工具箱中的【矩形工具】 ，在选项栏中将【填充】更改为黑色，【描边】更改为浅绿色（R：176，G：250，B：143），【大小】更改为3点，在背景左上角位置绘制一个矩形，此时将生成一个【矩形 1】图层，如图7.70所示。

图7.70 绘制矩形

步骤 17 在【图层】面板中选中【矩形 1】图层，单击面板底部的【添加图层样式】 **fx** 按钮，在菜单中选择【投影】命令，在弹出的对话框中将【不透明度】更改为50%，取消【使用全局光】复选框，将【角度】更改为90度，【距离】更改为5像素，【大小】更改为5像素，完成之后单击【确定】按钮，如图7.71所示。

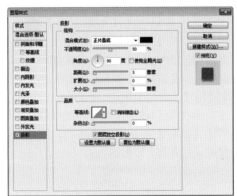

图7.71 设置【投影】参数

7.3.2 提升皮包质感

步骤 01 执行菜单栏中的【文件】|【打开】命令，打开"皮包.jpg"文件，将其拖入画布中并适当缩小，其图层名称将更改为【图层 1】，如图7.72所示。

图7.72 添加素材

步骤 02 在【图层】面板中选中【图层 1】图层，单击面板底部的【创建新的填充或调整图层】 按钮，在弹出的菜单中选中【曲线】命令，在弹出的面板中单击【此调整影响下面所有图层】按钮 ，拖动曲线，提升图像整体亮度，如图7.73所示。

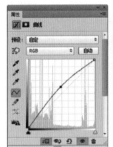

图7.73 调整曲线

步骤 03 在【图层】面板中单击面板底部的【创建新的填充或调整图层】 按钮，在弹出的菜单中选中【色相/饱和度】命令，在弹出的面板中单击【此调整影响下面所有图层】按钮 ，选择【红色】通道，将【饱和度】更改为35，如图7.74所示。

图7.74 调整红色饱和度

步骤 04 同时选中【图层 1】、【曲线 1】及【色相/饱和度 1】图层，执行菜单栏中的【图层】|【创建剪贴蒙版】命令，为当前图层创建剪贴蒙版隐藏部分图像，按Ctrl+T组合键对其执行【自由变换】命令，将图像等比缩小，完成之后按Enter键确认，如图7.75所示。

图7.75 创建剪贴蒙版

步骤 05 在【图层】面板中选中【矩形 1】图层，将其拖至面板底部的【创建新图层】 ▢ 按钮上，复制一个【矩形 1 拷贝】图层，将其移至所有图层的上方，如图7.76所示。

步骤 06 选中【矩形 1 拷贝】图层，在画布中按住Shift键向右侧拖动将图形平移，如图7.77所示。

图7.76 复制图层　　　　图7.77 移动图形

提示技巧

复制图层并更改顺序之后，需要注意重新执行刚才的为图层创建剪贴蒙版操作。

步骤 07 选中【矩形 1】图层，在画布中按住Alt+Shift组合键向下方拖动将图形复制2份，此时将生成【矩形 1 拷贝 2】及【矩形 1 拷贝 3】两个新图层，如图7.78所示。

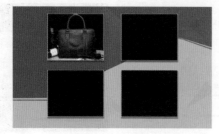

图7.78 复制图形

步骤 08 执行菜单栏中的【文件】|【打开】命令，打开"皮包 2.jpg"文件，将其插入画布中并适当缩小，此时图层名称将更改为【图层 2】，如图7.79所示。

步骤 09 将【图层 2】移至【矩形 1 拷贝】图层的上方，执行菜单栏中的【图层】|【创建剪贴蒙版】命令，为当前图层创建剪贴蒙版隐藏部分图像，如图7.80所示。

图7.79 添加素材　　　　图7.80 创建剪贴蒙版

步骤 10 执行菜单栏中的【文件】|【打开】命令，打开"皮带.jpg、钱包.jpg"文件，分别将其拖入画布中并适当缩小，并以同样的方法为其创建剪贴蒙版，如图7.81所示。

图7.81 添加素材并创建剪贴蒙版

7.3.3 制作包边标签

步骤 01 选择工具箱中的【矩形工具】 ▢，在选项栏中将【填充】更改为白色，【描边】更改为无，在图像右上角绘制一个矩形并适当旋转，此时将生成一个【矩形 2】图层，如图7.82所示。

步骤 02 选中【矩形 2】图层，按Ctrl+T组合键对其执行【自由变换】命令，当出现变形框之后，在选项栏的【旋转】文本框中输入45，完成之后按Enter键确认，如图7.83所示。

图7.82 绘制图形

图7.83 旋转图形

步骤03 选择工具箱中的【添加锚点工具】，在矩形左上角与图像交叉的位置单击添加锚点，如图7.84所示。

步骤04 选择工具箱中的【转换点工具】，单击添加的锚点，如图7.85所示。

图7.84 添加锚点

图7.85 单击锚点

步骤05 选择工具箱中的【删除锚点工具】，单击矩形顶部锚点并将其删除，如图7.86所示。

步骤06 选择工具箱中的【直接选择工具】，同时选中矩形顶部2个锚点并向上稍微移动，如图7.87所示。

图7.86 删除锚点

图7.87 拖动锚点

提示技巧

在拖动锚点将图形变形时，可以按键盘上的方向键，每按一次即移动1像素，将移动的距离数记下，在后面对矩形底部的矩形进行变形时可移动相同的像素数。

步骤07 以同样的方法将矩形右下角相对位置变形，如图7.88所示。

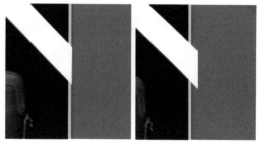
图7.88 添加锚点并将图形变形

步骤08 在【图层】面板中选中【矩形2】图层，单击面板底部的【添加图层样式】fx按钮，在菜单中选择【渐变叠加】命令，在弹出的对话框中将【渐变】更改为橙色（R：218，G：88，B：53）到黄色（R：245，G：173，B：140），如图7.89所示。

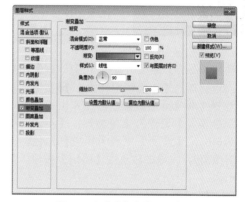
图7.89 设置【渐变叠加】参数

步骤09 选中【投影】复选框，将【不透明度】更改为30%，取消【使用全局光】复选框，将【角度】更改为60度，【距离】更改为2像素，【大小】更改为10像素，完成之后单击【确定】按钮，如图7.90所示。

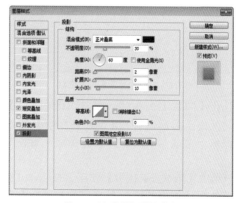
图7.90 设置【投影】参数

7.3.4 添加标签细节

步骤 01 选择工具箱中的【钢笔工具】 ，在选项栏中单击【选择工具模式】 路径 ▾ 按钮，在弹出的选项中选择【形状】，将【填充】更改为深黄色（R：153，G：54，B：27），【描边】更改为无，在图形右下角位置绘制一个不规则图形以制作包边效果，此时将生成一个【形状14】图层，将其移至【矩形2】图层下方，如图7.91所示。

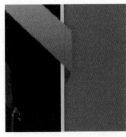

图7.91 绘制图形

步骤 02 在【图层】面板中选中【形状 14】图层，单击面板底部的【添加图层样式】 fx 按钮，在菜单中选择【渐变叠加】命令，在弹出的对话框中将【混合模式】更改为【叠加】，【不透明度】更改为60%，【渐变】更改为黑色到白色，【角度】更改为0，完成之后单击【确定】按钮，如图7.92所示。

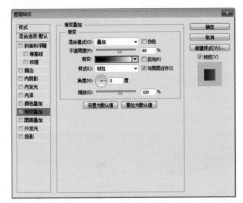

图7.92 设置【渐变叠加】参数

步骤 03 在【图层】面板中，选中【形状 14】图层，将其拖至面板底部的【创建新图层】 按钮上，复制一个【形状 14 拷贝】图层，如图7.93所示。

步骤 04 选中【形状 14 拷贝】图层，按Ctrl+T组合键对其执行【自由变换】命令，单击鼠标右键，从弹出的快捷菜单中选择【垂直翻转】命令，再单击鼠标右键，从弹出的快捷菜单中选择【旋转90度（逆时针）】命令，完成之后按Enter键确认，如图7.94所示。

图7.93 复制图层　　　图7.94 变换图形

步骤 05 选择工具箱中的【横排文字工具】 T ，在标识位置添加文字，如图7.95所示。

步骤 06 选中【正品保证】图层，按Ctrl+T组合键对其执行【自由变换】命令，当出现变形框之后，在选项栏的【旋转】文本框中输入45，完成之后按Enter键确认，如图7.96所示。

图7.95 添加文字　　　图7.96 旋转文字

提示技巧

旋转文字之后，需要注意将文字适当缩小以适合图形大小。

步骤 07 同时选中【正品保证】、【矩形2】、【形状 14 拷贝】及【形状 14】图层，按Ctrl+G组合键将其编组，将生成的组名称更改为【包边标签】。

步骤 08 选中【包边标签】组，在画布中按住Alt+Shift组合键拖动将其复制3份，并分别放在其他几个图形右上角的位置，如图7.97所示。

图7.97 复制图形

7.3.5 制作购买按钮

步骤 01 选择工具箱中的【矩形工具】▢，在选项栏中将【填充】更改为白色，【描边】更改为无，在左上角皮包图像底部位置绘制一个矩形，此时将生成一个【矩形 3】图层，如图7.98所示。

步骤 02 选择工具箱中的【添加锚点工具】✒，在矩形右侧中间位置单击添加锚点，如图7.99所示。

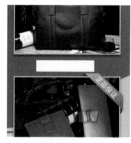

图7.98 绘制图形　　　　图7.99 添加锚点

步骤 03 选择工具箱中的【转换点工具】◥，单击添加的锚点，如图7.100所示。

步骤 04 选择工具箱中的【直接选择工具】▷，选中经过转换的锚点并向右侧拖动将图形变形，如图7.101所示。

图7.100 转换锚点　　　　图7.101 将图形变形

步骤 05 在【图层】面板中选中【矩形 3】图层，单击面板底部的【添加图层样式】ƒx 按钮，在菜单中选择【渐变叠加】命令，在弹出的对话框中将【渐变】更改为深橙色（R：200，G：80，B：10）到黄色（R：255，G：217，B：54），如图7.102所示。

步骤 06 选中【投影】复选框，将【不透明度】更改为20%，取消【使用全局光】复选框，将【角度】更改为90度，【距离】更改为2像素，【大小】更改为2像素，完成之后单击【确定】按钮，如图7.103所示。

图7.102 设置【渐变叠加】参数

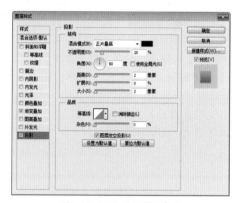

图7.103 设置【投影】参数

步骤 07 使用文字工具添加文字，然后选中【矩形 3】及其上方所有文字图层，按Ctrl+G组合键将其编组，将生成的组名称更改为【购买标签】，在画布中按住Alt+Shift组合键拖动，将其复制3份并分别放在其他几个图像底部位置后更改相对应的价格信息，如图7.104所示。

图7.104 复制按钮

7.3.6 添加装饰图像

步骤 01 选择工具箱中的【矩形工具】▢，在选项栏中将【填充】更改为任意颜色，【描边】更改为无，在背景左侧绘制一个矩形并适当旋转，此时将生成一个【矩形 4】图层，将其移至【背景元素】组上方，再选中【矩形 4】图层，将其拖至面板底部的【创建新图层】▢ 按钮上，复制一个

【矩形4拷贝】图层，如图7.105所示。

步骤02 执行菜单栏中的【文件】|【打开】命令，打开"模特.jpg"文件，将其拖入画布中并适当缩小，其图层名称将更改为【图层5】，如图7.106所示。

图7.105 绘制图形　　　图7.106 添加素材

步骤03 选中【图层5】图层，执行菜单栏中的【图层】|【创建剪贴蒙版】命令，为当前图层创建剪贴蒙版隐藏部分图像，再按Ctrl+T组合键对其执行【自由变换】命令，将图像等比缩小，完成之后按Enter键确认，如图7.107所示。

图7.107 创建剪贴蒙版并缩小图像

步骤04 选中【矩形4】图层，将其图形颜色更改为深黄色（R：175，G：66，B：0），再按Ctrl+T组合键对其执行【自由变换】命令，单击鼠标右键，从弹出的快捷菜单中选择【变形】命令，拖动变形框控制点将图形变形，完成之后按Enter键确认，这样就完成了效果的制作，如图7.108所示。

图7.108 最终效果

第8章 时尚女鞋店铺装修

本章店面装修效果说明

　　本章店面装修采用青色主色调与粉色点缀色调，整体版式简洁而富有档次。在制作过程中以时尚的英文字体与靓丽的素材图像为主，直观且准确地表现商品主题；整体构图以简洁、时尚为主，将商品与时尚完美结合。本章店面装修包括店招、主题优惠券及直通车。

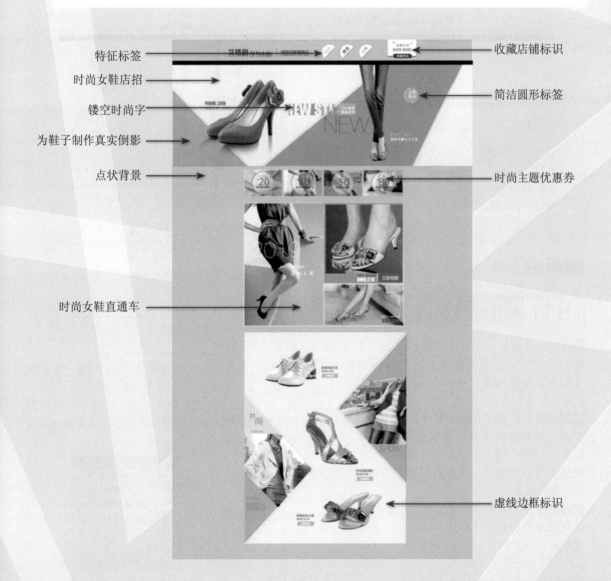

特征标签

时尚女鞋店招

镂空时尚字

为鞋子制作真实倒影

点状背景

时尚女鞋直通车

收藏店铺标识

简洁圆形标签

时尚主题优惠券

虚线边框标识

8.1 时尚女鞋店招

设计构思

本例讲解时尚女鞋店招的设计。本例中的店招整个版式极具个性，以大面积双色图形进行对比，同时辅以线条组合，整体简洁的版式使店招视觉效果十分出色，时尚、个性的文字提升了店招档次。最终效果如图8.1所示。

难易程度：★★★☆☆
调用素材：下载文件\调用素材\第8章\时尚女鞋店招
最终文件：下载文件\源文件\第8章\时尚女鞋店招.psd
视频位置：下载文件\movie\8.1时尚女鞋店招.avi

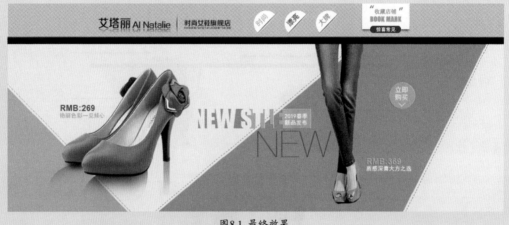

图8.1 最终效果

操作步骤

8.1.1 制作点状背景

步骤01 执行菜单栏中的【文件】|【新建】命令，在弹出的对话框中设置【宽度】为1024像素，【高度】为420像素，【分辨率】为72像素/英寸，新建一个空白画布。

步骤02 执行菜单栏中的【文件】|【新建】命令，在弹出的对话框中设置【宽度】为2像素，【高度】为2像素，【分辨率】为72像素/英寸，【颜色模式】为RGB颜色，【背景内容】为透明，新建一个空白画布。

步骤03 选择工具箱中的【缩放工具】，从弹出的快捷菜单中选择【按屏幕大小缩小】命令，将当前画布放至最大，如图8.2所示。

图8.2 放大画布

提示技巧

在画布中按住Alt键滚动鼠标中间滚轮，同样可以将当前画布放大或缩小。

步骤04 选择工具箱中的【矩形工具】，在选项栏中将【填充】更改为青色（R：60，G：185，B：193），【描边】更改为无，以画布左上角为起点绘制一个矩形，此时将生成一个【矩形 1】图层，如图8.3所示。

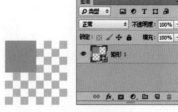

图8.3 绘制图形

步骤05 选中【矩形 1】图层，按住Alt键向右下角方向拖动将其复制，此时将生成一个【矩形 1 拷贝】图层，如图8.4所示。

步骤 06 同时选中【矩形 1 拷贝】及【矩形 1】图层，按Ctrl+E组合键将其合并，如图8.5所示。

图8.4 复制图形　　图8.5 合并图层

步骤 07 执行菜单栏中的【编辑】|【定义图案】命令，在弹出的对话框中将【名称】更改为【纹理】，完成之后单击【确定】按钮，如图8.6所示。

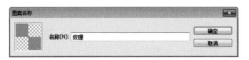

图8.6 定义图案

步骤 08 在新建的第一个文档中，执行菜单栏中的【编辑】|【填充】命令，在弹出的对话框中选择【使用】为【图案】，单击【自定图案】右侧的下拉按钮，在弹出的面板中选择刚才定义的【纹理】图案，完成之后单击【确定】按钮，如图8.7所示。

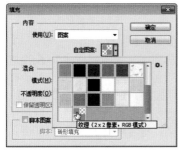

图8.7 设置填充

步骤 09 选择工具箱中的【矩形工具】■，在选项栏中将【填充】更改为浅红色（R：244，G：244，B：244），【描边】更改为无，在画布中绘制一个与其宽度相同的矩形，此时将生成一个【矩形 1】图层，如图8.8所示。

图8.8 绘制图形

步骤 10 在【图层】面板中选中【矩形 1】图层，将

其拖至面板底部的【创建新图层】⬚按钮上，复制一个【矩形 1 拷贝】图层。

步骤 11 选中【矩形 1 拷贝】图层，将其图形颜色更改为深灰色（R：30，G：30，B：30），再按Ctrl+T组合键对其执行【自由变换】命令，将图形高度缩小，完成之后按Enter键确认，如图8.9所示。

图8.9 变换图形

步骤 12 以同样的方法将【矩形 1 拷贝】图层再次复制一份，并将复制的图形颜色更改为浅紫色（R：247，G：110，B：177），再以同样的方法将图形高度缩小，如图8.10所示。

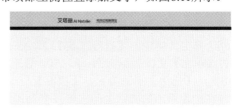

图8.10 复制并变换图形

8.1.2 添加文字信息

步骤 01 选择工具箱中的【横排文字工具】**T**，在画布顶部左侧位置添加文字，如图8.11所示。

图8.11 添加文字

步骤 02 在【图层】面板中选中【艾塔丽】图层，将其拖至面板底部的【创建新图层】⬚按钮上，复制一个【艾塔丽 拷贝】图层，如图8.12所示。

步骤 03 选中【艾塔丽 拷贝】图层，按Ctrl+T组合键对其执行【自由变换】命令，单击鼠标右键，从弹出的快捷菜单中选择【垂直翻转】命令，完成之后按Enter键确认，将文字适当移动并与原文字底部对齐，如图8.13所示。

步骤 04 在【图层】面板中选中【艾塔丽 拷贝】图层，单击面板底部的【添加图层蒙版】◉按钮，为其添加图层蒙版，如图8.14所示。

图8.12 复制图层　　　图8.13 变换文字

步骤05 选择工具箱中的【渐变工具】■，编辑黑色到白色的渐变，单击选项栏中的【线性渐变】■按钮，在其图形上拖动将部分文字隐藏制作以倒影效果，如图8.15所示。

图8.14 添加图层蒙版　　　图8.15 隐藏文字

步骤06 以同样的方法将【AI Natalie】图层复制并为其复制倒影效果，如图8.16所示。

图8.16 复制倒影

步骤07 选择工具箱中的【直线工具】╱，在选项栏中将【填充】更改为深灰色（R：30，G：30，B：30），【描边】更改为无，【粗细】更改为1像素，在刚才添加的文字之间位置按住Shift键绘制一条线段，此时将生成一个【形状 1】图层，如图8.17所示。

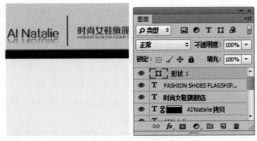

图8.17 绘制图形

步骤08 在【图层】面板中选中【形状 1】图层，单击面板底部的【添加图层蒙版】■按钮，为其添加图层蒙版，如图8.18所示。

步骤09 选择工具箱中的【渐变工具】■，编辑黑色到白色再到黑色的渐变，将白色色标【位置】更改为50%，如图8.19所示。

图8.18 添加图层蒙版　　　图8.19 编辑渐变

步骤10 单击选项栏中的【线性渐变】■按钮，在线段位置按住Shift键从底部向上方拖动，将部分图形隐藏，如图8.20所示。

图8.20 隐藏图形

步骤11 在【图层】面板中选中【形状 1】图层，单击面板底部的【添加图层样式】fx按钮，在菜单中选择【投影】命令，在弹出的对话框中将【混合模式】更改为【正常】，【颜色】更改为白色，【不透明度】更改为100%，取消【使用全局光】复选框，将【角度】更改为180度，【距离】更改为1像素，完成之后单击【确定】按钮，如图8.21所示。

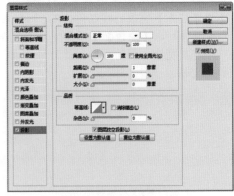

图8.21 设置【投影】参数

8.1.3 制作特征标签

步骤 01 选择工具箱中的【椭圆工具】 ⬭，在选项栏中将【填充】更改为白色，【描边】更改为无，在刚才添加的文字右侧位置按住Shift键绘制一个正圆图形，此时将生成一个【椭圆 1】图层，如图8.22所示。

步骤 02 选择工具箱中的【矩形工具】 ▢，按住Alt键在椭圆图形右侧位置绘制一个矩形路径，将部分图形减去，如图8.23所示。

 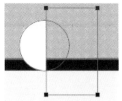

图8.22 绘制图形　　图8.23 减去图形

步骤 03 选中【矩形 1】图层，按Ctrl+T组合键对其执行【自由变换】命令，当出现变形框之后，在选项栏的【旋转】文本框中输入45，完成之后按Enter键确认，如图8.24所示。

图8.24 旋转路径

步骤 04 选择工具箱中的【直线工具】 ╱，在选项栏中将【填充】更改为灰色（R：72，G：72，B：72），【描边】为无，【粗细】更改为1像素，在椭圆图形右下角边缘位置绘制一条线段，此时将生成一个【形状 2】图层，如图8.25所示。

步骤 05 以同样的方法为【形状 2】图层添加图层蒙版并将其部分图形隐藏后，添加投影以制作质感效果，如图8.26所示。

图8.25 绘制图形　　图8.26 隐藏图形并添加投影

步骤 06 同时选中【形状 1】及【椭圆 1】图层，在画布中按住Alt+Shift组合键向右侧拖动，将图形复制两份，如图8.27所示。

步骤 07 选择工具箱中的【横排文字工具】 T，在图形位置添加文字，如图8.28所示。

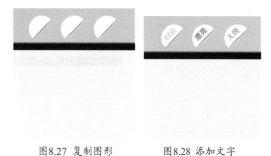

图8.27 复制图形　　图8.28 添加文字

8.1.4 制作收藏店铺标识

步骤 01 选择工具箱中的【矩形工具】 ▢，在选项栏中将【填充】更改为白色，【描边】更改为无，在靠右侧位置绘制一个矩形，此时将生成一个【矩形 2】图层，如图8.29所示。

步骤 02 在【图层】面板中选中【矩形 2】图层，将其拖至面板底部的【创建新图层】 按钮上，复制一个【矩形 2拷贝】图层，如图8.30所示。

图8.29 绘制图形　　图8.30 复制图层

步骤 03 选中【矩形 2】图层，将其图形颜色更改为黑色，再按Ctrl+T组合键对其执行【自由变换】命令，单击鼠标右键，从弹出的快捷菜单中选择【变形】命令，拖动变形框控制点将图形变形，完成之后按Enter键确认，如图8.31所示。

图8.31 将图形变形

步骤 04 选中【矩形 2】图层，执行菜单栏中的【滤

镜】|【模糊】|【高斯模糊】命令，在弹出的对话框中将【半径】更改为2像素，完成之后单击【确定】按钮，如图8.32所示。

步骤 05 选中【矩形 2】图层，将其图层【不透明度】更改为50%，效果如图8.33所示。

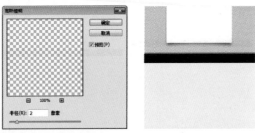

图8.32 设置【高斯模糊】参数　图8.33 更改不透明度效果

步骤 06 选择工具箱中的【圆角矩形工具】 ，在选项栏中将【填充】更改为红色（R：230，G：0，B：18），【描边】更改为无，【半径】更改为8像素，在刚才绘制的图形底部位置绘制一个圆角矩形，如图8.34所示。

步骤 07 选择工具箱中的【横排文字工具】 ，在图形适当位置添加文字，如图8.35所示。

图8.34 绘制图形　　　图8.35 添加文字

提示技巧

为了使版式更加规范，在制作收藏店铺标识之后，可以同时选中之前所添加的所有图文字将其向中间位置移动。

8.1.5 绘制背景图形并添加素材

步骤 01 选择工具箱中的【矩形工具】 ，在选项栏中将【填充】更改为浅红色（R：250，G：180，B：192），【描边】更改为无，在画布左下角位置按住Shift键绘制一个矩形，此时将生成一个【矩形 3】图层，如图8.36所示。

步骤 02 选择工具箱中的【删除锚点工具】 ，单击矩形右上角锚点并将其删除，如图8.37所示。

步骤 03 选择工具箱中的【矩形工具】 ，在选项栏中将【填充】更改为深青色（R：60，G：185，B：193），【描边】更改为无，在画布右侧位置

绘制一个矩形，此时将生成一个【矩形 4】图层，如图8.38所示。

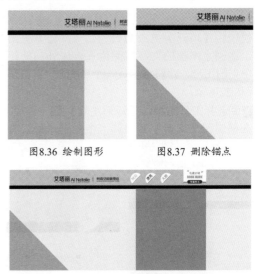

图8.36 绘制图形　　　图8.37 删除锚点

图8.38 绘制图形

步骤 04 选择工具箱中的【直接选择工具】 ，拖动刚才绘制的矩形锚点将其变形，如图8.39所示。

图8.39 将图形变形

步骤 05 选择工具箱中的【直线工具】 ，在选项栏中将【填充】更改为无，【描边】更改为浅红色（R：250，G：180，B：192），【粗细】更改为1像素，单击【设置形状描边类型】 按钮，在弹出的选项中选择第2种描边类型，单击【更多选项】按钮，在弹出的对话框中将【虚线】更改为4，【间隙】更改为3，在沿【矩形 3】图层中的图形右侧边缘绘制一条虚线，此时将生成一个【形状 3】图层，如图8.40所示。

图8.40 绘制虚线

步骤06以同样的方法在其他图形边缘位置绘制相似的虚线线段，如图8.41所示。

图8.41 绘制线段

步骤07执行菜单栏中的【文件】|【打开】命令，打开"高跟鞋.psd、模特.psd"文件，将其拖入画布中适当位置并缩小，如图8.42所示。

图8.42 添加素材

步骤08选择工具箱中的【矩形选框工具】，在模特图像上半部分区域绘制一个矩形选区，如图8.43所示。

步骤09选中【模特】图层，按Delete键将选区中的图像删除，完成之后按Ctrl+D组合键取消选区，如图8.44所示。

图8.43 绘制选区　　图8.44 删除图像

8.1.6 为鞋子制作真实倒影

步骤01选择工具箱中的【钢笔工具】，在选项栏中单击【选择工具模式】按钮，在弹出的选项中选择【形状】，将【填充】更改为深红色（R：176，G：53，B：56），【描边】更改为无，在高跟鞋图像右下角位置绘制一个不规则图形，此时将生成一个【形状 6】图层，将其移至【高跟鞋】图层的下方，如图8.45所示。

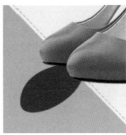

图8.45 绘制图形

步骤02在【图层】面板中选中【形状 6】图层，单击面板底部的【添加图层蒙版】按钮，为其添加蒙版，如图8.46所示。

步骤03选择工具箱中的【画笔工具】，在画布中单击鼠标右键，在弹出的面板中选择一种圆角笔触，将【大小】更改为100像素，【硬度】更改为0，如图8.47所示。

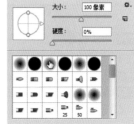

图8.46 添加图层蒙版　　图8.47 设置笔触

步骤04将前景色更改为黑色，在其图像部分区域进行涂抹将其隐藏，如图8.48所示。

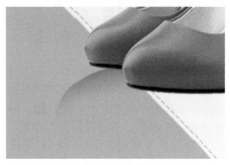

图8.48 隐藏图像

步骤05选择工具箱中的【椭圆工具】，在选项栏中将【填充】更改为深红色（R：80，G：17，B：18），【描边】更改为无，在刚才绘制的图形位置绘制一个椭圆图形并适当旋转，此时将生成一个【椭圆 2】图层，将其移至【高跟鞋】图层的下方，如图8.49所示。

步骤06选中【椭圆 2】图层，执行菜单栏中的【滤镜】|【模糊】|【高斯模糊】命令，在弹出的对话框中将【半径】更改为5像素，完成之后单击【确定】按钮，如图8.50所示。

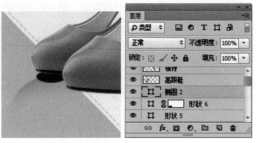

图8.49 绘制图形

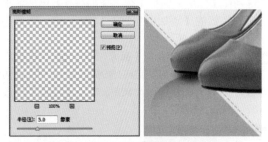

图8.50 设置【高斯模糊】参数及效果

步骤07 以同样的方法在鞋子底部位置绘制一个灰色（R：212，G：212，B：212）不规则图形，此时将生成一个【形状7】图层，如图8.51所示。

步骤08 以刚才同样的方法为【形状7】图层添加图层蒙版并将部分图形隐藏，如图8.52所示。

图8.51 绘制图形　　　　图8.52 隐藏图形

步骤09 选择工具箱中的【矩形工具】 ■，将【填充】更改为任意颜色，【描边】更改为无，在高跟位置绘制一个不规则图形，此时将生成一个【矩形5】图层，将其移至【高跟鞋】图层下方，如图8.53所示。

图8.53 绘制图形

步骤10 在【图层】面板中选中【矩形5】图层，单击面板底部的【添加图层样式】 fx 按钮，在菜单中选择【渐变叠加】命令，在弹出的对话框中将【不透明度】更改为30%，【渐变】更改为深红色（R：214，G：204，B：210）到深红色（R：214，G：204，B：210），将第1个色标【不透明度】更改为0，完成之后单击【确定】按钮，如图8.54所示。

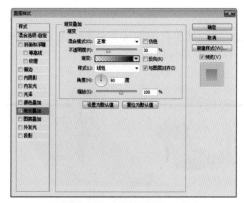

图8.54 设置【渐变叠加】参数

步骤11 在【图层】面板中选中【矩形5】图层，将其图层【填充】更改为0，如图8.55所示。

图8.55 更改填充

提示技巧

将【形状3】图层的【填充】更改为0之后，可以再次双击其图层样式对话框，同时在阴影处拖动鼠标以更改渐变的位置。

步骤12 选择工具箱中的【钢笔工具】 ✐，在选项栏中将【填充】更改为深红色（R：36，G：3，B：3），在模特图像脚部位置绘制一个不规则图形，此时将生成一个【形状8】图层，如图8.56所示。

步骤13 为【形状8】图层添加图层蒙版，并利用【画笔工具】 ✔ 将部分图形隐藏以制作阴影效果，如图8.57所示。

图8.56 绘制图形　　　　图8.57 制作阴影

8.1.7 制作镂空时尚字

步骤 01 选择工具箱中的【矩形工具】■，在选项栏中将【填充】更改为深青色（R：60，G：185，B：193），【描边】更改为无，在高跟鞋图像右侧绘制一个矩形，此时将生成一个【矩形 6】图层，如图8.58所示。

步骤 02 在【图层】面板中选中【矩形 6】图层，将其拖至面板底部的【创建新图层】❑ 按钮上，复制一个【矩形 6 拷贝】图层，如图8.59所示。

图8.58 绘制图形　　　　图8.59 复制图层

步骤 03 将【矩形 6 拷贝】图层中的图形颜色更改为浅红色（R：250，G：180，B：192），再将其向右侧平移，如图8.60所示。

步骤 04 选择工具箱中的【添加锚点工具】⌖，在【矩形 6 拷贝】图层中图形左侧边缘中间位置单击添加锚点，如图8.61所示。

图8.60 移动图形　　　　图8.61 添加锚点

步骤 05 选择工具箱中的【转换点工具】◣，单击刚才添加的锚点，如图8.62所示。

步骤 06 选择工具箱中的【直接选择工具】▶，选中锚点向左侧拖动将其变形，如图8.63所示。

图8.62 转换锚点　　　　图8.63 拖动锚点

步骤 07 选择工具箱中的【横排文字工具】**T**，在刚才绘制的矩形位置添加文字，如图8.64所示。

图8.64 添加文字

步骤 08 同时选中【矩形 6 拷贝】及【矩形 6】图层，按Ctrl+G组合键将其编组，将生成的组名称更改为【双色矩形】，单击面板底部的【添加图层蒙版】■ 按钮，为其添加图层蒙版，如图8.65所示。

步骤 09 按住Ctrl键单击【NEW STLE】图层缩览图，将其载入选区，如图8.66所示。

图8.65 将图层编组并添加图层蒙版　图8.66 载入选区

步骤 10 将选区填充为黑色隐藏部分图形，完成之后按Ctrl+D组合键取消选区，再将【NEW STLE】图层删除，如图8.67所示。

步骤 11 选择工具箱中的【横排文字工具】**T**，在双色矩形右侧及下方位置添加文字，如图8.68所示。

图8.67 隐藏图形

图8.68 添加文字

8.1.8 制作简洁圆形标签

步骤 01 选择工具箱中的【椭圆工具】 ●，在选项栏中将【填充】更改为浅红色（R：250，G：180，B：192），【描边】更改为无，在模特右侧位置按住Shift键绘制一个正圆图形，此时将生成一个【椭圆3】图层，如图8.69所示。

步骤 02 选择工具箱中的【横排文字工具】 T，在椭圆图形靠上半部分位置添加文字，如图8.70所示。

图8.69 绘制图形

图8.70 添加文字

步骤 03 选择工具箱中的【矩形工具】 ▢，在选项栏中将【填充】更改为无，【描边】更改为白色，【大小】更改为1点，在文字下方按住Shift键绘制一个矩形，此时将生成一个【矩形 7】图层，如图8.71所示。

步骤 04 选择工具箱中的【直接选择工具】 ▷，选中矩形顶部锚点并按Delete键将其删除，如图8.72所示。

图8.71 绘制图形　　　图8.72 删除锚点

步骤 05 选择工具箱中的【横排文字工具】 T，在画布适当位置添加文字，这样就完成了效果的制作，如图8.73所示。

图8.73 最终效果

8.2 时尚主题优惠券

设计构思　本例讲解时尚主题优惠券的制作。本例中的优惠券制作比较简单，以时尚图像为主题背景，使整个优惠券极富有时尚感。最终效果如图8.74所示。

难易程度：★☆☆☆☆
调用素材：下载文件\调用素材\第8章\时尚主题优惠券
最终文件：下载文件\源文件\第8章\时尚主题优惠券.psd
视频位置：下载文件\movie\8.2时尚主题优惠券.avi

图8.74 最终效果

步骤 01 执行菜单栏中的【文件】|【新建】命令，在弹出的对话框中设置【宽度】为300像素，【高度】为200像素，【分辨率】为72像素/英寸，新建一个空白画布。

步骤 02 执行菜单栏中的【文件】|【打开】命令，打开"鞋子.jpg"文件，将打开的素材拖入画布中并适当缩小，其图层名称将更改为【图层 1】，如图8.75所示。

图8.75 添加素材

步骤 03 选中【图层 1】图层，执行菜单栏中的【滤镜】|【模糊】|【高斯模糊】命令，在弹出的对话框中将【半径】更改为1像素，完成之后单击【确定】按钮，如图8.76所示。

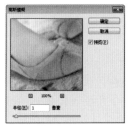

图8.76 设置【高斯模糊】参数及效果

步骤 04 选择工具箱中的【椭圆工具】 ，在选项栏中将【填充】更改为白色，【描边】更改为无，在画布中间位置按住Shift键绘制一个正圆图形，此时将生成一个【椭圆 1】图层，如图8.77所示。

图8.77 绘制图形

步骤 05 在【图层】面板中选中【椭圆 1】图层，单击面板底部的【添加图层样式】 **fx** 按钮，在菜单中选择【描边】命令，在弹出的对话框中将【大小】更改为5像素，【位置】更改为【内部】，【颜色】更改为深青色（R：60，G：185，B：193），【不透明度】更改为80%，完成之后单击【确定】按钮，如图8.78所示。

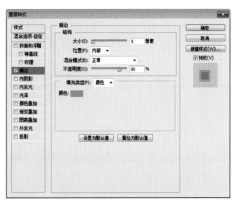

图8.78 设置【描边】参数

步骤 06 在【图层】面板中选中【椭圆 1】图层，将其图层【填充】更改为50%，如图8.79所示。

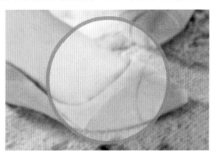

图8.79 更改填充

步骤 07 选择工具箱中的【横排文字工具】 **T** ，在画布适当位置添加文字，这样就完成了效果的制作，如图8.80所示。

图8.80 最终效果

8.3 时尚女鞋直通车

设计构思

本例讲解时尚女鞋直通车的制作。本例制作比较简单，在制作过程中将直通车图像与店招中图像相结合，形成统一的视觉关系，注意与店招及优惠券的主题颜色搭配。最终效果如图8.81所示。

难易程度：★★☆☆☆
调用素材：下载文件\调用素材\第8章\时尚女鞋直通车
最终文件：下载文件\源文件\第8章\时尚女鞋直通车.psd
视频位置：下载文件\movie\8.3时尚女鞋直通车.avi

图8.81 最终效果

操作步骤

8.3.1 绘制轮廓图形

步骤01 执行菜单栏中的【文件】|【新建】命令，在弹出的对话框中设置【宽度】为1024像素，【高度】为850像素，【分辨率】为72像素/英寸，新建一个空白画布，以制作店招同样的方法制作点状背景。

步骤02 选择工具箱中的【矩形工具】■，在选项栏中将【填充】更改为浅蓝色（R：224，G：247，B：250），【描边】更改为无，在画布中间位置绘制一个矩形，此时将生成一个【矩形 1】图层，如图8.82所示。

图8.82 绘制图形

步骤03 选择工具箱中的【矩形工具】■，在选项栏中将【填充】更改为白色，【描边】更改为无，在刚才绘制的矩形左下角位置按住Shift键绘制一个矩形，此时将生成一个【矩形 2】图层，如图8.83所示。

步骤04 择工具箱中的【删除锚点工具】，单击矩形右上角锚点将其删除，如图8.84所示。

图8.83 绘制图形　　　　图8.84 删除锚点

步骤05 选中【矩形 2】图层，按Ctrl+T组合键对其执行【自由变换】命令，当出现变形框之后，在选项栏的【旋转】文本框中输入45，再单击鼠标右键，从弹出的快捷菜单中选择【水平翻转】

命令，完成之后按Enter键确认，再将图形适当移动，如图8.85所示。

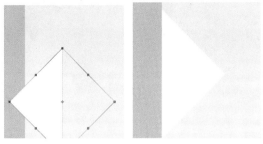

图8.85 变换图形

步骤06 在【图层】面板中选中【矩形 2】图层，将其拖至面板底部的【创建新图层】■按钮上，复制一个【矩形 2拷贝】图层，如图8.86所示。

步骤07 将【矩形 2拷贝】图层中的图形【填充】更改为无，【描边】更改为浅红色（R：250，G：180，B：192），【大小】更改为1点，单击【设置形状描边类型】━━━▼按钮，在弹出的选项中选择第2种描边类型，再将其向右侧平移，如图8.87所示。

图8.86 复制图层　　图8.87 变换图形

步骤08 选择工具箱中的【直接选择工具】▶，选中【矩形 2 拷贝】图层中图形左侧边缘线段按Delete键将其删除，如图8.88所示。

步骤09 选择工具箱中的【直接选择工具】▶，选中【矩形 2 拷贝】图层中图形左上角锚点并向左上角方向稍微拖动，将线段顶端与左侧边缘对齐，如图8.89所示。

图8.88 删除线段　　图8.89 拖动锚点

步骤10 同时选中【矩形 2】及【矩形 2 拷贝】图

层，在画布中按住Alt+Shift组合键向右侧拖动将图形复制，再按Ctrl+T组合键对其执行【自由变换】命令，单击鼠标右键，从弹出的快捷菜单中选择【水平翻转】命令，完成之后按Enter键确认，将图形移至【矩形 1】图层中图形右上角位置，此时将生成两个【矩形2 拷贝 2】图层，如图8.90所示。

步骤11 将【矩形 2 拷贝 2】图层中图形颜色更改为深青色（R：60，G：185，B：193）。

图8.90 复制并变换图形

8.3.2 添加素材

步骤01 执行菜单栏中的【文件】|【打开】命令，打开"高跟鞋.psd、模特.jpg"文件，将其拖入画布中适当的位置并缩小，【模特】图层名称将更改为【图层 1】，如图8.91所示。

图8.91 添加素材

步骤02 选中【图层 1】图层，将其移至【矩形 2】图层的上方，执行菜单栏中的【图层】|【创建剪贴蒙版】命令，为当前图层创建剪贴蒙版隐藏部分图像，如图8.92所示。

图8.92 创建剪贴蒙版

步骤 03 选择工具箱中的【矩形工具】■，在选项栏中将【填充】更改为黄色（R：253，G：240，B：147），【描边】更改为无，再绘制一个矩形，此时将生成一个【矩形3】图层，将其移至【图层1】图层的上方，如图8.93所示。

步骤 04 选中【矩形3】图层，执行菜单栏中的【图层】|【创建剪贴蒙版】命令，为当前图层创建剪贴蒙版隐藏部分图像，如图8.94所示。

图8.93 绘制图形　　　图8.94 创建剪贴蒙版

步骤 05 选择工具箱中的【矩形工具】■，在选项栏中将【填充】更改为深青色（R：107，G：202，B：208），在模特素材图像下方按住Shift键绘制一个矩形，此时将生成一个【矩形4】图层，如图8.95所示。

步骤 06 选择工具箱中的【删除锚点工具】，单击【矩形4】图层中图形右下角的锚点并将其删除，如图8.96所示。

图8.95 绘制图形　　　图8.96 删除锚点

步骤 07 选中【矩形4】图层，按Ctrl+T组合键对其执行【自由变换】命令，当出现变形框之后，在选项栏的【旋转】文本框中输入135，完成之后按Enter键确认，如图8.97所示。

步骤 08 选择工具箱中的【直接选择工具】，拖动图形底部锚点将其稍微变形并与其下方图形对齐，如图8.98所示。

步骤 09 执行菜单栏中的【文件】|【打开】命令，打开"模特2.jpg"文件，将其拖入画布中适当位置并缩小，【模特】图层名称将更改为【图层2】，如图8.99所示。

图8.97 旋转图形　　　图8.98 拖动锚点

步骤 10 选中【图层2】图层，将其移至【矩形2拷贝2】图层的上方，执行菜单栏中的【图层】|【创建剪贴蒙版】命令，为当前图层创建剪贴蒙版隐藏部分图像，如图8.100所示。

图8.99 添加素材　　　图8.100 创建剪贴蒙版

步骤 11 选择工具箱中的【钢笔工具】，在选项栏中单击【选择工具模式】按钮，在弹出的选项中选择【形状】，将【填充】更改为浅红色（R：250，G：180，B：192），【描边】更改为无，在刚才添加的模特图像顶部位置绘制一个不规则图形，此时将生成一个【形状1】图层，如图8.101所示。

步骤 12 选中【形状1】图层，将其移至【图层2】图层的上方，执行菜单栏中的【图层】|【创建剪贴蒙版】命令，为当前图层创建剪贴蒙版隐藏部分图形，如图8.102所示。

图8.101 绘制图形　　　图8.102 创建剪贴蒙版

步骤 13 选择工具箱中的【矩形工具】■，在选项栏中将【填充】更改为浅红色（R：250，G：180，B：192），【描边】更改为无，在模特图像底部位置绘制一个矩形，此时将生成一个【矩形5】图层，同时将自动创建剪贴蒙版，如图8.103所示。

图8.103 绘制图形

步骤14 选择工具箱中的【横排文字工具】**T**，在高跟鞋素材图像右侧位置添加文字，如图8.104所示。

图8.104 添加文字

8.3.3 制作虚线边框标识

步骤01 选择工具箱中的【矩形工具】 ，在选项栏中将【填充】更改为浅红色（R：250，G：180，B：192），【描边】更改为无，在文字下方绘制一个矩形，此时将生成一个【矩形6】图层，如图8.105所示。

图8.105 绘制图形

步骤02 在【图层】面板中选中【矩形6】图层，将其拖至面板底部的【创建新图层】 按钮上，复制一个【矩形6拷贝】图层，如图8.106所示。

步骤03 选中【矩形6拷贝】图层，将其【填充】更改为无，【描边】更改为白色，单击【设置形状描边类型】 按钮，在弹出的选项中选择第2种描边类型，按Ctrl+T组合键对其执行【自由变换】命令，将图形高度和宽度适当缩小，完成之后按Enter键确认，如图8.107所示。

步骤04 选择工具箱中的【横排文字工具】 **T**，在矩形位置添加文字，如图8.108所示。

图8.106 复制图层　　　图8.107 变换图形

步骤05 同时选中【立即购买】、【RMB:269】、【质感纯真白色】、【矩形6拷贝】及【矩形6】图层，按Ctrl+G组合键将其编组，将生成的组名称更改为【价格及标签】，如图8.109所示。

图8.108 添加文字　　　图8.109 将图层编组

步骤06 选中【价格及标签】组，在画布中按住Alt键向下拖动将其复制两份，如图8.110所示。

步骤07 分别更改复制生成的价格与标签中的价格及文字信息，如图8.111所示。

图8.110 复制价格及标签　　　图8.111 更改信息

步骤08 选择工具箱中的【横排文字工具】 **T**，在画布适当位置添加文字，这样就完成了效果的制作，如图8.112所示。

图8.112 最终效果

第9章　家居用品店铺装修

本章店面装修效果说明

　　本章店面装修采用黄色与绿色作为主题色调，黄色代表了希望、热情、热爱，给人一种积极向上的感受，而绿色则代表了自然、清新、舒适，它是自然界中十分常见的颜色，同时也是冷色系中的一种，在店面装修中与黄色相搭配起到承前启后的作用。在整个店面装修中最大的特点在于针织艺术字的加入，以Happy购为宣传主题刻画出欢乐促销的特点，同时在放射背景衬托下，整体视觉效果十分出色；而在直通车制作过程中，将深绿与浅绿色相结合突出立体效果，整体构图采用模拟简单自然场景进行制作。本章店面装修包括店招、优惠券、分隔栏及直通车。

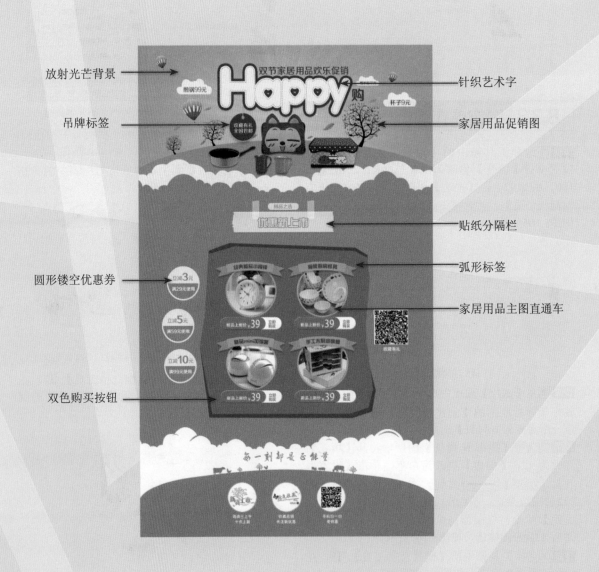

9.1 家居用品促销图

设计构思

本例讲解家居用品促销图的制作。本例的特色在于通过整体的视觉表现形式来刻画所要表达的主题，以温暖的黄色系背景作为衬托，添加矢量树木与云朵装饰图像为整个店招的信息做出铺垫，针织艺术字的添加则更提升了店招的整体视觉效果。最终效果如图9.1所示。

难易程度：★★★☆☆
调用素材：下载文件\调用素材\第9章\家居用品促销图
最终文件：下载文件\源文件\第9章\家居用品促销图.psd
视频位置：下载文件\movie\9.1家居用品促销图.avi

图9.1 最终效果

操作步骤

9.1.1 制作放射光芒背景

步骤01 执行菜单栏中的【文件】|【新建】命令，在弹出的对话框中设置【宽度】为1024像素，【高度】为500像素，【分辨率】为72像素/英寸。

步骤02 选择工具箱中的【渐变工具】，编辑黄色（R：255，G：224，B：128）到深黄色（R：255，G：168，B：0）的渐变，单击选项栏中的【径向渐变】按钮，在画布中从中间靠底部位置向右上角方向拖动填充渐变，如图9.2所示。

图9.2 填充渐变

步骤03 在【通道】面板中，单击面板底部的【创建新通道】按钮，新建一个【Alpha 1】通道，如图9.3所示。

图9.3 新建通道

步骤04 执行菜单栏中的【滤镜】|【渲染】|【纤维】命令，在弹出的对话框中直接单击【确定】按钮，如图9.4所示。

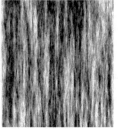

图9.4 设置【纤维】参数及效果

步骤05执行菜单栏中的【滤镜】|【模糊】|【动感模糊】命令，在弹出的对话框中将【角度】更改为90度，【距离】更改为2000像素，完成之后单击【确定】按钮，如图9.5所示。

图9.5 设置【动感模糊】参数及效果

步骤06执行菜单栏中的【滤镜】|【扭曲】|【极坐标】命令，在弹出的对话框中选中【平面坐标到极坐标】单选按钮，完成之后单击【确定】按钮，如图9.6所示。

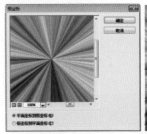

图9.6 设置【极坐标】参数及效果

步骤07按住Ctrl键单击【Alpha 1】通道缩览图将其载入选区，如图9.7所示。

图9.7 载入选区

步骤08单击【RGB】通道，在【图层】面板中单

击面板底部的【创建新图层】 按钮，新建一个【图层1】图层，如图9.8所示。

步骤09选中【图层1】图层，在画布中将选区填充为白色，填充完成之后按Ctrl+D组合键取消选区，如图9.9所示。

图9.8 新建图层　　　　图9.9 填充颜色

步骤10在【图层】面板中选中【图层 1】图层，单击面板底部的【添加图层样式】 fx 按钮，在菜单中选择【渐变叠加】命令，在弹出的对话框中将【混合模式】更改为【叠加】，【渐变】更改为白色到透明，【样式】更改为【径向】，【角度】更改为0，【缩放】更改为150%，完成之后单击【确定】按钮，如图9.10所示。

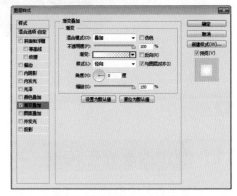

图9.10 设置【渐变叠加】参数

步骤11在【图层】面板中选中【图层 1】图层，将其图层【不透明度】更改为50%，【填充】更改为0，如图9.11所示。

图9.11 更改不透明度及填充

步骤12选择工具箱中的【椭圆工具】 ，在选项栏中将【填充】更改为橙色（R：250，G：170，B：34），【描边】更改为无，在画布靠底部位置

绘制一个椭圆图形，此时将生成一个【椭圆 1】图层，如图9.12所示。

图9.12 绘制图形

9.1.2 添加素材图像

步骤 01 执行菜单栏中的【文件】|【打开】命令，打开"树.psd"文件，将其拖入画布中适当缩小后复制两份并分别放在不同的位置，如图9.13所示。

图9.13 添加素材

步骤 02 选择工具箱中的【钢笔工具】 ，在选项栏中单击【选择工具模式】 路径 按钮，在弹出的选项中选择【形状】，将【填充】更改为浅黄色（R：255，G：247，B：224），【描边】更改为无，在画布靠底部位置绘制一个云状不规则图形，此时将生成一个【形状 1】图层，如图9.14所示。

图9.14 绘制图形

步骤 03 执行菜单栏中的【文件】|【打开】命令，打开"家居用品.psd"文件，将其拖入画布中间位置并适当缩小，如图9.15所示。

图9.15 添加素材

步骤 04 在【图层】面板中选中【暖手宝】图层，单击面板底部的【添加图层样式】 fx 按钮，在菜单中选择【投影】命令，在弹出的对话框中将【不透明度】更改为30%，取消【使用全局光】复选框，将【角度】更改为90度，【距离】更改为4像素，【大小】更改为4像素，完成之后单击【确定】按钮，如图9.16所示。

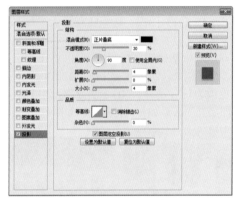

图9.16 设置【投影】参数

步骤 05 在【暖手宝】图层名称上单击鼠标右键，从弹出的快捷菜单中选择【拷贝图层样式】命令，同时选中其他几个素材所在的图层，在其图层名称上单击鼠标右键，从弹出的快捷菜单中选择【粘贴图层样式】命令，如图9.17所示。

图9.17 拷贝并粘贴图层样式

9.1.3 制作针织艺术字

步骤 01 选择工具箱中的【横排文字工具】 T，在适当位置添加文字（VAGRounded BT），如图9.18所示。

步骤02 同时选中所有文字图层，在其图层名称上单击鼠标右键，从弹出的快捷菜单中选择【转换为形状】命令，如图9.19所示。

图9.18 添加文字　　　　图9.19 转换形状

提示技巧

为了方便对文字进行编辑，在添加文字的时候注意将其单独添加。

步骤03 选中【H】图层，选择任意形状工具，在选项栏中单击【设置形状描边类型】━━━ 按钮，在弹出的选项中选择第2种描边类型，将【颜色】更改为浅紫色（R：210，G：145，B：188），【大小】更改为1点，以同样的方法分别选中其他几个文字图层并为其添加相同的描边，如图9.20所示。

图9.20 添加描边

步骤04 在【图层】面板中选中【H】图层，单击面板底部的【添加图层样式】 *fx* 按钮，在菜单中选择【描边】命令，在弹出的对话框中将【大小】更改为4像素，【颜色】更改为与文字相同的浅黄色（R：255，G：247，B：224），完成之后单击【确定】按钮，如图9.21所示。

图9.21 设置【描边】参数

步骤05 在【H】图层名称上单击鼠标右键，从弹出的快捷菜单中选择【拷贝图层样式】命令，同时选中其他几个文字图层，在其图层名称上单击鼠标右键，从弹出的快捷菜单中选择【粘贴图层样式】命令，如图9.22所示。

图9.22 拷贝并粘贴图层样式

9.1.4 制作字体特征

步骤01 选择工具箱中的【直接选择工具】 ，同时选中【a】字母内部路径，按Delete键将其删除，如图9.23所示。

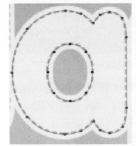

图9.23 删除锚点

步骤02 以同样的方法分别选中另外两个P字母中的内部路径并将其删除，如图9.24所示。

步骤03 选择工具箱中的【自定形状工具】 ，在画布中单击鼠标右键，在弹出的面板中选择【形状】|【红心】形状，如图9.25所示。

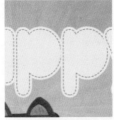

图9.24 删除锚点　　　　图9.25 选择形状

步骤04 在字母适当位置按住Shift键绘制一个心形，此时将生成一个【形状 2】图层，如图9.26所示。

步骤05 选择工具箱中的【直接选择工具】 ，拖动心形控制杆将其适当变形，如图9.27所示。

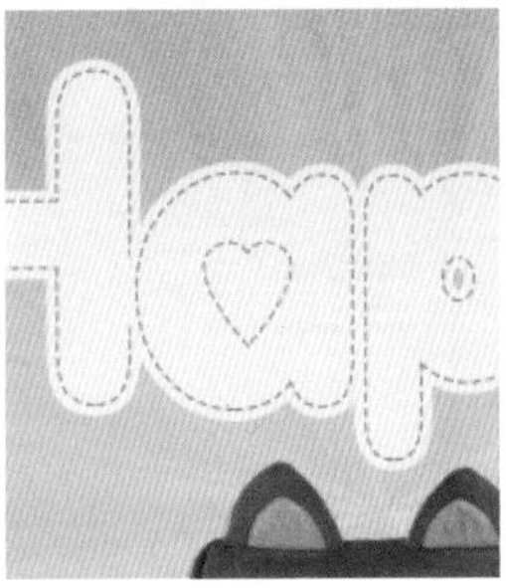

图9.26 绘制图形

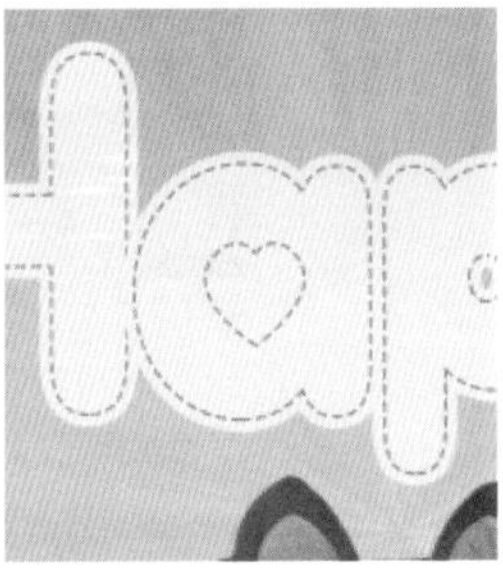

图9.27 将图形变形

步骤06在【图层】面板中选中【a】图层，单击面板底部的【添加图层蒙版】按钮，为其添加图层蒙版，以同样的方法为【形状 2】图层添加图层蒙版，如图9.28所示。

步骤07按住Ctrl键单击【形状 2】图层缩览图，将其载入选区，选择【a】图层蒙版图,将选区填充为黑色隐藏部分图形。执行菜单栏中的【选择】|【修改】|【收缩】命令，在弹出的对话框中将【收缩量】更改为5像素，完成之后单击【确定】按钮，如图9.29所示。将【形状 2】图层蒙版填充为黑色。

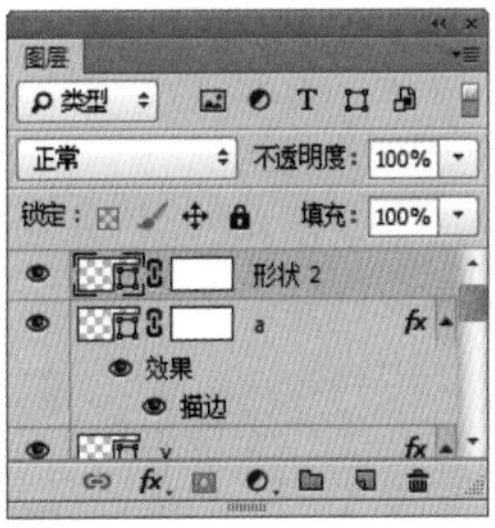

图9.28 添加图层蒙版

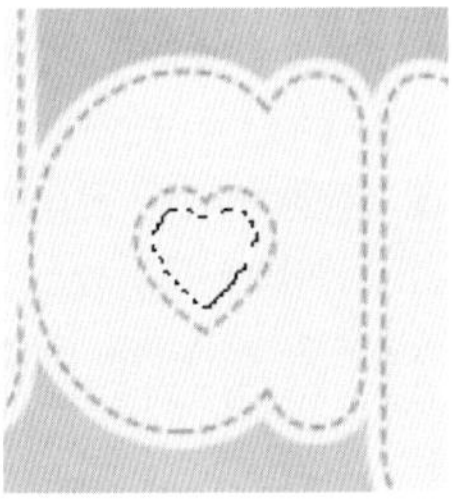

图9.29 隐藏图形并缩小选区

步骤08以同样方法分别为其他两个【P】图层添加图层蒙版，如图9.30所示。

步骤09选中【形状 2】图层，在画布中按住Alt键将其复制并将其图层中的图形载入选区后制作相同的镂空效果，如图9.31所示。

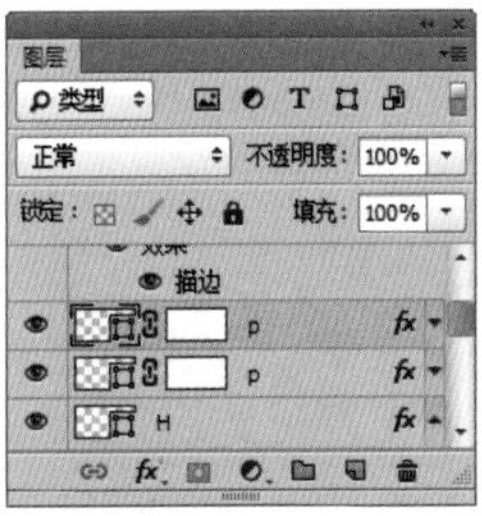

图9.30 添加图层蒙版

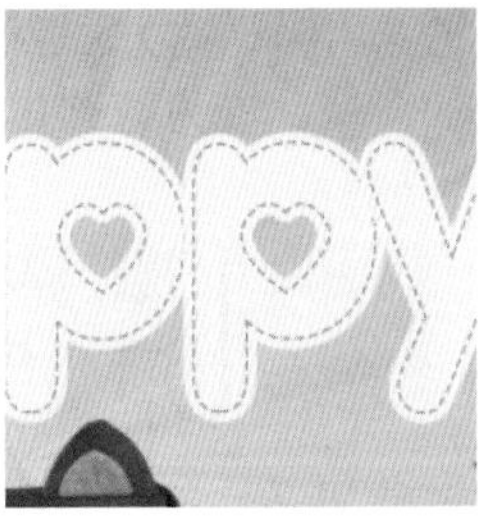

图9.31 隐藏图形

步骤10同时选中所有和字线相关的图层，按Ctrl+G组合键将其编组，将生成的组名称更改为【针织字】。

步骤11在【图层】面板中选中【针织字】组，单击面板底部的【添加图层样式】fx按钮，在菜单中选择【描边】命令，在弹出的对话框中将【大小】更改为8像素，【颜色】更改为深黄色（R：197，G：70，B：6），如图9.32所示。

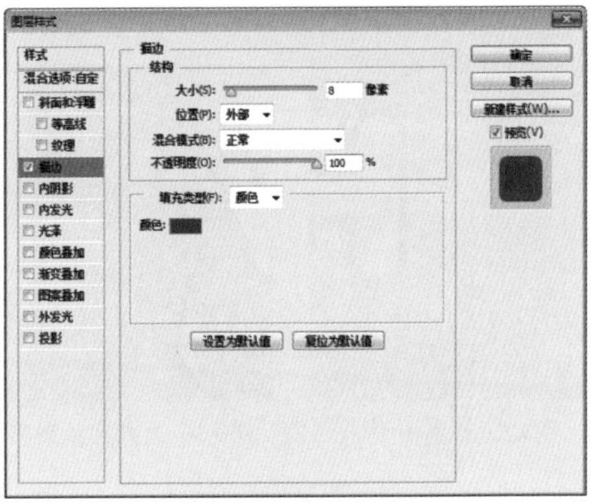

图9.32 设置【描边】参数

步骤12选中【投影】复选框，取消【使用全局光】复选框，将【角度】更改为90度，【距离】更改为6像素，【大小】更改为10像素，完成之后单击【确定】按钮，如图9.33所示。

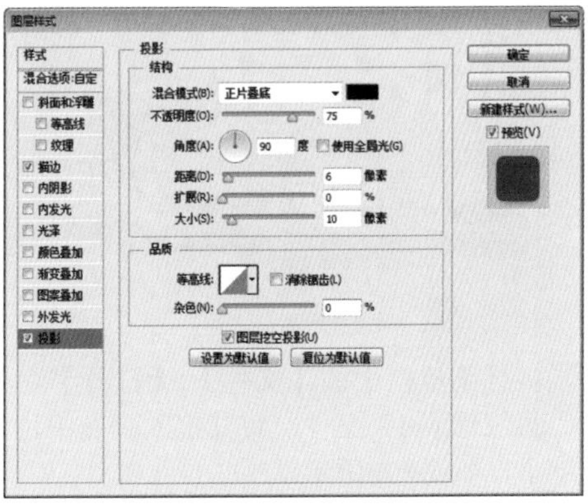

图9.33 设置【投影】参数

步骤13选择工具箱中的【横排文字工具】T，在画布适当位置添加文字，如图9.34所示。

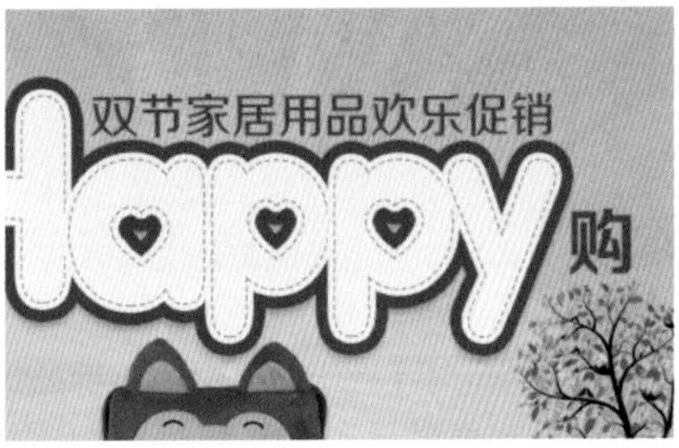

图9.34 添加文字

步骤14选择工具箱中的【钢笔工具】，在选项栏中单击【选择工具模式】路径按钮，在弹出的选项中选择【形状】，将【填充】更改为浅黄色（R：255，G：247，B：224），【描边】更改为无，在文字靠左侧位置绘制一个云朵形状图形，此时将生成一个【形状1】图层，如图9.35所示。

步骤 15 选中【形状1】图层，在画布中按住Alt键拖动将图形复制并适当缩小，如图9.36所示。

图9.35 绘制图形

图9.36 复制变换图形

9.1.5 添加细节

步骤 01 选择工具箱中的【横排文字工具】 T ，在云朵图形位置添加文字，如图9.37所示。

图9.37 添加文字

步骤 02 执行菜单栏中的【文件】|【打开】命令，打开"热气球.psd"文件，将其拖入画布中位置并适当缩小，如图9.38所示。

图9.38 添加素材

步骤 03 选中【热气球】图层，按住Alt键拖动将其复制两份并分别移至画布左上角和右上角位置，然后按Ctrl+T组合键对其执行【自由变换】命令，将其等比缩小并适当旋转，完成之后按Enter键确认，如图9.39所示。

图9.39 复制并变换图像

步骤 04 执行菜单栏中的【文件】|【打开】命令，打开"树叶.psd"文件，将其拖入画布中适当位置并缩小，如图9.40所示。

步骤 05 以同样的方法将树叶图像复制数份，并将部分图像缩小及旋转，如图9.41所示。

图9.40 添加素材　　　　图9.41 复制并变换图像

步骤 06 选中任意一个与树叶相关的图层，执行菜单栏中的【滤镜】|【模糊】|【动感模糊】命令，在弹出的对话框中将【角度】更改为30度，【距离】更改为12像素，设置完成之后单击【确定】按钮，如图9.42所示。

图9.42 设置【动感模糊】参数及效果

步骤 07 以同样的方法分别选中其他几个与树叶相关的图层，并为其图像添加动感模糊效果，如图9.43所示。

图9.43 添加动感模糊

9.1.6　制作吊牌标签

步骤01 选择工具箱中的【椭圆工具】 ◯ ，在选项栏中将【填充】更改为深黄色（R：197，G：70，B：6），【描边】更改为无，在针织字左下角位置按住Shift键绘制一个正圆图形，此时将生成一个【椭圆2】图层，如图9.44所示。

图9.44　绘制椭圆

步骤02 选择工具箱中的【圆角矩形工具】 ◻ ，在选项栏中将【填充】更改为浅黄色（R：255，G：204，B：180），【描边】更改为无，【半径】更改为5像素，在刚才绘制的椭圆图形上方位置绘制一个细长的圆角矩形，此时将生成一个【圆角矩形1】图层，如图9.45所示。

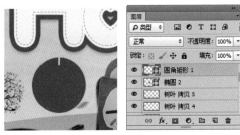

图9.45　绘制圆角矩形

步骤03 在【图层】面板中选中【圆角矩形1】图层，单击面板底部的【添加图层样式】 fx 按钮，在菜单中选择【斜面和浮雕】命令，在弹出的对话框中将【大小】更改为3像素，将【阴影模式】中的【颜色】更改为深黄色（R：160，G：112，B：10），完成之后单击【确定】按钮，如图9.46所示。

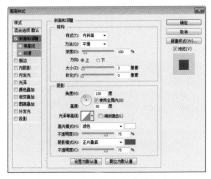

图9.46　设置【斜面和浮雕】参数

步骤04 在【图层】面板中选中【椭圆2】图层，单击面板底部的【添加图层蒙版】 ◻ 按钮，为其添加蒙版，如图9.47所示。

步骤05 选择工具箱中的【椭圆选区工具】 ◯ ，在刚才绘制的圆角矩形底部位置按住Shift键绘制一个选区，如图9.48所示。

图9.47　添加图层蒙版　　　　图9.48　绘制选区

步骤06 将选区填充为黑色隐藏部分图像，完成之后按Ctrl+D组合键取消选区，如图9.49所示。

图9.49　隐藏图形

步骤07 在【图层】面板中选中【椭圆1】图层，单击面板底部的【添加图层样式】 fx 按钮，在菜单中选择【斜面和浮雕】命令，在弹出的对话框中将【大小】更改为2像素，取消【使用全局光】复选框，【角度】更改为90度，【高光模式】中的【不透明度】更改为50%，【阴影模式】中的【不透明度】更改为20%，如图9.50所示。

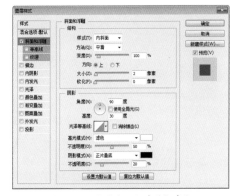

图9.50　设置【斜面和浮雕】参数

步骤08 选中【投影】复选框，将【不透明度】更改为20%，【距离】更改为10像素，【大小】更改为10

像素，完成之后单击【确定】按钮，如图9.51所示。

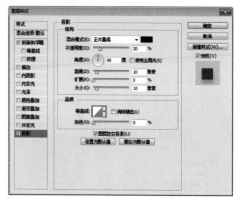

图9.51 设置【投影】参数

步骤09 选择工具箱中的【横排文字工具】**T**，在刚才绘制的图形位置添加文字，如图9.52所示。

图9.52 添加文字

步骤10 选择工具箱中的【钢笔工具】，在选项栏中单击【选择工具模式】按钮，在弹出的选项中选择【形状】，将【填充】更改为绿色（R：112，G：174，B：32），【描边】更改为无，在画布靠底部位置绘制一个云状不规则图形，这样就完成了效果的制作，如图9.53所示。

图9.53 最终效果

9.2 圆形镂空优惠券

设计构思　本例讲解圆形镂空优惠券的制作，镂空优惠券的形式有多种，本例制作的是一款圆形镂空优惠券，通过镂空后的图形与优惠文字信息相结合，整个优惠券的整体视觉效果更加出色。最终效果如图9.54所示。

难易程度：★☆☆☆☆
调用素材：无
最终文件：下载文件\源文件\第9章\圆形镂空优惠券.psd
视频位置：下载文件\movie\9.2圆形镂空优惠券.avi

图9.54 最终效果

操作步骤

步骤 01 执行菜单栏中的【文件】|【新建】命令，在弹出的对话框中设置【宽度】为250像素，【高度】为250像素，【分辨率】为72像素/英寸，将画布填充为浅黄色（R：255，G：247，B：224）。

步骤 02 选择工具箱中的【椭圆工具】，在选项栏中将【填充】更改为绿色（R：114，G：146，B：40），【描边】更改为无，在画布中间按住Shift键绘制一个正圆图形，此时将生成一个【椭圆1】图层，如图9.55所示。

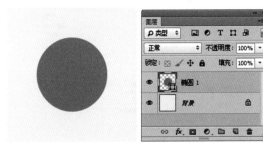

图9.55 绘制图形

步骤 03 在【图层】面板中选中【椭圆 1】图层，将其拖至面板底部的【创建新图层】按钮上，复制一个【椭圆 1 拷贝】图层，单击面板底部的【添加图层蒙版】按钮，为其添加图层蒙版，如图9.56所示。

步骤 04 选中【椭圆 1】图层，将其【填充】更改为无，【描边】更改为绿色（R：114，G：146，

B：40），【大小】更改为5点，选择工具箱中的【矩形选框工具】，在椭圆图形下半部分绘制一个矩形选区，如图9.57所示。

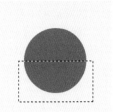

图9.56 复制图层　　　　图9.57 绘制选区

步骤 05 选择【椭圆1拷贝】图层蒙版缩览图，将选区填充为黑色隐藏部分图形，完成之后按Ctrl+D组合键取消选区，如图9.58所示。

步骤 06 选择工具箱中的【横排文字工具】，在适当位置添加文字，这样就完成了效果的制作，如图9.59所示。

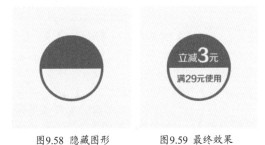

图9.58 隐藏图形　　　　图9.59 最终效果

9.3 贴纸分隔栏

设计构思　本例讲解制作贴纸分隔栏。本例在制作过程中以模拟出贴纸图像为视觉重点，搭配直观的文字信息使整体效果相当出色。最终效果如图9.60所示。

难易程度：★★☆☆☆
调用素材：下载文件\调用素材\第9章\贴纸分隔栏
最终文件：下载文件\源文件\第9章\贴纸分隔栏.psd
视频位置：下载文件\movie\9.3贴纸分隔栏.avi

图9.60 最终效果

9.3.1 绘制贴纸轮廓

步骤 01 执行菜单栏中的【文件】|【新建】命令，在弹出的对话框中设置【宽度】为600像素，【高度】为200像素，【分辨率】为72像素/英寸，将画布填充为绿色（R：112，G：174，B：32）。

步骤 02 选择工具箱中的【钢笔工具】，在选项栏中单击【选择工具模式】按钮，在弹出的选项中选择【形状】，将【填充】更改为黄色（R：252，G：237，B：204），【描边】更改为无，在画布的中间位置绘制一个不规则图形，此时将生成一个【形状 1】图层，如图9.61所示。

图9.61 绘制图形

步骤 03 在【图层】面板中选中【形状 1】图层，单击面板底部的【添加图层蒙版】按钮，为其添加图层蒙版，如图9.62所示。

步骤 04 选择工具箱中的【画笔工具】，在画布中单击鼠标右键，在弹出的面板中选择【平扇形多毛硬毛刷】，将【大小】更改为2像素，如图9.63所示。

图9.62 添加图层蒙版

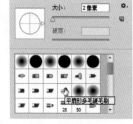

图9.63 设置笔触

步骤 05 将前景色更改为黑色，在其图像左右两侧涂抹以制作撕纸效果，如图9.64所示。

图9.64 撕纸效果

步骤 06 在【图层】面板中选中【形状 1】图层，单击面板底部的【添加图层样式】按钮，在菜单中选择【斜面和浮雕】命令，在弹出的对话框中将【大小】更改为1像素，【高光模式】更改为【叠加】，【阴影模式】更改为【叠加】，【颜色】更改为白色，完成之后单击【确定】按钮，如图9.65所示。

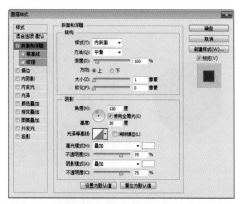

图9.65 设置【斜面和浮雕】参数

步骤 07 选中【投影】复选框，将【不透明度】更改为35%，【距离】更改为2像素，【大小】更改为2像素，如图9.66所示。

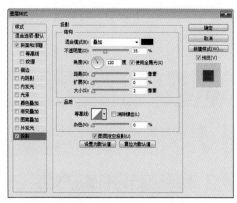

图9.66 设置【投影】参数

步骤 08 选择工具箱中的【钢笔工具】，在选项栏中将【填充】更改为白色，在图形左上角位置绘制一个不规则图形，此时将生成一个【形状 2】图层，如图9.67所示。

步骤 09 以刚才同样的方法为【形状 2】图层添加图层蒙版并为其制作撕纸效果，如图9.68所示。

图9.67 绘制图形

图9.68 撕纸效果

步骤10在【形状 1】图层名称上单击鼠标右键，从弹出的快捷菜单中选择【拷贝图层样式】命令，在【形状 2】图层名称上单击鼠标右键，从弹出的快捷菜单中选择【粘贴图层样式】命令，再将【形状 2】图层的【填充】更改为50%，如图9.69所示。

图9.69 拷贝并粘贴图层样式

步骤11选中【形状 2】图层，在画布中按住Alt+Shift组合键向右侧拖动将图形复制，如图9.70所示。

图9.70 复制图形

9.3.2 绘制细节并添加文字

步骤01选择工具箱中的【圆角矩形工具】 ，在选项栏中将【填充】更改为黄色（R：252，G：237，B：204），【描边】更改为无，【半径】更改为50像素，在两个图形之间位置绘制一个圆角矩形，如图9.71所示。

步骤02选择工具箱中的【横排文字工具】 T，在适当位置添加文字，如图9.72所示。

图9.71 绘制图形　　　　　图9.72 添加文字

步骤03在【图层】面板中选中【优惠新上市】图层，单击面板底部的【添加图层样式】 fx按钮，在菜单中选择【描边】命令，在弹出的对话框中将【大小】更改为2像素，【颜色】更改为绿色（R：112，G：174，B：32），完成之后单击【确定】按钮，如图9.73所示。

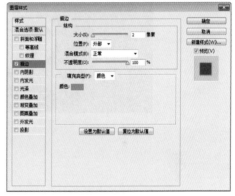

图9.73 设置【描边】参数

步骤04在【图层】面板中选中【优惠新上市】图层，将其图层【填充】更改为0%，这样就完成了效果的制作，如图9.74所示。

图9.74 最终效果

9.4 家居用品主图直通车

设计构思

本例讲解家居用品主图直通车的制作。本例在制作过程中将不规则图形重叠形成一种立体视觉效果，商品信息十分直观，整个制作过程比较简单。最终效果如图9.75所示。

难易程度：★★☆☆☆
调用素材：下载文件\调用素材\第9章\家居用品主图直通车
最终文件：下载文件\源文件\第9章\家居用品主图直通车.psd
视频位置：下载文件\movie\9.4家居用品主图直通车.avi

图9.75 最终效果

操作步骤

9.4.1 绘制轮廓并添加素材

步骤 01 执行菜单栏中的【文件】|【新建】命令，在弹出的对话框中设置【宽度】为1024像素，【高度】为630像素，【分辨率】为72像素/英寸，将画布填充为绿色（R：112，G：174，B：32）。

步骤 02 选择工具箱中的【钢笔工具】✐，在选项栏中单击【选择工具模式】按钮，在弹出的选项中选择【形状】，将【填充】更改为绿色（R：50，G：112，B：0），【描边】更改为无，在画布中间位置绘制一个不规则图形，此时将生成一个【形状 1】图层，如图9.76所示。

步骤 03 在【图层】面板中选中【形状 1】图层，将其拖至面板底部的【创建新图层】🔲按钮上，复制一个【形状 1 拷贝】图层，如图9.77所示。

图9.76 绘制图形　　　　图9.77 复制图层

步骤 04 将【形状 1 拷贝】图层中的图形颜色更改为绿色（R：73，G：150，B：10），选择工具箱中的【直接选择工具】▷，拖动其图形锚点将其稍微变形，如图9.78所示。

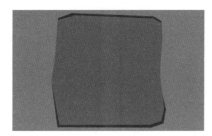

图9.78 将图形变形

步骤05选择工具箱中的【椭圆工具】 ，在选项栏中将【填充】更改为任意颜色，【描边】更改为绿色（R：137，G：203，B：53），【大小】更改为5点，在适当位置按住Shift键绘制一个正圆图形，此时将生成一个【椭圆1】图层，如图9.79所示。

步骤06执行菜单栏中的【文件】|【打开】命令，打开"闹钟.jpg"文件，将其拖入画布中椭圆位置并适当缩小，其图层名称将更改为【图层1】，如图9.80所示。

图9.79 绘制图形　　　　图9.80 添加素材

步骤07选中【图层1】图层，执行菜单栏中的【图层】|【创建剪贴蒙版】命令，为当前图层创建剪贴蒙版隐藏部分图像，再按Ctrl+T组合键对其执行【自由变换】命令，将图像等比缩小，完成之后按Enter键确认，如图9.81所示。

图9.81 创建剪贴蒙版并缩小图形

步骤08同时选中【椭圆1】及【图层1】图层，在画布中按住Alt+Shift组合键向右侧拖动将其复制，如图9.82所示。

步骤09将复制的闹钟图像所在的图层删除，如图9.83所示。

图9.82 复制图形及图像　　　图9.83 删除图像

步骤10执行菜单栏中的【文件】|【打开】命令，打开"餐具.jpg"文件，将其拖入画布中椭圆位置并适当缩小，其图层名称将更改为【图层2】，如图9.84所示。

步骤11选中【图层2】图层，以刚才同样的方法为其创建剪贴蒙版隐藏部分图像，如图9.85所示。

图9.84 添加素材　　　　图9.85 创建剪贴蒙版

步骤12以刚才同样的方法将图形再复制两份，如图9.86所示。

步骤13将复制生成的多余素材图像删除，并执行菜单栏中的【文件】|【打开】命令，打开"收纳盒.jpg、加湿器.jpg"文件，将其拖入画布中后为其创建剪贴蒙版，如图9.87所示。

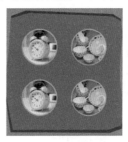 

图9.86 复制图形及图像　　　图9.87 添加素材

9.4.2 制作弧形标签

步骤01选择工具箱中的【矩形工具】 ，在选项栏中将【填充】更改为黄色（R：255，G：186，B：85），【描边】更改为无，在左上角图像顶部位置绘制一个矩形，此时将生成一个【矩形1】图层，如图9.88所示。

图9.88 绘制图形

步骤 02 在【图层】面板中选中【矩形1】图层，将其拖至面板底部的【创建新图层】 按钮上，复制一个【矩形1 拷贝】图层，如图9.89所示。

步骤 03 选中【矩形1】图层，将其图形颜色更改为稍深的黄色（R：242，G：180，B：18），再缩短其宽度并向左侧移动，如图9.90所示。

图9.89 复制图层　　　图9.90 变换图形

步骤 04 选择工具箱中的【添加锚点工具】 ，在【矩形1 拷贝】图层中的图形左侧边缘中间位置单击添加锚点，如图9.91所示。

步骤 05 选择工具箱中的【转换点工具】 ，单击刚才添加的锚点，选择工具箱中的【直接选择工具】 ，选中添加的锚点向右侧拖动将图形变形，再将图形向下稍微移动，如图9.92所示。

图9.91 添加锚点　　　图9.92 拖动锚点

步骤 06 选择工具箱中的【钢笔工具】 ，在选项栏中单击【选择工具模式】 路径 按钮，在弹出的选项中选择【形状】，将【填充】更改为深黄色（R：158，G：122，B：10），【描边】更改为无，在两个图形交叉的位置绘制一个不规则图形，此时将生成一个【形状 2】图层，将其移至

【矩形1 拷贝】图层的下方，如图9.93所示。

图9.93 绘制图形

步骤 07 同时选中【形状 2】及【矩形 1】图层，在画布中按住Alt+Shift组合键向右侧拖动复制图形，再按Ctrl+T组合键对其执行【自由变换】命令，单击鼠标右键，从弹出的快捷菜单中选择【水平翻转】命令，完成之后按Enter键确认，如图9.94所示。

图9.94 复制及变换图形

步骤 08 选择工具箱中的【横排文字工具】 T ，在刚才绘制的图形位置添加文字（方正综艺简体），如图9.95所示。

步骤 09 同时选中所有和标签相关的图层，按Ctrl+G组合键将图层编组，将生成的图层名称更改为【闹钟标签】，如图9.96所示。

图9.95 添加文字　　　图9.96 将图层编组

步骤 10 选中【闹钟标签】图层，在画布中按住Alt键拖动将其复制3份，分别放在其他几个素材图像上方位置并更改其相对应的文字信息，如图9.97所示。

步骤 11 分别更改相对应的组名称，如图9.98所示。

图9.97 复制标签

图9.98 更改组名称

步骤12 选中【闹钟标签】组，按Ctrl+E组合键将其合并，此时将生成一个【闹钟标签】图层，如图9.99所示。

步骤13 按Ctrl+T组合键对其执行【自由变换】命令，将其适当旋转，再单击鼠标右键，从弹出的快捷菜单中选择【变形】命令，在选项栏中单击 自定 按钮，在弹出的选项中选择【扇形】，将【弯曲】更改为20%，完成之后按Enter键确认，如图9.100所示。

图9.99 将组合并

图9.100 将图像变形

步骤14 以同样方法分别将其他几个标签所在的组合并并将其变形，如图9.101所示。

图9.101 将标签变形

步骤15 在【图层】面板中选中【闹钟标签】图层，单击面板底部的【添加图层样式】 *fx* 按钮，在菜单中选择【投影】命令，在弹出的对话框中将【不透明度】更改为20%，取消【使用全局光】复选框，将【角度】更改为90度，【距离】更改为4像素，【大小】更改为4像素，完成之后单击【确定】按钮，如图9.102所示。

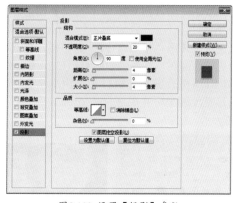

图9.102 设置【投影】参数

步骤16 在【闹钟标签】图层名称上单击鼠标右键，从弹出的快捷菜单中选择【拷贝图层样式】命令，同时选中其他几个标签所在的图层，在其图层名称上单击鼠标右键，从弹出的快捷菜单中选择【粘贴图层样式】命令，如图9.103所示。

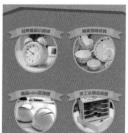

图9.103 拷贝并粘贴图层样式

9.4.3 绘制双色购买按钮

步骤01 选择工具箱中的【圆角矩形工具】 ▢，在选项栏中将【填充】更改为白色，【描边】更改为无，【半径】更改为50像素，在闹钟图像底部位置绘制一个圆角矩形，此时将生成一个【圆角矩形1】图层，如图9.104所示。

图9.104 绘制图形

步骤02 在【图层】面板中选中【圆角矩形1】图层，将其拖至面板底部的【创建新图层】 🖿 按

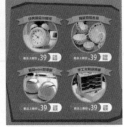

钮上，复制一个【圆角矩形 1 拷贝】图层，如图9.105所示。

步骤 03 选中【圆角矩形 1 拷贝】图层，将其图形颜色更改为深黄色（R：250，G：136，B：4），再按Ctrl+T组合键对其执行【自由变换】命令，将图形宽度缩小，完成之后按Enter键确认，如图9.106所示。

图9.107 添加文字　　　　图9.108 复制图文

步骤 06 分别更改复制生成的文字信息，这样就完成了效果的制作，如图9.109所示。

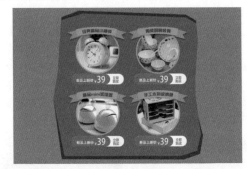

图9.105 复制图层　　　　图9.106 变换图形

步骤 04 选择工具箱中的【横排文字工具】T，在绘制的图形位置添加文字，如图9.107所示。

步骤 05 同时选中两个圆角矩形及文字图层，按住Alt键将其复制3份，如图9.108所示。

图9.109 最终效果

第10章　体育频道店铺装修

本章店面装修效果说明

　　本章店面装修采用绿色及橙色系，整体色调富有激情，其构图思路以倾斜图形与俯视球鞋图像相结合，一方面提升了视觉效果，另一方面也很好地刻画出爱运动的特征；整体版式比较前卫、新潮，符合当下体育运动与潮流走向。本章店面装修包括促销图设计、优惠券制作、分隔栏制作及直通车制作。

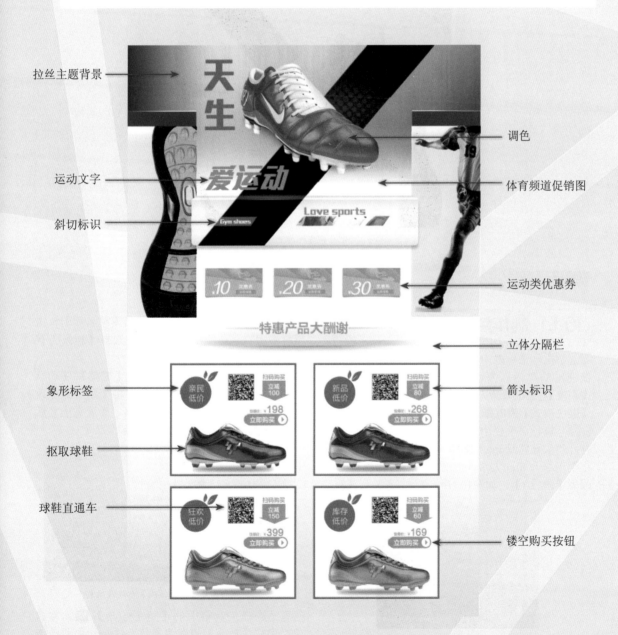

拉丝主题背景

运动文字

斜切标识

象形标签

抠取球鞋

球鞋直通车

调色

体育频道促销图

运动类优惠券

立体分隔栏

箭头标识

镂空购买按钮

10.1 体育频道促销图

设计构思 本例讲解体育频道促销图的设计。本例在制作过程中以体育文化为导向，通过穿插的立体特效来表现整个网页的美观性与商业效果，在配色上采用传统体育文化绿、黄颜色相结合的方式，使整个促销图最终效果相当完美。最终效果如图10.1所示。

难易程度：★★★☆☆
调用素材：下载文件\调用素材\第10章\体育频道促销图
最终文件：下载文件\源文件\第10章\体育频道促销图.psd
视频位置：下载文件\movie\10.1体育频道促销图.avi

图10.1 最终效果

操作步骤

10.1.1 制作拉丝主题背景

步骤 01 执行菜单栏中的【文件】|【新建】命令，在弹出的对话框中设置【宽度】为1024像素，【高度】为800像素，【分辨率】为72像素/英寸，【颜色模式】为RGB颜色，新建一个空白画布。

步骤 02 执行菜单栏中的【文件】|【打开】命令，打开"纹理背景.jpg"文件，将其拖入画布中并缩小至与画布相同大小，此时其图层名称将自动更改为【图层1】，如图10.2所示。

图10.2 添加素材

步骤 03 选中【图层1】图层，在其图层名称上单击鼠标右键，从弹出的快捷菜单中选择【转换为智能对象】命令。

步骤 04 执行菜单栏中的【滤镜】|【模糊】|【动感模糊】命令，在弹出的对话框中将【角度】更改为90度，【距离】更改为500像素，设置完成之后单击【确定】按钮，如图10.3所示。

图10.3 设置【动感模糊】参数及效果

步骤 05 选择工具箱中的【矩形工具】 ，在选项栏中将【填充】更改为黑色，【描边】更改为无，在画布左侧绘制一个与画布相同高度的矩形，此时将生成一个【矩形1】图层，如图10.4所示。

其拖至面板底部的【创建新图层】  按钮上，复制一个【矩形3 拷贝】图层，如图10.10所示。

图10.4 绘制图形

图10.9 绘制图形　　　图10.10 复制图层

步骤06 在【图层】面板中选中【矩形1】图层，单击面板底部的【添加图层蒙版】 按钮，为其添加图层蒙版，如图10.5所示。

步骤07 选择工具箱中的【渐变工具】 ，编辑黑色到白色的渐变，单击选项栏中的【线性渐变】 按钮，在画布中其图形上拖动，将部分图形隐藏，如图10.6所示。

步骤12 选中【矩形3 拷贝】图层，在画布中按Ctrl+T组合键对其执行【自由变换】命令，当出现变形框之后，将光标移至变形框顶部控制点向下拖动，将图形高度缩小，完成之后按Enter键确认。选中【矩形3】图层，在画布中将其图形颜色更改为蓝色（R：10，G：60，B：113），如图10.11所示。

图10.5 添加图层蒙版　　　图10.6 隐藏图形

步骤08 选择工具箱中的【矩形工具】 ，在选项栏中将【填充】更改为白色，【描边】更改为无，在画布中间绘制一个与画布相同高度的矩形，此时将生成一个【矩形2】图层，如图10.7所示。

步骤09 以刚才同样的方法为【矩形2】图层添加图层蒙版并将部分图形隐藏，如图10.8所示。

图10.11 变换图形

步骤13 在【图层】面板中选中【矩形3 拷贝】图层，单击面板底部的【添加图层样式】 *fx* 按钮，在菜单中选择【渐变叠加】命令，在弹出的对话框中将【渐变】更改为蓝色（R：233，G：236，B：240）到蓝色（R：233，G：236，B：240）再到白色，并将第2个蓝色色标【位置】更改为90%，完成之后单击【确定】按钮，如图10.12所示。

图10.7 绘制图形　　　图10.8 隐藏图形

步骤10 选择工具箱中的【矩形工具】 ，在选项栏中将【填充】更改为白色，【描边】更改为无，在画布靠左侧绘制一个矩形，此时将生成一个【矩形3】图层，如图10.9所示。

步骤11 在【图层】面板中选中【矩形3】图层，将

图10.12 设置【渐变叠加】参数

步骤14 在【图层】面板中选中【矩形 3】图层，单击面板底部的【添加图层样式】 **fx** 按钮，在菜单中选择【投影】命令，在弹出的对话框中将【混合模式】更改为【叠加】，【颜色】更改为白色，【不透明度】更改为100%，取消【使用全局光】复选框，将【角度】更改为-90度，【距离】更改为2像素，【大小】更改为2像素，完成之后单击【确定】按钮，如图10.13所示。

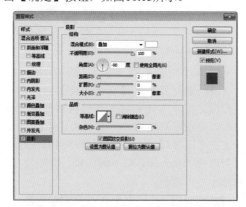

图10.13 设置【投影】参数

步骤15 同时选中【矩形 3】及【矩形 3 拷贝】图层，在画布中按住Alt+Shift组合键向右侧拖动复制图形，再按Ctrl+T组合键对其执行【自由变换】命令，单击鼠标右键，从弹出的快捷菜单中选择【水平翻转】命令，完成之后按Enter键确认，如图10.14所示。

图10.14 复制并变换图形

提示技巧

复制图形之后，可以根据实际的图形比例将其适当移动。

10.1.2 绘制装饰图形

步骤01 选择工具箱中的【矩形工具】 ■，在选项栏中将【填充】更改为黑色，【描边】更改为无，在画布中间位置绘制一个矩形，此时将生成

一个【矩形 4】图层，如图10.15所示。

图10.15 绘制图形

步骤02 选择工具箱中的【直接选择工具】 ↳，分别选中刚才绘制的图形底部及顶部的锚点并拖动，将图形变形，如图10.16所示。

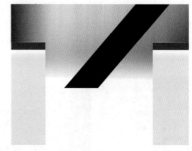

图10.16 变换图形

步骤03 选择工具箱中的【椭圆工具】 ●，在选项栏中将【填充】更改为灰色（R：60，G：60，B：60），【描边】更改为无，在刚才绘制的图形中间位置绘制一个椭圆图形，此时将生成一个【椭圆 1】图层，如图10.17所示。

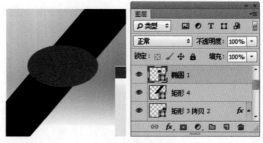

图10.17 绘制图形

步骤04 选中【椭圆 1】图层，执行菜单栏中的【滤镜】|【模糊】|【高斯模糊】命令，在弹出的对话框中将【半径】更改为50像素，完成之后单击【确定】按钮，如图10.18所示。

图10.18 设置【高斯模糊】参数及效果

步骤 05 选中【椭圆 1】图层，将其图层【不透明度】更改为80%，再执行菜单栏中的【图层】|【创建剪贴蒙版】命令，为当前图层创建剪贴蒙版隐藏部分图像，如图10.19所示。

图10.19 更改图层不透明度并创建剪贴蒙版

步骤 06 执行菜单栏中的【文件】|【打开】命令，打开"圆圈图案.psd"文件，将其拖入画布中刚才绘制的椭圆图像位置并适当旋转及缩小，如图10.20所示。

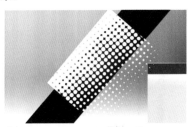

图10.20 添加素材

步骤 07 在【图层】面板中选中【圆圈图案】图层，执行菜单栏中的【图层】|【创建剪贴蒙版】命令，为当前图层创建剪贴蒙版隐藏部分图像，再将其图层混合模式设置为【叠加】，【不透明度】更改为50%，如图10.21所示。

图10.21 设置图层混合模式及不透明度

10.1.3 添加素材并调色

步骤 01 执行菜单栏中的【文件】|【打开】命令，打开"球鞋.psd"文件，将其拖入画布中适当位置并缩小，如图10.22所示。

图10.22 添加素材

步骤 02 在【图层】面板中，单击面板底部的【创建新的填充或调整图层】按钮，在弹出的菜单中选择【色相/饱和度】命令，选择【红色】通道，将【色相】更改为130，如图10.23所示。

图10.23 调整色相

步骤 03 选择工具箱中的【钢笔工具】，在选项栏中单击【选择工具模式】 [路径] 按钮，在弹出的选项中选择【形状】，将【填充】更改为黑色，【描边】更改为无，在球鞋图像底部位置绘制一个不规则图形，此时将生成一个【形状 1】图层，如图10.24所示。

图10.24 绘制图形

步骤 04 选中【形状 1】图层，执行菜单栏中的【滤镜】|【模糊】|【高斯模糊】命令，在弹出的对

话框中将【半径】更改为10像素，完成之后单击
【确定】按钮，如图10.25所示。

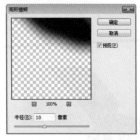

图10.25 设置【高斯模糊】参数及效果

步骤05 执行菜单栏中的【文件】|【打开】命令，
打开"鞋底.jpg、踢球.jpg"文件，将其拖入画
布中并适当缩小，其图层名称将分别自动更改为
【图层2】、【图层3】，如图10.26所示。

图10.26 添加素材

步骤06 在【矩形 3 拷贝】图层名称上单击鼠标右
键，从弹出的快捷菜单中选择【栅格化图层样
式】命令。

步骤07 将【图层 2】图层移至【矩形 3 拷贝】图
层上方，并将其图层混合模式更改为【正片叠
底】，再执行菜单栏中的【图层】|【创建剪贴蒙
版】命令，为当前图层创建剪贴蒙版隐藏部分图
像，如图10.27所示。

图10.27 创建剪贴蒙版

步骤08 以同样的方法更改【图层 3】图层顺序并
为其创建剪贴蒙版后制作相同的效果，如图10.28
所示。

图10.28 创建剪贴蒙版

步骤09 选择工具箱中的【圆角矩形工具】，在
选项栏中将【填充】更改为黑色，【描边】更改
为无，【半径】更改为10像素，在球鞋图像下方
绘制一个圆角矩形，此时将生成一个【圆角矩形
1】图层，如图10.29所示。

图10.29 绘制图形

步骤10 选择工具箱中的【添加锚点工具】，在
刚才绘制的圆角矩形左上角位置单击添加锚点，
如图10.30所示。

步骤11 选择工具箱中的【转换点工具】，单击
刚才添加的锚点，如图10.31所示。

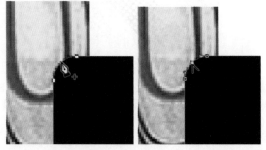

图10.30 添加锚点　　图10.31 转换锚点

步骤12 再选择工具箱中的【直接选择工具】，
选中经过转换的锚点并向左上角方向拖动将图形
圆角变成直角，如图10.32所示。

步骤13 以同样的方法将圆角矩形右上角的圆角也变
成直角，如图10.33所示。

图10.32 拖动锚点　　　图10.33 圆角变形直角

步骤14 在【图层】面板中选中【圆角矩形 1】图层，单击面板底部的【添加图层样式】 **fx** 按钮，在菜单中选择【渐变叠加】命令，在弹出的对话框中将【渐变】更改为灰色系渐变，如图10.34所示。

图10.34 设置【渐变叠加】参数

步骤15 选中【投影】复选框，将【不透明度】更改为20%，取消【使用全局光】复选框，将【角度】更改为90度，【距离】更改为10像素，【大小】更改为8像素，完成之后单击【确定】按钮，如图10.35所示。

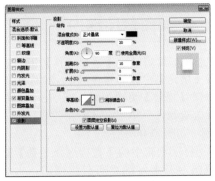

图10.35 设置【投影】参数

步骤16 选择工具箱中的【矩形工具】 ▭，在选项栏中将【填充】更改为白色，【描边】更改为无，在圆角矩形上方绘制一个矩形，此时将生成一个【矩形5】图层，如图10.36所示。

步骤17 选中【矩形 5】图层，按Ctrl+T组合键对其执行【自由变换】命令，单击鼠标右键，从弹出的快捷菜单中选择【透视】命令，拖动变形框控制点将图形变形，完成之后按Enter键确认，如图10.37所示。

图10.36 绘制图形　　　图10.37 将图形变形

步骤18 在【图层】面板中选中【矩形5】图层，单击面板底部的【添加图层样式】 **fx** 按钮，在菜单中选择【渐变叠加】命令，在弹出的对话框中将【不透明度】更改为15%，【渐变】更改为黑白色，【角度】更改为-90度，完成之后单击【确定】按钮，如图10.38所示。

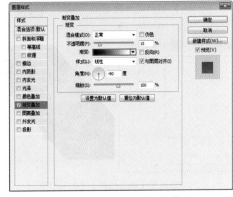

图10.38 设置【渐变叠加】参数

步骤19 选择工具箱中的【矩形工具】 ▭，在选项栏中将【填充】更改为黑色，【描边】更改为无，在刚才绘制的图形位置再次绘制一个与【矩形4】图层中的图形相同宽度的矩形，此时将生成一个【矩形 6】图层，如图10.39所示。

步骤20 选择工具箱中的【直接选择工具】 ▷，选中刚才绘制的矩形底部锚点并拖动，将图形变形，如图10.40所示。

图10.39 绘制图形　　　　图10.40 变换图形

步骤 21 选择工具箱中的【椭圆工具】 ，在选项栏中将【填充】更改为白色，【描边】更改为无，在【矩形 6】图层中的图形顶部位置绘制一个椭圆图形，此时将生成一个【椭圆 2】图层，如图10.41所示。

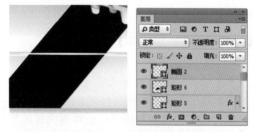

图10.41 绘制图形

步骤 22 选中【椭圆 2】图层，执行菜单栏中的【滤镜】|【模糊】|【高斯模糊】命令，在弹出的对话框中将【半径】更改为5像素，完成之后单击【确定】按钮，如图10.42所示。

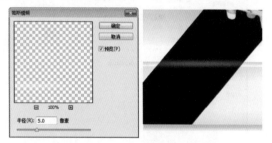

图10.42 设置【高斯模糊】参数及效果

步骤 23 按住Ctrl键单击【圆角矩形 1】图层缩览图，将其载入选区，如图10.43所示。

步骤 24 选中【椭圆 2】图层，将选区中的图像删除，完成之后按Ctrl+D组合键取消选区，如图10.44所示。

步骤 25 选择工具箱中的【直线工具】 ，在选项栏中将【填充】更改为白色，【描边】更改为无，【粗细】更改为1像素，在刚才删除图像后底部边缘位置按住Shift键绘制一条水平线段，此时将生成一个【形状 2】图层，如图10.45所示。

图10.43 载入选区　　　　图10.44 删除图像

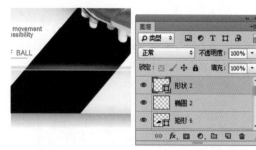

图10.45 绘制图形

步骤 26 在【图层】面板中选中【形状2】图层，单击面板底部的【添加图层蒙版】 按钮，为其添加图层蒙版，如图10.46所示。

步骤 27 选择工具箱中的【渐变工具】 ，编辑黑色到白色再到黑色的渐变，并将白色色标【位置】更改为50%，单击选项栏中的【线性渐变】 按钮，在画布中其图形上从左向右拖动，将部分图形隐藏，如图10.47所示。

图10.46 添加图层蒙版　　　　图10.47 隐藏图形

10.1.4 制作斜切标识

步骤 01 选择工具箱中的【矩形工具】 ，在选项栏中将【填充】更改为橙色（R：228，G：93，B：0），【描边】更改为无，在刚才绘制的图形位置再次绘制一个矩形，此时将生成一个【矩形 7】图层，如图10.48所示。

步骤 02 选择工具箱中的【直接选择工具】 ，同时选中图形左上角锚点向右侧拖动，再选中右下角锚点向左侧拖动，将图形变形，如图10.49

所示。

图10.48 绘制图形　　图10.49 将图形变形

步骤 03 选择工具箱中的【横排文字工具】 **T** ，在刚才变形的图形上添加文字，如图10.50所示。

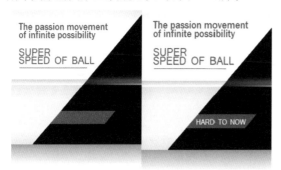

图10.50 添加文字

步骤 04 在【图层】面板中选中【矩形7】图层，将其拖至面板底部的【创建新图层】 按钮上，复制一个【矩形7 拷贝】及【矩形7 拷贝 2】图层，如图10.51所示。

步骤 05 分别选中【矩形7 拷贝2】及【矩形8 拷贝】图层，在画布中分别将图形向右侧平移，如图10.52所示。

图10.51 复制图层　　图10.52 平移图形

步骤 06 在【图层】面板中同时选中【色相/饱和度 1】及【球鞋】图层，按Ctrl+G组合键将其编组，将生成的组名称更改为【球鞋】，如图10.53所示。

步骤 07 将【球鞋】组拖至面板底部的【创建新图层】 按钮上，复制一个【球鞋 拷贝】组，按Ctrl+E组合键将其合并，此时将生成一个【球鞋拷贝】图层，并将其移至所有图层的上方，如图

10.54所示。

图10.53 将图层编组　　图10.54 合并组

步骤 08 同时选中【矩形 7 拷贝 2】及【矩形 7 拷贝】图层，按Ctrl+E组合键将其合并，此时将生成一个【矩形 7 拷贝 2】图层，如图10.55所示。

步骤 09 选中【球鞋 拷贝】图层，执行菜单栏中的【图层】|【创建剪贴蒙版】命令，为当前图层创建剪贴蒙版隐藏部分图像，如图10.56所示。

图10.55 合并图层　　图10.56 创建剪贴蒙版

10.1.5 制作运动文字

步骤 01 选择工具箱中的【横排文字工具】 **T** ，在画布适当的位置添加文字（MStiffHei PRC），如图10.57所示。

图10.57 添加文字

步骤 02 在【爱运动】图层名称上单击鼠标右键，从弹出的快捷菜单中选择【转换为形状】命令，如图10.58所示。

图10.58 转换为形状

图10.59 最终效果

步骤 03 选中【爱运动】图层，按Ctrl+T组合键对其执行【自由变换】命令，单击鼠标右键，从弹出的快捷菜单中选择【斜切】命令，拖动变形框控制点将文字变形，完成之后按Enter键确认，这样就完成了效果的制作，如图10.59所示。

10.2 运动类优惠券

设计构思 本例讲解运动类优惠券的制作。运动类优惠券的制作重点在于体现出运动的主题，在本例中将运动文化与优惠券本身的图文信息相结合，整个优惠券体现出一种激情向上的视觉效果，在制作过程中注意优惠券色彩及版式的布局。最终效果如图10.60所示。

难易程度：★★☆☆☆
调用素材：下载文件\调用素材\第10章\运动类优惠券
最终文件：下载文件\源文件\第10章\运动类优惠券.psd
视频位置：下载文件\movie\10.2运动类优惠券.avi

图10.60 最终效果

操作步骤

10.2.1 制作优惠券轮廓

步骤 01 执行菜单栏中的【文件】|【新建】命令，在弹出的对话框中设置【宽度】为350像素，【高度】为200像素，【分辨率】为72像素/英寸，将画布填充为灰色（R：237，G：235，B：228）。

步骤 02 选择工具箱中的【矩形工具】■，在选项栏中将【填充】更改为橙色（R：255，G：144，B：0），【描边】更改为无，在画布中绘制一个矩形，此时将生成一个【矩形 1】图层，如图10.61所示。

图10.61 绘制图形

步骤 03 选择工具箱中的【钢笔工具】 ，在选项栏中单击【选择工具模式】 路径 按钮，在弹出的选项中选择【形状】，将【填充】更改为白色，【描边】更改为无，在矩形左上角位置绘制一个不规则图形，此时将生成一个【形状 1】图层，如图10.62所示。

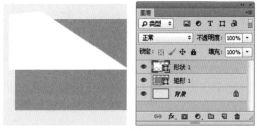

图10.62 绘制图形

步骤 04 选中【形状 1】图层，执行菜单栏中的【图层】|【创建剪贴蒙版】命令，为当前图层创建剪贴蒙版隐藏部分图形，单击面板底部的【添加图层蒙版】 按钮，为其添加图层蒙版，如图10.63所示。

步骤 05 选择工具箱中的【渐变工具】 ，编辑黑色到白色的渐变，单击选项栏中的【线性渐变】 按钮，在其图形上拖动隐藏部分图形，如图10.64所示。

图10.63 创建剪贴蒙版　　图10.64 隐藏图形

步骤 06 在【图层】面板中选中【形状 1】图层，将其拖至面板底部的【创建新图层】 按钮上，复制一个【形状 1 拷贝】图层，如图10.65所示。

步骤 07 选择工具箱中的【直接选择工具】 ，拖动【形状 1 拷贝】图层中的图形锚点将其稍微变形，如图10.66所示。

 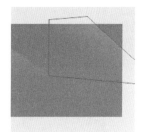

图10.65 复制图层　　　　图10.66 拖动锚点

提示技巧

将图形变形之后，可以选择工具箱中的【渐变工具】 再次隐藏图形使其效果更加自然。

步骤 08 选择工具箱中的【钢笔工具】 ，以刚才同样的方法在矩形顶部位置再次绘制一个图形，此时将生成一个【形状 2】图层，如图10.67所示。

图10.67 绘制图形

步骤 09 以同样的方法为【形状 2】图层添加图层蒙版，并选择工具箱中的【渐变工具】 ，将部分图形隐藏，如图10.68所示。

图10.68 隐藏图形

提示技巧

绘制图形之后，当前图形所在的图层会自动创建剪贴蒙版，如果需要调整其形状，利用工具箱中的【直接选择工具】 拖动图形锚点即可。

步骤 10 在【图层】面板中选中【矩形 1】图层，将其拖至面板底部的【创建新图层】 按钮上，复制一个【矩形 1拷贝】图层，再将【矩形 1拷贝】图层移至所有图层的上方。

步骤 11 将【矩形1 拷贝】图层中的图形颜色更改为黄色（R：255，G：192，B：0），再选择工具箱中的【直接选择工具】，拖动【矩形1 拷贝】图层中的图形锚点将其变形，如图10.69所示。

图10.69 拖动锚点

10.2.2 添加细节图文

步骤 01 执行菜单栏中的【文件】|【打开】命令，打开"鞋子图标.psd"文件，将其拖入画布中图形靠右上角位置并适当缩小，将其移至【矩形 1 拷贝】图层的下方，如图10.70所示。

步骤 02 选中【图层1】图层，将其图层混合模式设置为【叠加】，【不透明度】更改为50%，如图10.71所示。

图10.70 添加素材　　图10.71 设置图层混合模式

步骤 03 选择工具箱中的【矩形工具】，在选项栏中将【填充】更改为橙色（R：255，G：144，B：0），【描边】更改为无，在图形右下角位置绘制一个矩形，此时将生成一个【矩形 2】图层，如图10.72所示。

步骤 04 选择工具箱中的【横排文字工具】T，在适当位置添加文字，如图10.73所示。

步骤 05 选中【10】图层，按Ctrl+T组合键对其执行【自由变换】命令，单击鼠标右键，从弹出的快捷菜单中选择【斜切】命令，拖动变形框控制点将文字变形，完成之后按Enter键确认，如图10.74所示。

图10.72 绘制图形　　　图10.73 添加文字

图10.74 将文字变形

步骤 06 在【图层】面板中选中【矩形 1】图层，将其拖至面板底部的【创建新图层】按钮上，复制一个【矩形1 拷贝 2】图层，如图10.75所示。

步骤 07 将【矩形 1】图层中的图形颜色更改为深橙色（R：50，G：28，B：0），再按Ctrl+T组合键对其执行【自由变换】命令，单击鼠标右键，从弹出的快捷菜单中选择【变形】命令，拖动变形框控制点将其变形，完成之后按Enter键确认，如图10.76所示。

图10.75 复制图层　　　图10.76 将图形变形

步骤 08 选中【矩形 1】图层，执行菜单栏中的【滤镜】|【模糊】|【高斯模糊】命令，在弹出的对话框中将【半径】更改为2像素，完成之后单击【确定】按钮，如图10.77所示。

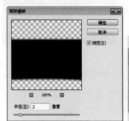 

图10.77 设置【高斯模糊】参数及效果

步骤 09 选中【矩形 1】图层，将其图层【不透明度】更改为50%，这样就完成了效果的制作，如图10.78所示。

图10.78 最终效果

10.3 立体分隔栏

设计构思 本例讲解立体分隔栏的制作。本例中的分隔栏在制作过程中需要注意图形的组合与颜色调整，由于需要与促销图组合，所以其主题颜色采用灰色与橙色相结合的色调。最终效果如图10.79所示。

难易程度：★★☆☆☆
调用素材：无
最终文件：下载文件\源文件\第10章\立体分隔栏.psd
视频位置：下载文件\movie\10.3立体分隔栏.avi

特惠产品大酬谢

图10.79 最终效果

操作步骤

10.3.1 绘制分隔轮廓

步骤 01 执行菜单栏中的【文件】|【新建】命令，在弹出的对话框中设置【宽度】为1024像素，【高度】为200像素，【分辨率】为72像素/英寸，【颜色模式】为RGB颜色，新建一个空白画布。

步骤 02 选择工具箱中的【椭圆工具】，在选项栏中将【填充】更改为灰色（R：218，G：218，B：218），【描边】更改为无，在画布中间位置绘制一个椭圆图形，此时将生成一个【椭圆 1】图层，如图10.80所示。

图10.80 绘制图形

步骤 03 选中【椭圆 1】图层，执行菜单栏中的【滤镜】|【模糊】|【高斯模糊】命令，在弹出的对话框中将【半径】更改为20像素，完成之后单击【确定】按钮，如图10.81所示。

图10.81 高斯模糊效果

步骤 04 选择工具箱中的【矩形选框工具】，在画布中绘制一个矩形选区，以选中图像下半部分区域，如图10.82所示。

图10.82 绘制矩形选区

步骤 05 选中【椭圆 1】图层，按Delete键将选区中的图像删除，完成之后按Ctrl+D组合键取消选区，如图10.83所示。

图10.83 删除图像

步骤 06 选中【椭圆 1】图层，执行菜单栏中的【滤镜】|【模糊】|【动感模糊】命令，在弹出的对话框中将【角度】更改为0，【距离】更改为300像素，设置完成之后单击【确定】按钮，如图10.84所示。

图10.84 动感模糊效果

步骤 07 选择工具箱中的【矩形工具】 ■，在选项栏中将【填充】更改为灰色（R：210，G：212，B：210），【描边】更改为无，在刚才绘制的图像下方位置绘制一个矩形，此时将生成一个【矩形 1】图层，如图10.85所示。

图10.85 绘制图形

步骤 08 在【图层】面板中选中【矩形 1】图层，单击面板底部的【添加图层蒙版】 ■ 按钮，为其添加图层蒙版，如图10.86所示。

步骤 09 选择工具箱中的【画笔工具】 ✎，在画布中单击鼠标右键，在弹出的面板中选择一种圆角笔触，将【大小】更改为250像素，【硬度】更改为0，如图10.87所示。

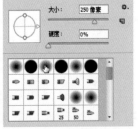

图10.86 添加图层蒙版　　图10.87 设置笔触

步骤 10 将前景色更改为黑色，在其图左右两端区域进行涂抹将其隐藏，如图10.88所示。

图10.88 隐藏图像

10.3.2 添加高光

步骤 01 选择工具箱中的【直线工具】 ╱，在选项栏中将【填充】更改为白色，【描边】更改为无，【粗细】更改为2像素，在【椭圆 1】图层的图像底部按住Shift键绘制一条水平线段，此时将生成一个【形状 1】图层，如图10.89所示。

图10.89 绘制直线

步骤 02 在【图层】面板中选中【形状 1】图层，单击面板底部的【添加图层蒙版】 ■ 按钮，为其添加图层蒙版，如图10.90所示。

步骤 03 选择工具箱中的【渐变工具】 ■，编辑黑色到白色再到黑色的渐变，将白色色标【位置】更改为50%，单击选项栏中的【线性渐变】 ■ 按钮，如图10.91所示。

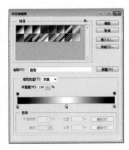

图10.90 添加图层蒙版　　图10.91 隐藏图形

步骤 04 在【形状 1】图层的图形位置从左向右侧拖动，将部分图形隐藏，如图10.92所示。

图10.92 隐藏图形

步骤 05 在【图层】面板中选中【椭圆 1】图层，将其拖至面板底部的【创建新图层】 ▣ 按钮上，复制一个【椭圆 1 拷贝】图层，如图10.93所示。

步骤 06 在【图层】面板中选中【椭圆 1 拷贝】图

层，单击面板上方的【锁定透明像素】 ⊠ 按钮，将透明像素锁定，如图10.94所示。

图10.93 复制图层　　图10.94 锁定透明像素

步骤 07 选中【椭圆 1 拷贝】图层，将其填充为黑色，再按Ctrl+T组合键对其执行【自由变换】命令，单击鼠标右键，从弹出的快捷菜单中选择【垂直翻转】命令，完成之后按Enter键确认；再按Ctrl+T组合键对其执行【自由变换】命令，将图像等比缩小，完成之后按Enter键确认，如图10.95所示。

图10.95 变换图像

10.3.3 添加文字信息

步骤 01 选择工具箱中的【横排文字工具】 T ，在画布中间位置添加文字，如图10.96所示。

特惠产品大酬谢

图10.96 添加文字

步骤 02 选择工具箱中的【矩形工具】 ，在选项栏中将【填充】更改为灰色（R：210，G：212，B：210），【描边】更改为无，在文字左侧位置绘制一个矩形，此时将生成一个【矩形 2】图层，如图10.97所示。

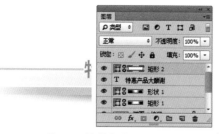

图10.97 绘制图形

步骤 03 在【图层】面板中选中【矩形 2】图层，单击面板底部的【添加图层蒙版】 按钮，为其添加图层蒙版，如图10.98所示。

图10.98 添加图层蒙版

步骤 04 选择工具箱中的【渐变工具】 ，编辑黑色到白色的渐变，单击选项栏中的【线性渐变】 按钮，在其图形上从左向右侧拖动，将部分图形隐藏，如图10.99所示。

图10.99 隐藏图形

步骤 05 在【图层】面板中选中【矩形 2】图层，将其拖至面板底部的【创建新图层】 按钮上，复制一个【矩形 2拷贝】图层。

步骤 06 选中【矩形 2拷贝】图层，按Ctrl+T组合键对其执行【自由变换】命令，单击鼠标右键，从弹出的快捷菜单中选择【水平翻转】命令，完成之后按Enter键确认，这样就完成了效果的制作，如图10.100所示。

特惠产品大酬谢

图10.100 最终效果

10.4 球鞋直通车

设计构思 本例讲解球鞋直通车的制作。本例中的直通车制作比较简单，以直观的素材图像与规范的直通车图形相结合，将整个产品信息以整齐的排列形式展开，注意直通车中信息的描述。最终效果如图10.101所示。

难易程度：★★☆☆☆
调用素材：下载文件\调用素材\第10章\球鞋直通车
最终文件：下载文件\源文件\第10章\球鞋直通车.psd
视频位置：下载文件\movie\10.4球鞋直通车.avi

图10.101 最终效果

操作步骤

10.4.1 绘制图形

步骤01 执行菜单栏中的【文件】|【新建】命令，在弹出的对话框中设置【宽度】为1024像素，【高度】为760像素，【分辨率】为72像素/英寸，【颜色模式】为RGB颜色，新建一个空白画布。

步骤02 选择工具箱中的【渐变工具】■，编辑灰色（R：230，G：230，B：230）到白色的渐变，单击选项栏中的【线性渐变】■按钮，在画布中从下至上拖动为画布填充渐变，如图10.102所示。

图10.102 填充渐变

步骤03 选择工具箱中的【矩形工具】■，在选项栏中将【填充】更改为白色，【描边】更改为绿色（R：7，G：135，B：0），【大小】更改为5点，在画布左上角位置绘制一个矩形，此时将生成一个【矩形1】图层，如图10.103所示。

图10.103 绘制图形

10.4.2 利用【自由钢笔工具】抠取球鞋

步骤 01 执行菜单栏中的【文件】|【打开】命令，打开"球鞋.jpg"文件，将其拖入画布中并适当缩小，图层名称更改为【球鞋】，如图10.104所示。

图10.104 添加素材

步骤 02 选择工具箱中的【自由钢笔工具】 ，在选项栏中选中【磁性的】复选框，沿球鞋边缘位置拖动鼠标，此时路径将自动吸附于贝壳图像边缘，如图10.105所示。

图10.105 绘制路径

步骤 03 选择工具箱中的【直接选择工具】 ，拖动部分锚点将路径与贝壳边缘重合，如图10.106所示。

图10.106 调整锚点

步骤 04 按Ctrl+Enter组合键将路径转换为选区，如图10.107所示。

图10.107 转换选区

步骤 05 执行菜单栏中的【选择】|【反向】命令，将选区反向，按Delete键将选区中的图像删除，完成之后按Ctrl+D组合键取消选区；再按Ctrl+T组合键对其执行【自由变换】命令，将图像等比缩小，完成之后按Enter键确认，如图10.108所示。

图10.108 删除图像

10.4.3 制作阴影

步骤 01 选择工具箱中的【椭圆工具】 ，在选项栏中将【填充】更改为黑色，【描边】更改为无，在鞋子底部绘制一个椭圆图形，此时将生成一个【椭圆 1】图层，将其移至【球鞋】图层的下方，如图10.109所示。

图10.109 绘制图形

步骤 02 选中【椭圆 1】图层，执行菜单栏中的【滤镜】|【模糊】|【高斯模糊】命令，在弹出的对话框中将【半径】更改为5像素，完成之后单击【确定】按钮，如图10.110所示。

图10.110 设置【高斯模糊】参数及效果

10.4.4 制作象形标签

步骤 01 选择工具箱中的【椭圆工具】，在选项栏中将【填充】更改为绿色（R：7，G：135，B：0），【描边】更改为无，在鞋子图像左上角位置按住Shift键绘制一个正圆图形，此时将生成一个【椭圆2】图层，如图10.111所示。

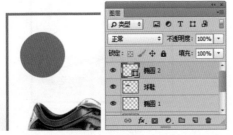

图10.111 绘制图形

步骤 02 选择工具箱中的【钢笔工具】，在选项栏中单击【选择工具模式】 路径 按钮，在弹出的选项中选择【形状】，将【填充】更改为绿色（R：7，G：135，B：10），【描边】更改为无，在椭圆图形右上角位置绘制一个不规则图形，此时将生成一个【形状1】图层，如图10.112所示。

图10.112 绘制图形

步骤 03 单击选项栏中的【路径操作】 按钮，在弹出的选项中选择【减去顶层形状】，在刚才绘制的不规则图形位置再次绘制一个细长的图形，将部分图形减去，如图10.113所示。

步骤 04 在【图层】面板中选中【形状 1】图层，将

其拖至面板底部的【创建新图层】 按钮上，复制一个【形状 1 拷贝】图层，如图10.114所示。

图10.113 减去图形　　　图10.114 复制图层

步骤 05 选中【形状1 拷贝】图层，按Ctrl+T组合键对其执行【自由变换】命令，将图形等比缩小并旋转，完成之后按Enter键确认，如图10.115所示。

步骤 06 选择工具箱中的【横排文字工具】 T，在椭圆图形位置添加文字，如图10.116所示。

图10.115 变换图形　　　图10.116 添加文字

步骤 07 执行菜单栏中的【文件】|【打开】命令，打开"二维码.jpg"文件，将其拖入画布中鞋子图像上方并适当缩小，其图层名称更改为【图层1】，如图10.117所示。

图10.117 添加素材

步骤 08 在【图层】面板中选中【图层 1】图层，单击面板底部的【添加图层样式】 fx 按钮，在菜单中选择【描边】命令，在弹出的对话框中将【大小】更改为2像素，【颜色】更改为绿色（R：182，G：210，B：44），完成之后单击【确定】按钮，如图10.118所示。

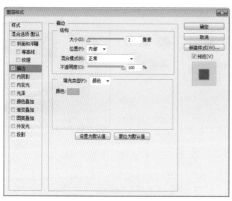

图10.118 设置【描边】参数

10.4.5 制作箭头标识

步骤 01 选择工具箱中的【矩形工具】 ▬ ，在选项栏中将【填充】更改为橙色（R：255，G：144，B：0），【描边】更改为无，在二维码图像右侧绘制一个矩形，此时将生成一个【矩形 2】图层，如图10.119所示。

图10.119 绘制图形

步骤 02 选择工具箱中的【钢笔工具】 ✎ ，在选项栏中单击【选择工具模式】按钮，在弹出的选项中选择【形状】，单击选项栏中的【路径操作】 ▬ 按钮，在弹出的选项中选择【合并形状】，在刚才绘制的矩形底部绘制一个三角形，如图10.120所示。

步骤 03 选择工具箱中的【横排文字工具】 T ，在刚才绘制的图形位置添加文字，如图10.121所示。

图10.120 绘制图形　　　　图10.121 添加文字

提示技巧
在绘制图形的时候注意一定要选中【矩形 2】图层。

10.4.6 制作镂空购买按钮

步骤 01 选择工具箱中的【圆角矩形工具】 ▭ ，在选项栏中将【填充】更改为橙色（R：255，G：144，B：0），【描边】更改为无，【半径】更改为30像素，在适当位置绘制一个圆角矩形，此时将生成一个【圆角矩形 1】图层，如图10.122所示。

图10.122 绘制图形

步骤 02 选择工具箱中的【椭圆工具】 ○ ，在圆角矩形右侧位置按住Alt键同时绘制一个正圆路径，将部分图形减去，如图10.123所示。

步骤 03 选择工具箱中的【矩形工具】 ▬ ，在选项栏中将【填充】更改为橙色（R：255，G：144，B：0），【描边】更改为无，在刚才绘制的镂空正圆位置按住绘制一个矩形，此时将生成一个【矩形 3】图层，如图10.124所示。

图10.123 减去图形　　　　图10.124 绘制图形

步骤 04 选中【矩形 1】图层，按Ctrl+T组合键对其执行【自由变换】命令，当出现变形框之后，在选项栏的【旋转】文本框中输入45，完成之后按Enter键确认，如图10.125所示。

步骤 05 选择工具箱中的【直接选择工具】 ▸ ，选中矩形左侧锚点并按Delete键将其删除，如图10.126所示。

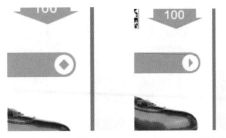

图10.125 旋转图形　　图10.126 删除锚点

步骤06 选择工具箱中的【横排文字工具】 **T** ，在圆角矩形位置添加文字，如图10.127所示。

图10.127 添加文字

步骤07 同时选中除【背景】之外的所有图层，按Ctrl+G组合键将其编组，将生成的组名称更改为【蓝色球鞋】，如图10.128所示。

图10.128 将图层编组

步骤08 在【图层】面板中选中【蓝色球鞋】组，将其拖至面板底部的【创建新图层】 按钮上，复制一个【蓝色球鞋 拷贝】组。

步骤09 选中【蓝色球鞋 拷贝】组，在画布中按住Shift键向右侧平移并更改其文字信息，如图10.129所示。

图10.129 移动图文并更改信息

10.4.7 为球鞋更换颜色

步骤01 选中【蓝色球鞋 拷贝】组中的【球鞋】图层，单击面板底部的【创建新的填充或调整图层】 按钮，在弹出的菜单中选中【色相/饱和度】命令，在弹出的面板中单击底部的【此调整影响下面的所有图层】 按钮，将【色相】更改为88，如图10.130所示。

图10.130 调整色相

步骤02 以同样的方法将图文再次复制两份，分别更改其文字信息并调整素材图像颜色，这样就完成了效果的制作，如图10.131所示。

图10.131 最终效果

第11章 节日主题店铺装修

本章店面装修效果说明

　　本章中的店铺装修采用深蓝色作为主体色调，与红黄色搭配，整体十分协调。整个页面构图采用模拟月夜主题与规范化直通车图像相结合的形式，通过绘制月亮图像与制作礼情艺术字表明节日主题，添加的云朵图像则使整个场景更加真实丰富。本章店面装修包括促销图、导航栏及直通车。

礼情艺术字

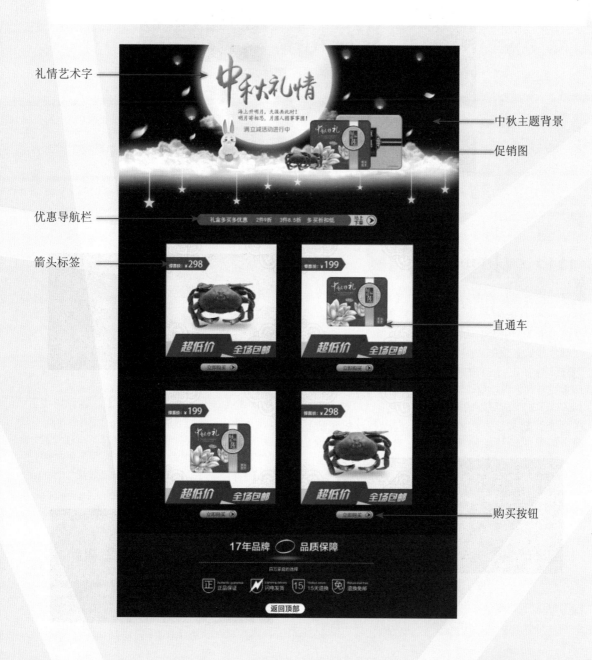

中秋主题背景

促销图

优惠导航栏

箭头标签

直通车

购买按钮

11.1 节日促销图

本例讲解节日促销图的设计。本例在制作过程中通过绘制月夜中秋背景图像，并添加中秋主题素材，整个促销图完美地表现了中秋节日促销主题。最终效果如图11.1所示。

难易程度：★★★☆☆
调用素材：下载文件\调用素材\第11章\节日促销图
最终文件：下载文件\源文件\第11章\节日促销图.psd
视频位置：下载文件\movie\11.1节日促销图.avi

图11.1 最终效果

操作步骤

11.1.1 制作中秋主题背景

步骤01 执行菜单栏中的【文件】|【新建】命令，在弹出的对话框中设置【宽度】为1024像素，【高度】为510像素，【分辨率】为72像素/英寸，【颜色模式】为RGB颜色，新建一个空白画布。

步骤02 选择工具箱中的【渐变工具】■，编辑深紫色（R：17，G：5，B：35）到深紫色（R：10，G：2，B：17）的渐变，单击选项栏中的【线性渐变】■按钮，在画布中从下向上拖动填充渐变，如图11.2所示。

图11.3 绘制选区

步骤04 单击【图层】面板底部的【创建新图层】■按钮，新建一个【图层1】图层。

步骤05 将前景色更改为黄色（R：250，G：222，B：147），背景色更改为白色，执行菜单栏中的【滤镜】|【渲染】|【云彩】命令，效果如图11.4所示。

图11.2 填充渐变

步骤03 选择工具箱中的【椭圆选区工具】○，在画布顶部位置按住Shift键绘制一个正圆，如图11.3所示。

图11.4 添加云彩

步骤06 在【图层】面板中选中【图层1】图层，单击面板底部的【添加图层样式】 fx 按钮，在菜单中选择【外发光】命令，在弹出的对话框中将【颜色】更改为黄色（R：250，G：222，B：147），【大小】更改为38像素，完成之后单击【确定】按钮，如图11.5所示。

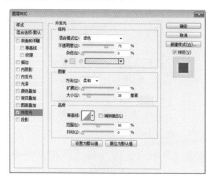

图11.5 设置【外发光】参数

步骤07 单击【图层】面板底部的【创建新图层】 按钮，新建一个【图层2】图层，将其移至【背景】图层上方，如图11.6所示。

步骤08 选择工具箱中的【画笔工具】 ，在画布中单击鼠标右键，在弹出的面板菜单中选择【替换画笔】|【云】，将其载入，然后选择任意画笔并更改适当大小，如图11.7所示。

 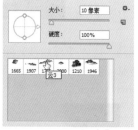

图11.6 新建图层　　　图11.7 选择笔触

步骤09 将前景色更改为白色，在月亮图像下方左右两侧单击添加图像，如图11.8所示。

步骤10 执行菜单栏中的【文件】|【打开】命令，打开"孔明灯.psd"文件，将其拖入画布中月亮左侧并适当缩小，如图11.9所示。

图11.8 添加图像　　　图11.9 添加素材

步骤11 在【图层1】图层名称上单击鼠标右键，从弹出的快捷菜单中选择【拷贝图层样式】命令，在【孔明灯】图层名称上单击鼠标右键，从弹出的快捷菜单中选择【粘贴图层样式】命令，如图11.10所示。

步骤12 双击【孔明灯】图层样式名称，在弹出的对话框中将【混合模式】更改为【线性减淡（添加）】，【不透明度】更改为45%，【颜色】更改为红色（R：255，G：38，B：94），【大小】更改为13像素，完成之后单击【确定】按钮，如图11.11所示。

图11.10 拷贝并粘贴图层样式　图11.11 设置图层样式

步骤13 选中【孔明灯】图层，在画布中按住Alt键拖动，将图像复制数份并将部分图像适当缩小，如图11.12所示。

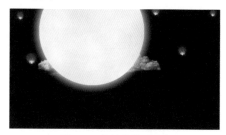

图11.12 复制并变换图像

步骤14 单击【图层】面板底部的【创建新图层】 按钮，在【背景】图层上方新建一个【图层3】图层。

步骤15 选择工具箱中的【画笔工具】 ，将前景色更改为白色，在画布靠下方位置单击数次添加云彩图像，如图11.13所示。

图11.13 添加云彩

步骤16 选择工具箱中的【套索工具】 ，在刚才添加的云彩图像位置绘制一个与画布相同宽度的不规则选区，如图11.14所示。

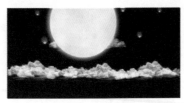

图11.14 绘制选区

步骤17 单击【图层】面板底部的【创建新图层】按钮，在【图层3】图层上方新建一个【图层4】图层，将选区填充为白色，完成之后按Ctrl+D组合键取消选区，如图11.15所示。

步骤18 执行菜单栏中的【滤镜】|【模糊】|【高斯模糊】命令，在弹出的对话框中将【半径】更改为20像素，完成之后单击【确定】按钮，如图11.16所示。

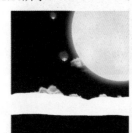 

图11.15 填充颜色   图11.16 高斯模糊效果

11.1.2 绘制小星星

步骤01 选择工具箱中的【直线工具】，在选项栏中将【填充】更改为黄色（R：250，G：222，B：147），【描边】更改为无，【粗细】更改为1像素，按住Shift键绘制一条线段，此时将生成一个【形状1】图层，将其移至【背景】图层的上方，如图11.17所示。

步骤02 确认选择【形状1】图层，选择工具箱中的【多边形工具】，单击按钮，在弹出的面板中选中【星形】复选框，将【缩进边依据】更改为50%，在线段底部按住Shift键绘制一个星形，如图11.18所示。

图11.17 绘制线段   图11.18 绘制星形

步骤03 在【图层1】图层名称上单击鼠标右键，从弹出的快捷菜单中选择【拷贝图层样式】命令，在【形状1】图层名称上单击鼠标右键，从弹出的快捷菜单中选择【粘贴图层样式】命令，如图11.19所示。

图11.19 拷贝并粘贴图层样式

步骤04 双击【形状1】图层样式名称，在弹出的对话框中将【不透明度】更改为30%，【大小】更改为20像素，完成之后单击【确定】按钮，如图11.20所示。

图11.20 设置图层样式

步骤05 选中【形状1】图层，在画布中按住Alt键拖动，将图像复制数份并将部分图像适当放大，如图11.21所示。

图11.21 复制并变换图形

步骤06 在【画笔】面板中选择一种圆角笔触，将【大小】更改为3像素，【硬度】更改为100%，【间距】更改为1000%，如图11.22所示。

步骤07 选中【形状动态】复选框，将【大小抖动】更改为100%，如图11.23所示。

步骤08 选中【散布】复选框，将【散布】更改为1000%，如图11.24所示。

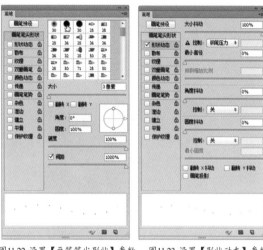

图11.22 设置【画笔笔尖形状】参数　图11.23 设置【形状动态】参数

步骤 09 选中【平滑】复选框，如图11.25所示。

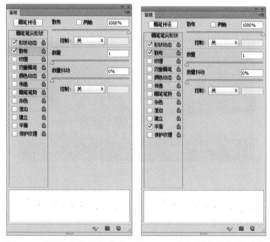

图11.24 设置【散布】参数　图11.25 选中【平滑】复选框

步骤 10 单击【图层】面板底部的【创建新图层】按钮，新建一个【图层5】图层。

步骤 11 将前景色更改为白色，在画布适当位置单击添加图像，如图11.26所示。

图11.26 添加图像

11.1.3　制作礼情艺术字

步骤 01 选择工具箱中的【横排文字工具】**T**，在月亮图像位置添加文字，如图11.27所示。

图11.27 添加文字

步骤 02 同时选中【礼情】、【中】及【秋】图层，按Ctrl+E组合键将其合并，此时将生成一个【礼情】图层。

步骤 03 在【图层】面板中选中【礼情】图层，单击面板底部的【添加图层样式】**fx**按钮，在菜单中选择【渐变叠加】命令，在弹出的对话框中将【渐变】更改为红色（R：255，G：54，B：0）到黄色（R：255，G：174，B：0），如图11.28所示。

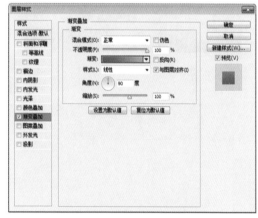

图11.28 设置【渐变叠加】参数

步骤 04 选中【斜面和浮雕】复选框，将【大小】更改为4像素，【阴影模式】中的【不透明度】更改为25%，完成之后单击【确定】按钮，如图11.29所示。

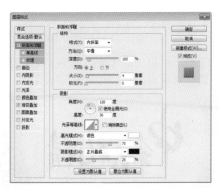

图11.29 设置【斜面和浮雕】参数

提示技巧

先添加【渐变叠加】再添加【斜面和浮雕】图层样式，可以更加直观地观察斜面和浮雕效果。

步骤 05 执行菜单栏中的【文件】|【打开】命令，打开"中秋元素.psd、花瓣.psd"文件，将其拖入画布中适当位置并缩小。分别选中【大闸蟹】及【花瓣】图层，在画布中按住Alt键将图像复制，如图11.30所示。

图11.30 添加素材

步骤 06 选中刚才复制的部分花瓣拷贝图层，执行菜单栏中的【滤镜】|【模糊】|【动感模糊】命令，在弹出的对话框中将【角度】更改为62度，【距离】更改为10像素，设置完成之后单击【确定】按钮，如图11.31所示。

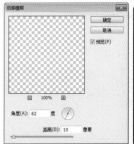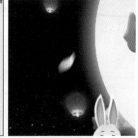

图11.31 设置【动感模糊】参数及效果

步骤 07 以同样的方法分别选中其他几个花瓣图层为其图像添加模糊效果，这样就完成了效果的制作，如图11.32所示。

图11.32 最终效果

11.2 优惠导航栏

设计构思 本例讲解优惠导航栏的绘制。导航栏主要起到指引、提示等作用，本例中的优惠导航栏以直观的文字说明表现出商品的优惠售卖信息，整个制作过程比较简单，注意颜色的搭配。最终效果如图11.33所示。

难易程度：★☆☆☆☆
调用素材：无
最终文件：下载文件\源文件\第11章\优惠导航栏.psd
视频位置：下载文件\movie\11.2优惠导航栏.avi

图11.33 最终效果

操作步骤

步骤 01执行菜单栏中的【文件】|【新建】命令，在弹出的对话框中设置【宽度】为600像素，【高度】为120像素，【分辨率】为72像素/英寸，新建一个空白画布，将其填充为蓝色（R：17，G：5，B：35）。

步骤 02选择工具箱中的【圆角矩形工具】，在选项栏中将【填充】更改为黄色（R：240，G：218，B：73），【描边】更改为无，【半径】为50像素，绘制一个圆角矩形，此时将生成一个【圆角矩形 1】图层，如图11.34所示。

图11.34 绘制图形

步骤 03在【图层】面板中选中【圆角矩形 1】图层，将其拖至面板底部的【创建新图层】按钮上，复制一个【圆角矩形 1 拷贝】图层。

步骤 04选中【圆角矩形 1 拷贝】图层，将其图形颜色更改为红色（R：234，G：10，B：37），再按Ctrl+T组合键对其执行【自由变换】命令，将图形宽度缩小，完成之后按Enter键确认，如图11.35所示。

图11.35 缩小图形

步骤 05选择工具箱中的【自定形状工具】，

在画布中单击鼠标右键，在弹出的面板中选择【Web】|【前进】图形，如图11.36所示。

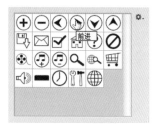

图11.36 选择图形

步骤 06在选项栏中将【填充】更改为蓝色（R：17，G：5，B：35），【描边】更改为无，在刚才绘制的圆角矩形右侧按住Shift键绘制一个图形，如图11.37所示。

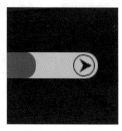

图11.37 绘制图形

步骤 07选择工具箱中的【横排文字工具】，在圆角矩形位置添加文字，这样就完成了效果的制作，如图11.38所示。

图11.38 最终效果

11.3 节日直通车

设计构思　本例讲解节日直通车的制作。节日类直通车具有很强的主题性，在制作过程中以突出直通车所要表达的主题为主，同时在商品展示中需要与节日主题相对应的商品组合使用。最终效果如图11.39所示。

难易程度：★★☆☆☆
调用素材：下载文件\调用素材\第11章\节日直通车
最终文件：下载文件\源文件\第11章\节日直通车.psd
视频位置：下载文件\movie\11.3节日直通车.avi

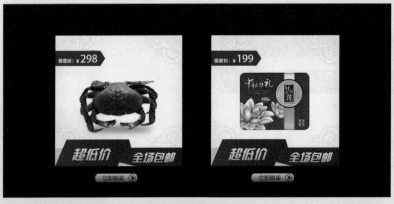

图11.39 最终效果

操作步骤

11.3.1 绘制直通车轮廓

步骤 01 执行菜单栏中的【文件】|【新建】命令，在弹出的对话框中设置【宽度】为1024像素，【高度】为500像素，【分辨率】为72像素/英寸，新建一个空白画布，将其填充为蓝色（R：17，G：5，B：35）。

步骤 02 选择工具箱中的【矩形工具】 ，在选项栏中将【填充】更改为白色，【描边】更改为无，在适当位置按住Shift键绘制一个矩形，此时将生成一个【矩形1】图层，如图11.40所示。

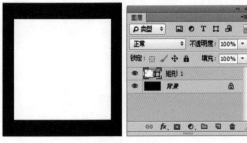

图11.40 绘制图形

步骤 03 在【图层】面板中选中【矩形1】图层，单击面板底部的【添加图层样式】 _fx_ 按钮，在菜单中选择【渐变叠加】命令，在弹出的对话框中将【渐变】更改为浅黄色（R：253，G：250，B：243）到浅黄色（R：250，G：245，B：225），【样式】更改为【径向】，完成之后单击【确定】按钮，如图11.41所示。

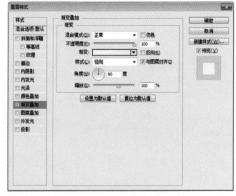

图11.41 设置【渐变叠加】参数

步骤 04 执行菜单栏中的【文件】|【打开】命令，

打开"花纹.psd"文件，将其拖入画布左下角位置并适当缩小，如图11.42所示。

图11.42 添加素材

步骤 05 在【矩形 1】图层名称上单击鼠标右键，从弹出的快捷菜单中选择【栅格化图层样式】命令。

步骤 06 选中【花纹】图层，执行菜单栏中的【图层】|【创建剪贴蒙版】命令，为当前图层创建剪贴蒙版隐藏部分图像，再将其图层混合模式设置为【柔光】，如图11.43所示。

图11.43 创建剪贴蒙版并设置图层混合模式

步骤 07 在【图层】面板中选中【图层 1】图层，将其拖至面板底部的【创建新图层】按钮上，复制一个【图层 1 拷贝】图层，如图11.44所示。

步骤 08 选中【图层 1 拷贝】图层，将其向右侧平移，如图11.45所示。

图11.44 复制图层　　　　图11.45 移动图像

步骤 09 同时选中【花纹 拷贝】及【花纹】图层，在画布中按住Alt+Shift组合键向上拖动将图像复制，如图11.46所示。

图11.46 复制图像

步骤 10 执行菜单栏中的【文件】|【打开】命令，打开"中秋元素.psd"文件，在打开的素材文档中选中【大闸蟹】图层，将图像拖入画布中矩形位置并缩小，如图11.47所示。

步骤 11 选择工具箱中的【椭圆工具】，在选项栏中将【填充】更改为黑色，【描边】更改为无，在螃蟹图像底部位置绘制一个椭圆图形，此时将生成一个【椭圆 1】图层，将其移至【大闸蟹】图层下方，如图11.48所示。

图11.47 添加素材　　　图11.48 绘制图形

步骤 12 选中【椭圆 1】图层，执行菜单栏中的【滤镜】|【模糊】|【高斯模糊】命令，在弹出的对话框中将【半径】更改为7像素，完成之后单击【确定】按钮，如图11.49所示。

步骤 13 选中【椭圆 1】图层，将其图层【不透明度】更改为50%，效果如图11.50所示。

图11.49 设置【高斯模糊】参数　图11.50 更改不透明度后效果

11.3.2 绘制底部边栏

步骤 01 选择工具箱中的【矩形工具】，在选项栏中将【填充】更改为白色，【描边】更改为无，在直通车图形底部位置绘制一个矩形，此时将生成一个【矩形2】图层，如图11.51所示。

图11.51 绘制图形

步骤 02 在【图层】面板中选中【矩形2】图层，单击面板底部的【添加图层样式】 fx 按钮，在菜单中选择【渐变叠加】命令，在弹出的对话框中将【渐变】更改为红色（R：192，G：30，B：35）到红色（R：150，G：5，B：10），【角度】更改为0，完成之后单击【确定】按钮，如图11.52所示。

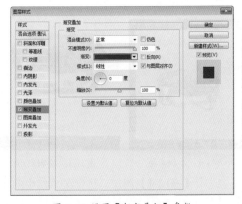

图11.52 设置【渐变叠加】参数

步骤 03 选择工具箱中的【矩形工具】 ▣ ，在选项栏中将【填充】更改为黑色，在刚才绘制的矩形左侧位置再次绘制一个矩形，此时将生成一个【矩形3】图层，如图11.53所示。

步骤 04 选择工具箱中的【直接选择工具】 ▶ ，选中矩形顶部的两个锚点并向右侧拖动将图形变形，如图11.54所示。

图11.53 绘制图形　　　图11.54 将图形变形

步骤 05 在【矩形2】图层名称上单击鼠标右键，从弹出的快捷菜单中选择【拷贝图层样式】命令，在【矩形3】图层名称上单击鼠标右键，从弹出的快捷菜单中选择【粘贴图层样式】命令，如图11.55所示。

图11.55 拷贝并粘贴图层样式

步骤 06 选择工具箱中的【钢笔工具】 ∅ ，在选项栏中单击【选择工具模式】 路径 ⬦ 按钮，在弹出的选项中选择【形状】，将【填充】更改为黑色，【描边】更改为无，在两个矩形之间位置绘制一个不规则图形，此时将生成一个【形状1】图层，如图11.56所示。

步骤 07 在【形状1】图层样式名称上单击鼠标右键，从弹出的快捷菜单中选择【粘贴图层样式】命令，再双击其图层样式名称，在弹出的对话框中将其【渐变】更改为红色（R：104，G：0，B：4）到红色（R：192，G：30，B：35），【角度】为0，完成之后单击【确定】按钮，如图11.57所示。

图11.56 绘制图形　　　图11.57 粘贴图层样式

步骤 08 选择工具箱中的【钢笔工具】 ∅ ，在选项栏中将【填充】更改为黄色（R：252，G：226，B：3），在【矩形3】图层的图形下方位置绘制一个不规则图形，如图11.58所示。

步骤 09 选择工具箱中的【横排文字工具】 T ，在刚才绘制的图形适当位置添加文字，如图11.59所示。

图11.58 绘制图形　　　　图11.59 添加文字

步骤 10 在【图层】面板中选中【超低价】图层，单击面板底部的【添加图层样式】 *fx* 按钮，在菜单中选择【渐变叠加】命令，在弹出的对话框中将【渐变】更改为黄色（R：255，G：200，B：7）到黄色（R：251，G：238，B：175），完成之后单击【确定】按钮，如图11.60所示。

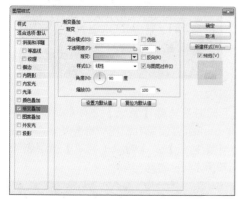

图11.60 设置【渐变叠加】参数

步骤 11 在【超低价】图层名称上单击鼠标右键，从弹出的快捷菜单中选择【拷贝图层样式】命令，在【全场包邮】图层名称上单击鼠标右键，从弹出的快捷菜单中选择【粘贴图层样式】命令，如图11.61所示。

图11.61 拷贝并粘贴图层样式

步骤 12 选中【超低价】图层，按Ctrl+T组合键对其执行【自由变换】命令，单击鼠标右键，从弹出的快捷菜单中选择【斜切】命令，拖动变形框控制点将文字变形，完成之后按Enter键确认。以同样的方法选中【全场包邮】图层，将文字变形，如图11.62所示。

图11.62 将文字变形

11.3.3　制作箭头标签

步骤 01 选择工具箱中的【矩形工具】，在选项栏中将【填充】更改为红色（R：187，G：30，B：37），【描边】更改为无，在直通车图形左上角位置绘制一个矩形，此时将生成一个【矩形 4】图层，如图11.63所示。

图11.63 绘制矩形

步骤 02 选择工具箱中的【添加锚点工具】，在矩形右侧边缘中间位置单击添加锚点，如图11.64所示。

步骤 03 选择工具箱中的【转换点工具】，单击添加的锚点，再利用工具箱中的【直接选择工具】拖动锚点将图形变形，如图11.65所示。

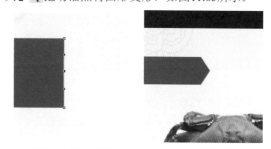

图11.64 添加锚点　　　　图11.65 将图形变形

步骤 04 选择工具箱中的【横排文字工具】T，在变形后的矩形位置添加文字，如图11.66所示。

图11.66 添加文字

11.3.4 绘制购买按钮

步骤 01 选择工具箱中的【圆角矩形工具】 ⬭，在选项栏中将【填充】更改为白色，【描边】更改为无，【半径】更改为10像素，在直通车图像底部位置绘制一个圆角矩形，此时将生成一个【圆角矩形 1】图层，如图11.67所示。

图11.67 绘制图形

步骤 02 在【图层】面板中选中【圆角矩形 1】图层，单击面板底部的【添加图层样式】 ⨍x 按钮，在菜单中选择【渐变叠加】命令，在弹出的对话框中将【渐变】更改为橙色（R：223，G：90，B：52）到黄色（R：240，G：224，B：75），完成之后单击【确定】按钮，如图11.68所示。

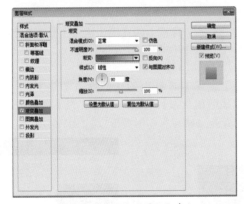

图11.68 设置【渐变叠加】参数

步骤 03 选择工具箱中的【自定形状工具】 ⬩，在画布中单击鼠标右键，在弹出的面板中选择【Web】|【前进】图形，如图11.69所示。

步骤 04 在选项栏中将【填充】更改为蓝色（R：17，G：5，B：35），【描边】更改为无，在刚才绘制的圆角矩形右侧位置按住Shift键绘制一个图形，如图11.70所示。

图11.69 选择图形　　　　图11.70 绘制图形

步骤 05 选择工具箱中的【横排文字工具】 **T**，在刚才绘制的圆角矩形位置添加文字，如图11.71所示。

图11.71 添加文字

步骤 06 同时选中除【背景】之外的所有图层，按住Alt+Shift组合键向右侧拖动将其复制，将生成的【大闸蟹 拷贝】及【椭圆 1 拷贝】图层删除，如图11.72所示。

图11.72 复制图文

步骤 07 在刚才打开的素材文档中选中【月饼】图层，将其拖入画布中右侧直通车适当位置并缩小，再更改其相关的价格信息，这样就完成了效果的制作，如图11.73所示。

图11.73 最终效果

第12章　儿童玩具主题店铺装修

本章店面装修效果说明

　　本章店面装修采用蓝色主体色调与橙黄色点缀色调，整体版式呈现出一种舒适、简洁的视觉效果，整体色彩与店铺装修主题完美结合，在视觉效果上十分协调；从构图角度来看，将节日信息与天空主题相结合，以造型各异的虚实边框与模拟的云朵、月亮图像相结合，体现出欢乐六一缤纷夏日主题。本章店面装修包括主题促销图及直通车说明图。

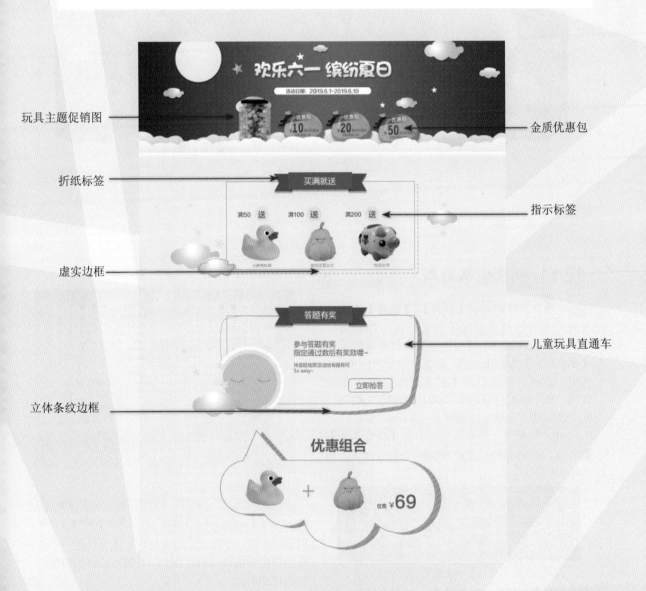

玩具主题促销图

金质优惠包

折纸标签

指示标签

虚实边框

立体条纹边框

儿童玩具直通车

12.1 玩具主题促销图

本例讲解儿童玩具主题促销图的制作。本例的制作重点在于突出儿童玩具的主题，从整体的玩具文化背景入手，将促销图信息与商品紧紧相连接。最终效果如图12.1所示。

难易程度：★★☆☆☆
调用素材：下载文件\调用素材\第12章\玩具主题促销图
最终文件：下载文件\源文件\第12章\玩具主题促销图.psd
视频位置：下载文件\movie\12.1玩具主题促销图.avi

图12.1 最终效果

操作步骤

12.1.1 制作点状背景

步骤 01 执行菜单栏中的【文件】|【新建】命令，在弹出的对话框中设置【宽度】为1024像素，【高度】为300像素，【分辨率】为72像素/英寸，【颜色模式】为RGB颜色，新建一个空白画布。

步骤 02 选择工具箱中的【渐变工具】，编辑蓝色（R：0，G：57，B：100）到蓝色（R：0，G：127，B：202）再到蓝色（R：0，G：57，B：100）的渐变，单击选项栏中的【线性渐变】按钮，在画布中从左向右侧拖动填充渐变，如图12.2所示。

图12.2 填充渐变

步骤 03 在【画笔】面板中选择一种圆角笔触，将【大小】更改为3像素，【硬度】更改为100%，【间距】更改为500%，如图12.3所示。

步骤 04 选中【平滑】复选框，如图12.4所示。

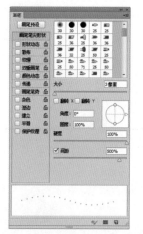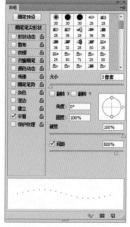

图12.3 设置【画笔笔尖形状】参数　图12.4 选中【平滑】复选框

步骤 05 新建一个图层，将前景色更改为白色，在画布顶部位置按住Shift键从左向右侧拖动添加图像，如图12.5所示。

步骤 06 按Ctrl+Alt+T组合键向下拖动执行复制变换命令，将图像复制一份，完成之后按Enter键确认，如图12.6所示。

图12.5 添加图像

图12.6 复制变换图像

步骤07 按Ctrl+Shift+Alt组合键的同时按T键多次执行多重复制命令，将图像复制多份，完成之后按Enter键确认，如图12.7所示。

图12.7 多重复制图像

步骤08 在【图层】面板中，将除【背景】层以外的所有图层选中并合并，将其重命名为【图层1】。选中【图层 1】图层，单击面板底部的【添加图层蒙版】 按钮，为其添加图层蒙版，如图12.8所示。

步骤09 选择工具箱中的【渐变工具】 ，编辑白色到黑色再到白色的渐变，将黑色色标【位置】更改为50%，单击选项栏中的【线性渐变】 按钮，如图12.9所示。

 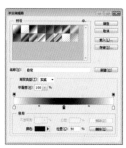

图12.8 添加图层蒙版 　　图12.9 隐藏图形

步骤10 在其图形上拖动，隐藏部分图形，再将其图层混合模式设置为【叠加】，如图12.10所示。

图12.10 隐藏图像

12.1.2 添加促销图信息

步骤01 选择工具箱中的【横排文字工具】 **T** ，在画布中间顶部位置添加文字，如图12.11所示。

图12.11 添加文字

步骤02 在【图层】面板中选中【欢乐六一 缤纷夏日】图层，单击面板底部的【添加图层样式】 ***fx*** 按钮，在菜单中选择【渐变叠加】命令，在弹出的对话框中将【渐变】更改为蓝色（R：185，G：226，B：255）到白色，如图12.12所示。

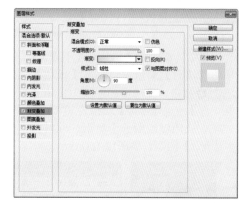

图12.12 设置【渐变叠加】参数

步骤03 选中【投影】复选框，将【颜色】更改为蓝色（R：0，G：53，B：95），【不透明度】更改为40%，【距离】更改为4像素，【大小】更改为5像素，完成之后单击【确定】按钮，如图12.13所示。

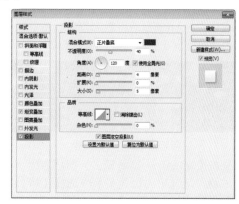

图12.13 设置【投影】参数

步骤04 选择工具箱中的【椭圆工具】 ，在选项栏中将【填充】更改为黄色（R：250，G：255，

B：170），【描边】更改为无，在画布左侧位置按住Shift键绘制一个正圆图形，此时将生成一个【椭圆1】图层，如图12.14所示。

步骤 05 选择工具箱中的【钢笔工具】，在选项栏中单击【选择工具模式】 路径 按钮，在弹出的选项中选择【形状】，将【填充】更改为白色，【描边】更改为无，在文字靠右侧位置绘制一个不规则图形，此时将生成一个【形状 1】图层，如图12.15所示。

图12.14 绘制图形　　　图12.15 绘制图形

步骤 06 选择工具箱中的【多边形工具】，在选项栏中将【填充】更改为白色，【描边】更改为无，单击 ✿ 按钮，在弹出的面板中选中【星形】复选框，将【缩进边依据】更改为50%，在月亮旁边位置按住Shift键绘制一个星形，此时将生成一个【多边形 1】图层，如图12.16所示。

图12.16 绘制图形

步骤 07 分别选中【形状 1】及【多边形 1】图层，在画布中按住Alt键拖动将图形复制数份，并将部分图形适当缩小及旋转，如图12.17所示。

图12.17 复制并变换图形

步骤 08 在【欢乐六一 缤纷夏日】图层名称上单击鼠标右键，从弹出的快捷菜单中选择【拷贝图层样式】命令，在【椭圆 1】图层名称上单击鼠标右键，从弹出的快捷菜单中选择【粘贴图层样式】命令，将【椭圆1】图层中【渐变叠加】图层样式

删除，如图12.18所示。

图12.18 拷贝并粘贴图层样式

步骤 09 在【图层】面板中选中【形状 1】图层，单击面板底部的【添加图层样式】 fx 按钮，在菜单中选择【渐变叠加】命令，在弹出的对话框中将【渐变】更改为白色到蓝色（R：66，G：198，B：240），【样式】更改为【径向】，【角度】更改为0，如图12.19所示。

图12.19 设置【渐变叠加】参数

步骤 10 选中【投影】复选框，将【不透明度】更改为50%，【距离】更改为2像素，【大小】更改为2像素，完成之后单击【确定】按钮，如图12.20所示。

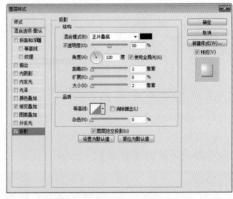

图12.20 设置【投影】参数

步骤 11 在【形状 1】图层名称上单击鼠标右键，从弹出的快捷菜单中选择【拷贝图层样式】命令，在【形状 1 拷贝】图层名称上单击鼠标右键，从

弹出的快捷菜单中选择【粘贴图层样式】命令，如图12.21所示。

步骤12 双击【形状 1 拷贝】图层【渐变叠加】样式名称，在弹出的对话框中将【样式】更改为【线性】，完成之后单击【确定】按钮，如图12.22所示。

图12.21 拷贝并粘贴图层样式　　图12.22 设置图层样式

步骤13 以同样的方法分别为其他几个云朵形状图形所在图层粘贴图层样式，并适当更改其不同的渐变效果，如图12.23所示。

图12.23 添加图层样式

步骤14 在【多边形 1】图层样式名称上单击鼠标右键，从弹出的快捷菜单中选择【粘贴图层样式】命令，并将【投影】图层样式删除，如图12.24所示。

步骤15 双击【多边形 1】图层样式名称，在弹出的对话框中将【渐变】更改为黄色（R：255，G：236，B：10）到黄色（R：254，G：174，B：45），完成之后单击【确定】按钮，如图12.25所示。

图12.24 粘贴图层样式　　图12.25 设置图层样式

步骤16 选择工具箱中的【圆角矩形工具】，在选项栏中将【填充】更改为白色，【描边】更改为无，【半径】更改为50像素，在文字下方绘制一个圆角矩形，此时将生成一个【圆角矩形 1】图层，如图12.26所示。

步骤17 选择工具箱中的【横排文字工具】，在

圆角矩形位置添加文字，如图12.27所示。

图12.26 绘制图形　　　图12.27 添加文字

步骤18 选择工具箱中的【钢笔工具】，在选项栏中单击【选择工具模式】 路径 按钮，在弹出的选项中选择【形状】，将【填充】更改为黑色，【描边】更改为无，在画布底部位置绘制一个不规则图形，此时将生成一个【形状 2】图层，如图12.28所示。

图12.28 绘制图形

步骤19 在【图层】面板中选中【形状 1】图层，单击面板底部的【添加图层样式】 **fx** 按钮，在菜单中选择【渐变叠加】命令，在弹出的对话框中将【渐变】更改为蓝色（R：130，G：217，B：248）到白色，【样式】更改为【线性】，【角度】更改为90度，如图12.29所示。

图12.29 设置【渐变叠加】参数

步骤20 选中【形状 2】图层，在画布中按住Alt+Shift组合键向下拖动将图形复制，再按Ctrl+T组合键对其执行【自由变换】命令，单击鼠标右键，从弹出的快捷菜单中选择【水平翻转】命令，并适当缩小图形高度，完成之后按Enter键确认，此时将生成一个【形状 2 拷贝】图层，如图12.30所示。

图12.30 复制并变换图形

步骤21 双击【形状 2 拷贝】图层样式名称，在弹出的对话框中将【渐变】更改为蓝色（R：196，G：240，B：255）到白色，完成之后单击【确定】按钮，如图12.31所示。

图12.31 更改渐变颜色

12.1.3 制作金质优惠包

步骤01 执行菜单栏中的【文件】|【打开】命令，打开"素材.psd"文件，在打开的素材文档中选中【糖豆】图层，将其拖入画布中文字左下角位置并适当缩小，如图12.32所示。

步骤02 选择工具箱中的【钢笔工具】，在选项栏中单击【选择工具模式】路径 按钮，在弹出的选项中选择【形状】，将【填充】更改为白色，【描边】更改为无，在素材图像靠右侧位置绘制一个不规则图形，此时将生成一个【形状 3】图层，如图12.33所示。

图12.32 添加素材　　　　图12.33 绘制图形

步骤03 在【图层】面板中选中【形状 3】图层，单击面板底部的【添加图层样式】fx 按钮，在菜单中选择【渐变叠加】命令，在弹出的对话框中将【渐变】更改为黄色（R：254，G：168，B：3）到橙色（R：244，G：130，B：2），【角度】更改为0，完成之后单击【确定】按钮，如图12.34所示。

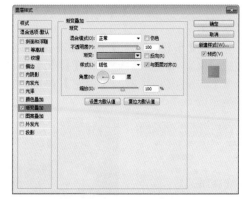

图12.34 设置【渐变叠加】参数

步骤04 在【图层】面板中，选中【形状 3】图层，将其拖至面板底部的【创建新图层】按钮上，复制一个【形状 3 拷贝】图层。将【形状 3 拷贝】的图层样式删除，然后将圆形颜色更改为白色，再选择工具箱中的【直接选择工具】，拖动其图形锚点将其适当缩小，如图12.35所示。

步骤05 选中【形状 3 拷贝】图层，将其图层混合模式设置为【柔光】，效果如图12.36所示。

图12.35 缩小图形　　　图12.36 设置图层混合模式

步骤06 选择工具箱中的【钢笔工具】，在选项栏中单击【选择工具模式】路径 按钮，在弹出的选项中选择【形状】，将【填充】更改为任意颜色，【描边】更改为无，在金袋图形上半部分位置绘制一个不规则图形，此时将生成一个【形状 4】图层，如图12.37所示。

图12.37 绘制图形

步骤07 在【图层】面板中选中【形状 4】图层，单击面板底部的【添加图层蒙版】按钮，为其添加图层蒙版，如图12.38所示。

步骤 08 按住Ctrl键单击【形状 3】图层缩览图，将其载入选区，如图12.39所示。

图12.38 添加图层蒙版

图12.39 载入选区

步骤 09 执行菜单栏中的【选择】|【反向】命令，将选区反向，将选区填充为黑色隐藏部分图形，完成之后按Ctrl+D组合键取消选区，如图12.40所示。

图12.40 隐藏图形

步骤 10 在【图层】面板中选中【形状 4】图层，单击面板底部的【添加图层样式】 fx 按钮，在菜单中选择【渐变叠加】命令，在弹出的对话框中将【渐变】更改为深橙色（R：205，G：110，B：0）到黄色（R：255，G：194，B：90），【角度】更改为0，【缩放】更改为50%，完成之后单击【确定】按钮，如图12.41所示。

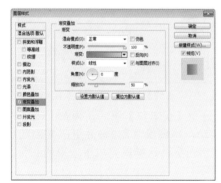
图12.41 设置【渐变叠加】参数

12.1.4 绘制优惠包细节

步骤 01 选择工具箱中的【钢笔工具】 ，在选项栏中单击【选择工具模式】 路径 ÷ 按钮，在弹出的选项中选择【形状】，将【填充】更改为白色，【描边】更改为无，在图像靠左侧位置绘制一个不规则图形，此时将生成一个【形状 5】图层，如图12.42所示。

步骤 02 选择工具箱中的【椭圆工具】 ，在选项栏中将【填充】更改为白色，【描边】更改为无，在刚才绘制的图形下方位置绘制一个椭圆图形，此时将生成一个【椭圆 2】图层，如图12.43所示。

图12.42 绘制图形

图12.43 绘制椭圆

步骤 03 同时选中【椭圆 2】及【形状 5】图层，将其图层混合模式设置为【柔光】，【如图12.44所示。

图12.44 设置图层混合模式

步骤 04 选择工具箱中的【钢笔工具】 ，在选项栏中单击【选择工具模式】 路径 ÷ 按钮，在弹出的选项中选择【形状】，将【填充】更改为黄色（R：250，G：156，B：3），【描边】更改为无，在金袋图形左上角位置绘制一个不规则图形，此时将生成一个【形状 6】图层，将其移至【形状 4】图层下方，如图12.45所示。

图12.45 绘制图形

步骤 05 选择工具箱中的【椭圆工具】 ，在选项栏中将【填充】更改为白色，【描边】更改为无，在刚才绘制的图形左上角位置绘制一个椭圆图形并适当旋转，此时将生成一个【椭圆 3】图层，如图12.46所示。

图12.46 绘制图形

步骤06 选中【椭圆 3】图层，执行菜单栏中的【图层】|【创建剪贴蒙版】命令，为当前图层创建剪贴蒙版隐藏部分图形，再将其图层【混合模式】更改为【柔光】，如图12.47所示。

图12.47 创建剪贴蒙版

步骤07 选择工具箱中的【钢笔工具】 ，在选项栏中单击【选择工具模式】 路径 按钮，在弹出的选项中选择【形状】，将【填充】更改为无，【描边】更改为红色（R：194，G：20，B：40），【大小】更改为5点，在刚才绘制的图形位置绘制一条弯曲线段，此时将生成一个【形状 7】图层，如图12.48所示。

图12.48 绘制图形

步骤08 在【图层】面板中选中【形状7】图层，将其拖至面板底部的【创建新图层】 按钮上，复制一个【形状7拷贝】图层，如图12.49所示。

步骤09 选择工具箱中的【直接选择工具】 ，拖动【形状7拷贝】图层中的线段锚点将其变形，如图12.50所示。

步骤10 选择工具箱中的【横排文字工具】 T ，在画布适当位置添加文字，如图12.51所示。

图12.49 复制图层　　图12.50 拖动锚点

步骤11 同时选中所有和优惠包相关的图层，按Ctrl+G组合键将其编组，将生成的组名称更改为【优惠包】，如图12.52所示。

图12.51 添加文字　　图12.52 将图层编组

步骤12 在【图层】面板中选中【优惠包】组，单击面板底部的【添加图层样式】 fx 按钮，在菜单中选择【投影】命令，在弹出的对话框中将【不透明度】更改为30%，取消【使用全局光】复选框，将【角度】更改为90度，【距离】更改为4像素，【大小】更改为8像素，完成之后单击【确定】按钮，如图12.53所示。

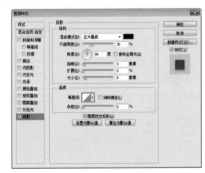

图12.53 设置【投影】参数

步骤13 选中【优惠包】组，在画布中按住Alt键向右侧拖动，将图像复制2份并更改复制的优惠包中的文字信息，这样就完成了效果的制作，如图12.54所示。

图12.54 最终效果

12.2 儿童玩具直通车说明图

设计构思

本例讲解儿童玩具直通车说明图的制作。直通车作为网店装修中重要的组成部分，将商品的主题、特征等信息完整地表现出来。最终效果如图12.55所示。

难易程度：★★★☆☆
调用素材：下载文件\调用素材\第12章\儿童玩具直通车说明图
最终文件：下载文件\源文件\第12章\儿童玩具直通车说明图.psd
视频位置：下载文件\movie\12.2儿童玩具直通车说明图.avi

图12.55 最终效果

操作步骤

12.2.1 制作虚实边框

步骤 01 执行菜单栏中的【文件】|【新建】命令，在弹出的对话框中设置【宽度】为1024像素，【高度】为1200像素，【分辨率】为72像素/英寸，【颜色模式】为RGB颜色，新建一个空白画布，将画布填充为浅蓝色（R：202，G：238，B：250）。

步骤 02 选择工具箱中的【矩形工具】 ，在选项栏中将【填充】更改为无，【描边】更改为蓝色（R：115，G：193，B：238），【大小】更改为2点，在画布上方位置绘制一个矩形，此时将生成一个【矩形1】图层，如图12.56所示。

步骤 03 在【图层】面板中选中【矩形1】图层，将其拖至面板底部的【创建新图层】 按钮上，复制一个【矩形1拷贝】图层，如图12.57所示。

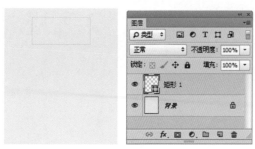

图12.56 绘制图形

步骤04 选中【矩形1 拷贝】图层，单击【设置形状描边类型】 按钮，在弹出的选项中选择第2种描边类型，再将其向右下角方向稍微移动，如图12.58所示。

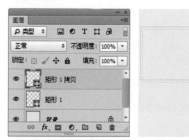

图12.57 复制图层　　　图12.58 移动图形

步骤05 在【图层】面板中选中【矩形1 拷贝】图层，单击面板底部的【添加图层蒙版】 按钮，为其添加图层蒙版，如图12.59所示。

步骤06 按住Ctrl键单击【矩形 1】图层缩览图将其载入选区，将选区填充为黑色隐藏部分图形，完成之后按Ctrl+D组合键取消选区，如图12.60所示。

图12.59 添加图层蒙版　　　图12.60 隐藏图形

12.2.2　制作折纸标签

步骤01 选择工具箱中的【矩形工具】 ，在选项栏中将【填充】更改为蓝色（R：0，G：110，B：174），【描边】更改为无，在刚才绘制的矩形上方位置绘制一个矩形，此时将生成一个【矩形2】图层，如图12.61所示。

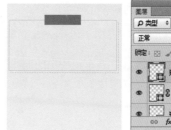 

图12.61 绘制图形

步骤02 在【图层】面板中选中【矩形 2】图层，将其拖至面板底部的【创建新图层】 按钮上，复制一个【矩形 2 拷贝】图层，如图12.62所示。

步骤03 选中【矩形2】图层，将其图形颜色更改为稍深的蓝色（R：0，G：99，B：158），再缩短其宽度并稍微移动，如图12.63所示。

图12.62 复制图层　　　图12.63 变换图形

步骤04 选择工具箱中的【添加锚点工具】 ，在【矩形2】图层的图形左侧中间位置单击添加锚点，如图12.64所示。

步骤05 选择工具箱中的【转换点工具】 ，单击刚才添加的锚点，选择工具箱中的【直接选择工具】 ，选中添加的锚点向右侧拖动将图形变形，如图12.65所示。

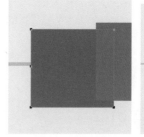 

图12.64 添加锚点　　　图12.65 拖动锚点

步骤06 选择工具箱中的【钢笔工具】 ，在选项栏中单击【选择工具模式】 路径 按钮，在弹出的选项中选择【形状】，将【填充】更改为深蓝色（R：0，G：60，B：96），【描边】更改为无，在两个图形交叉的位置绘制一个不规则图形，此时将生成一个【形状 1】图层，如图12.66

所示。

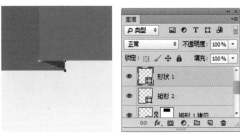

图12.66 绘制图形

步骤07 同时选中【形状 1】及【矩形 2】图层，在画布中按住Alt+Shift组合键向右侧拖动，将图形复制，再按Ctrl+T组合键对其执行【自由变换】命令，单击鼠标右键，从弹出的快捷菜单中选择【水平翻转】命令，完成之后按Enter键确认，如图12.67所示。

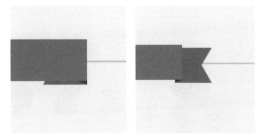

图12.67 复制及变换图形

步骤08 选择工具箱中的【横排文字工具】T，在刚才绘制的图形位置添加文字，如图12.68所示。

步骤09 同时选中所有和标签相关的图层，按Ctrl+G组合键将其编组，将生成的组名称更改为【标签】，如图12.69所示。

图12.68 添加文字　　　　图12.69 将图层编组

步骤10 在【图层】面板中选中【标签】组，单击面板底部的【添加图层样式】fx按钮，在菜单中选择【投影】命令，在弹出的对话框中将【不透明度】更改为20%，取消【使用全局光】复选框，将【角度】更改为90度，【距离】更改为5像素，【大小】更改为2像素，完成之后单击【确定】按钮，如图12.70所示。

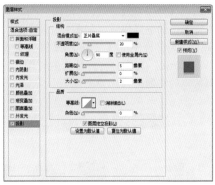

图12.70 设置【投影】参数

12.2.3 使用【魔棒工具】抠取小黄鸭

步骤01 执行菜单栏中的【文件】|【打开】命令，打开"小黄鸭.jpg"文件，如图12.71所示。

步骤02 选择工具箱中的【魔棒工具】，在图像的白色区域单击将其选中，如图12.72所示。

图12.71 打开素材　　　　图12.72 载入选区

步骤03 执行菜单栏中的【选择】|【反向】命令，将选区反向选择，如图12.73所示。

步骤04 执行菜单栏中的【图层】|【新建】|【通过拷贝的图层】命令，将生成的图层名称更改为【小黄鸭】，如图12.74所示。

图12.73 将选区反向　　　　图12.74 通过拷贝的图层

提示技巧

根据所要选取的图像与背景的边缘关系，可以在选项栏中更改为【容差】值，值越大选取的边缘更加准确，对于单一纯色背景保持默认数值即可。

步骤 05 选中【小黄鸭】图层，将图像拖入直通车说明图文档中的适当位置，如图12.75所示。

步骤 06 执行菜单栏中的【文件】|【打开】命令，打开"玩具.psd"文件，将打开的素材图像拖入文档中小黄鸭的右侧位置，如图12.76所示。

图12.75 添加图像　　　　图12.76 添加素材

12.2.4 绘制指示标签

步骤 01 选择工具箱中的【椭圆工具】⬭，在选项栏中将【填充】更改为黄色（R：253，B：240，B：164），【描边】更改为无，在小黄鸭图像上方位置按住Shift键绘制一个正圆图形，此时将生成一个【椭圆 1】图层，如图12.77所示。

图12.77 绘制图形

步骤 02 选择工具箱中的【添加锚点工具】➕，在刚才所绘制的椭圆右下角位置单击添加3个锚点，如图12.78所示。

步骤 03 选择工具箱中的【转换点工具】﹅，单击刚才所添加的3个锚点的中间锚点，如图12.79所示。

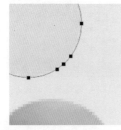

图12.78 添加锚点　　　　图12.79 转换节点

步骤 04 选择工具箱中的【直接选择工具】▸，选中刚才经过转换的节点，向右下角方向拖动，再

分别选中两侧的锚点内侧控制杆，按住Alt键向右下角方向拖动，将图形变形，如图12.80所示。

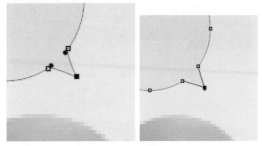

图12.80 转换锚点

步骤 05 选择工具箱中的【横排文字工具】Ｔ，在刚才所绘制的图形上添加文字，如图12.81所示。

步骤 06 同时选中【送】及【椭圆 1】图层，在画布中按住Alt+Shift组合键向右侧拖动，将图文复制两份，如图12.82所示。

图12.81 添加文字　　　　图12.82 复制图文

12.2.5 添加图文信息

步骤 01 选择工具箱中的【横排文字工具】Ｔ，在素材图像周围适当位置再次添加文字，如图12.83所示。

图12.83 添加文字

步骤 02 选择工具箱中的【钢笔工具】✎，在选项栏中单击【选择工具模式】[路径▾]按钮，在弹出的选项中选择【形状】，将【填充】更改为白色，【描边】更改为无，在主图左下方位置绘制一个云朵图形，此时将生成一个【形状 2】图层，如图12.84所示。

步骤 03 在【图层】面板中选中【形状 2】图层，将其拖至面板底部的【创建新图层】 按钮上，复制一个【形状 2 拷贝】图层，如图12.85所示。

图12.84 绘制图形　　图12.85 复制图层

步骤 04 选中【形状 2】图层，单击面板底部的【添加图层样式】 fx 按钮，在菜单中选择【渐变叠加】命令，在弹出的对话框中将【渐变】更改为白色到蓝色（R：66，G：198，B：240），【样式】更改为【径向】，【角度】更改为0，完成之后单击【确定】按钮，如图12.86所示。

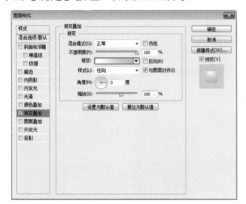

图12.86 设置【渐变叠加】参数

步骤 05 选中【矩形2 拷贝】图层，将其【描边】更改为蓝色（R：0，G：99，B：158），单击【设置形状描边类型】 按钮，在弹出的选项中选择第2种描边类型，如图12.87所示。

步骤 06 按Ctrl+T组合键对【矩形2 拷贝】图层中图形执行【自由变换】命令，将图形等比缩小，完成之后按Enter键确认，如图12.88所示。

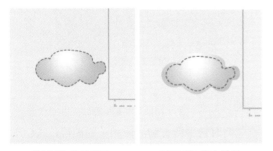

图12.87 更改描边　　图12.88 缩小图形

步骤 07 在【图层】面板中选中【形状 2】图层，将其拖至面板底部的【创建新图层】 按钮上，复制一个【形状 2 拷贝2】图层，如图12.89所示。

步骤 08 选中【形状 2】图层，按Ctrl+T组合键对其执行【自由变换】命令，将图形等比放大，完成之后按Enter键确认，将图形向左上角方向拖动，再同时选中3个与云朵相关的图层，在画布中适当移动，如图12.90所示。

图12.89 复制图层　　图12.90 变换图形

步骤 09 在【图层】面板中选中【形状 2】图层，将其拖至面板底部的【创建新图层】 按钮上，复制一个【形状 2 拷贝3】图层，如图12.91所示。

步骤 10 选中【形状 2 拷贝3】图层，将其移至主图右侧位置，再按Ctrl+T组合键对其执行【自由变换】命令，单击鼠标右键，从弹出的快捷菜单中选择【水平翻转】命令，再将图形等比缩小，完成之后按Enter键确认，如图12.92所示。

图12.91 复制图层　　图12.92 变换图形

步骤 11 选择工具箱中的【多边形工具】 ，在选项栏中将【填充】更改为黄色（R：253，B：240，B：164），【描边】更改为无，单击 按钮，在弹出的面板中选中【星形】复选框，将【缩进边依据】更改为50%，在刚才绘制的云朵图形旁边绘制一个星形，此时将生成一个【多边形 1】图层，如图12.93所示。

步骤 12 选中【多边形 1】图层，在画布中按住Alt键拖动，将图形复制数份，并将部分图形适当缩小及旋转，如图12.94所示。

图12.93 绘制图形

图12.94 复制并变换图形

步骤 13 同时选中除【背景】之外的所有图层，按Ctrl+G组合键将其编组，将生成的组名称更改为【买满就送】，如图12.95所示。

步骤 14 同时选中【买满就送】组中的【标签】及【矩形1】图层，在画布中按住Alt+Shift组合键向下拖动将其复制并更改标签中的文字信息，如图12.96所示。

图12.95 将图层编组　　　图12.96 复制图形

12.2.6 制作立体条纹边框

步骤 01 选择工具箱中的【钢笔工具】，在选项栏中单击【选择工具模式】按钮，在弹出的选项中选择【形状】，将【填充】更改为蓝色（R：96，G：174，B：216），【描边】更改为无，在刚才复制的图形位置绘制一个不规则图形，此时将生成一个【形状3】图层，如图12.97所示。

步骤 02 在【图层】面板中选中【形状3】图层，将其拖至面板底部的【创建新图层】按钮上，复制一个【形状3拷贝】图层，如图12.98所示。

图12.97 绘制图形　　　图12.98 复制图层

提示技巧

适当降低所绘制图形所在图层的【不透明度】，完成之后再适当移动图形位置使其与下方矩形框尽量重合，其目的是为了将其与下方矩形框对齐，降低的数值可自定。

步骤 03 选择工具箱中的【直线工具】，在选项栏中将【填充】更改为黑色，【描边】更改为无，【粗细】更改为1像素，在刚才绘制的图形左上角绘制一条倾斜线段，此时将生成一个【形状4】图层，如图12.99所示。

步骤 04 按Ctrl+Alt+T组合键对其执行复制变换命令，当出现变形框之后将图形向右下角方向拖动，如图12.100所示。

图12.99 绘制图形　　　图12.100 变换复制图形

步骤 05 按Ctrl+Alt+Shift组合键的同时按T键多次执行多重复制命令，将图形复制多份以完全覆盖下方图形，如图12.101所示。

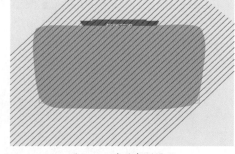

图12.101 多重复制图形

步骤 06 同时选中所有和线段相关的图层，按Ctrl+E组合键将其合并，将生成的图层名称更改为【条纹】。

步骤07选中【条纹】图层，将其图层混合模式更改为【柔光】，再执行菜单栏中的【图层】|【创建剪贴蒙版】命令，为当前图层创建剪贴蒙版隐藏部分图像，如图12.102所示。

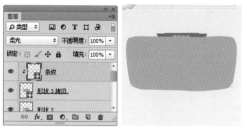

图12.102 创建剪贴蒙版并设置图层混合模式

步骤08同时选中【条纹】及【形状 3 拷贝】图层，按Ctrl+G组合键将其编组，将生成的组名称更改为【纹理边框】，按Ctrl+E组合键将其合并，如图12.103所示。

步骤09按住Ctrl键单击【形状 3】图层缩览图，将其载入选区，选择工具箱中任意选取工具，在画布中将选区向左上角方向适当移动，如图12.104所示。

图12.103 将图层合并　　图12.104 载入并移动选区

步骤10选中【纹理边框】图层，按Delete键将选区中的图像删除，完成之后按Ctrl+D组合键取消选区。

步骤11选中【形状 3】图层，在选项栏中将其【填充】更改为无，【描边】更改为蓝色（R：96，G：174，B：216），【大小】更改为1点，如图12.105所示。

步骤12同时选中【纹理边框】及【形状 3】图层，将其移至【标签拷贝】组的下方，如图12.106所示。

图12.105 删除图像　　图12.106 更改图层顺序

12.2.7 绘制装饰图像

步骤01选择工具箱中的【椭圆工具】 ◯，在选项栏中将【填充】更改为黄色（R：233，G：220，B：103），【描边】更改为黄色（R：233，G：237，B：198），在刚才绘制的图形左下角位置按住Shift键绘制一个正圆图形，此时将生成一个【椭圆2】图层，如图12.107所示。

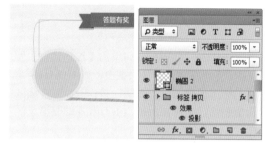

图12.107 绘制图形

步骤02在【图层】面板中选中【椭圆 2】图层，单击面板底部的【添加图层样式】 fx 按钮，在菜单中选择【描边】命令，在弹出的对话框中将【大小】更改为10像素，【颜色】更改为浅黄色（R：250，G：250，B：215），完成之后单击【确定】按钮，如图12.108所示。

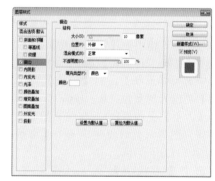

图12.108 设置【描边】参数

步骤03在【椭圆 2】图层名称上单击鼠标右键，从弹出的快捷菜单中选择【栅格化图层样式】命令，如图12.109所示。

图12.109 栅格化图层样式

步骤 04 按住Ctrl键单击【形状3】图层缩览图，将其载入选区，如图12.110所示。

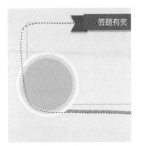

图12.110 载入选区

步骤 05 按住Ctrl+Alt键的同时单击【纹理边框】图层缩览图，将其图像从选区中减去，如图12.111所示。

步骤 06 选中【椭圆2】图层，按Delete键将选区中的图像删除，完成之后按Ctrl+D组合键取消选区，如图12.112所示。

图12.111 从选区减去　　　图12.112 删除图像

步骤 07 选择工具箱中的【钢笔工具】，在选项栏中单击【选择工具模式】 路径 按钮，在弹出的选项中选择【形状】，将【填充】更改为无，【描边】更改为深黄色（R：190，G：176，B：55），【大小】更改为1点，在椭圆图形位置绘制一个不规则图形，此时将生成一个【形状4】图层，如图12.113所示。

步骤 08 选中【形状4】图层，在画布中按住Alt+Shift组合键向右侧拖动将图形复制，如图12.114所示。

图12.113 绘制图形　　　图12.114 复制图形

步骤 09 分别选中刚才绘制的云朵及星星图形所在的图层，按住Alt键向下拖动将图形复制，如图12.115所示。

步骤 10 选择工具箱中的【圆角矩形工具】，在选项栏中将【填充】更改为无，【描边】更改为蓝色（R：96，G：174，B：216），【半径】为10像素，在图形靠右下角绘制一个圆角矩形，此时将生成一个【圆角矩形1】图层，如图12.116所示。

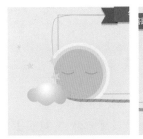

图12.115 复制图形　　　图12.116 绘制图形

步骤 11 选择工具箱中的【横排文字工具】，在画布适当位置添加文字，如图12.117所示。

步骤 12 同时选中除【背景】及【买满就送】组之外的所有图层，按Ctrl+G组合键将其编组，将生成的组名称更改为【答题有奖】，如图12.118所示。

图12.117 添加文字　　　图12.118 将图层编组

12.2.8 制作云状条纹边框

步骤 01 选择工具箱中的【圆角矩形工具】，在选项栏中将【填充】更改为蓝色（R：96，G：174，B：216），【描边】更改为无，【半径】更改为100像素，在画布底部位置绘制一个圆角矩形，此时将生成一个【圆角矩形2】图层，如图12.119所示。

图12.119 绘制图形

步骤02 选择工具箱中的【椭圆工具】，选中【圆角矩形 2】图层，在圆角矩形底部位置按住Shift键绘制数个椭圆图形，如图12.120所示。

步骤03 选择工具箱中的【钢笔工具】，在选项栏中单击【选择工具模式】 路径 按钮，在弹出的选项中选择【形状】，以【合并形状】的方式在图形左上角位置绘制一个三角形图形，如图12.121所示。

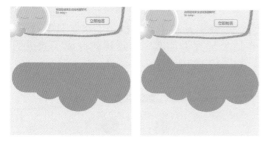

图12.120 加选图形　　　图12.121 绘制图形

步骤04 选择工具箱中的【直线工具】，在选项栏中将【填充】更改为黑色，【描边】更改为无，【粗细】更改为1像素，在刚才绘制的图形左上角位置绘制一条倾斜线段，此时将生成一个【形状5】图层，如图12.122所示。

步骤05 按Ctrl+Alt+T组合键对其执行复制变换命令，当出现变形框之后，将图形向右下角方向拖动，如图12.123所示。

图12.122 绘制图形　　　图12.123 变换复制图形

步骤06 按Ctrl+Alt+Shift组合键的同时按T键多次执行多重复制命令，将图形复制多份以完全覆盖下方的图形，如图12.124所示。

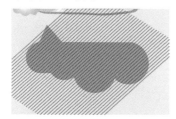

图12.124 多重复制图形

步骤07 同时选中所有和线段相关的图层，按Ctrl+E组合键将其合并，将生成的图层名称更改为【条纹】将

【圆角矩形2】复制一份。

步骤08 选中【条纹】图层，将其图层混合模式更改为柔光，再执行菜单栏中的【图层】|【创建剪贴蒙版】命令，为当前图层创建剪贴蒙版隐藏部分图像，如图12.125所示。

图12.125 创建剪贴蒙版并设置图层混合模式

步骤09 同时选中【条纹】及【圆角矩形2拷贝】图层，按Ctrl+G组合键将其编组，将生成的组名称更改为【纹理边框】，按Ctrl+E组合键将其合并，如图12.126所示。

步骤10 选中【圆角矩形 2】图层，将其移至所有图层的上方，将其【填充】更改为无，【描边】更改为白色，【大小】更改为2点，再将其分别向左侧及上方进行适当移动，如图12.127所示。

图12.126 将图层合并　　　图12.127 载入并移动选区

步骤11 按住Ctrl键单击【圆角矩形 2】图层缩览图，将其载入选区，如图12.128所示。

步骤12 选中【纹理边框】图层，按Delete键将选区的中图像删除，完成之后按Ctrl+D组合键取消选区。再选中【圆角矩形 2】图层，将其【描边】更改为蓝色（R：96，G：174，B：216），如图12.129所示。

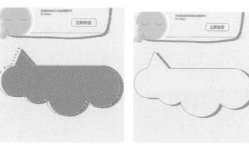

图12.128 载入选区　　　图12.129 删除图像

步骤13 同时选中【小黄鸭】及【公仔】图层，在画布中按住Alt键向下拖动复制图像，如图12.130所示。

图12.130 复制图像

步骤14 选择工具箱中的【矩形工具】，在选项栏中将【填充】更改为蓝色（R：96，G：174，B：216），【描边】更改为无，在两个素材图像之间位置绘制一个稍小的矩形，此时将生成一个【矩形3】图层，如图12.131所示。

步骤15 在【图层】面板中选中【矩形3】图层，将其拖至面板底部的【创建新图层】按钮上，复制一个【矩形3拷贝】图层，按Ctrl+T组合键执行【自由变换】命令，单击鼠标右键，从弹出的快捷菜单中选择【旋转90度（顺时针）】命令，完成之后按Enter键确认，如图12.132所示。

图12.131 绘制图形　　图12.132 复制并变换图形

步骤16 选择工具箱中的【横排文字工具】T，在画布适当位置添加文字，这样就完成了效果的制作，如图12.133所示。

图12.133 最终效果

第13章　旅游主题店铺装修

本章店面装修效果说明

　　本章店面装修采用浅绿及浅黄作为主色调，以多种点缀色组成一幅丰富的装修页面，整体以淡淡的色调表现主题。旅游店铺装修的制作重点在于突出旅游文化，以核心为卖点，将与旅游相关元素从头至尾穿插其中进行详情展示及描述；在制作过程中将旅游的主题通过丰富的背景完美表现，详情图以美丽的地方风景为视觉焦点突出详情图主题，而旅游店铺优惠券丰富了页面下半部分区域，整个页面元素丰富，色彩鲜明。本章店面装修包括店铺轮播图、店铺详情图及主题优惠券。

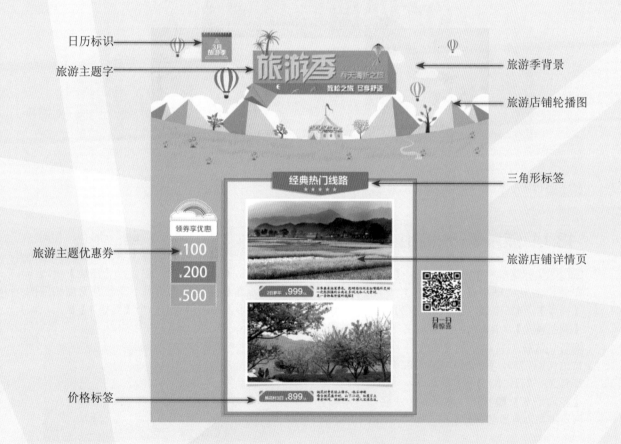

13.1 旅游店铺轮播图

设计构思

本例讲解旅游店铺轮播图的制作。旅游店铺装修的制作重点在于突出旅游文化，以核心信息为卖点，将与旅游相关元素从头至未穿插其中进行详情展示及描述。最终效果如图13.1所示。

难易程度：★★☆☆☆
调用素材：下载文件\调用素材\第13章\旅游店铺轮播图
最终文件：下载文件\源文件\第13章\旅游店铺轮播图.psd
视频位置：下载文件\movie\13.1旅游店铺轮播图.avi

图13.1 最终效果

操作步骤

13.1.1 旅游季背景制作

步骤 01 执行菜单栏中的【文件】|【新建】命令，在弹出的对话框中设置【宽度】为1024像素，【高度】为425像素，【分辨率】为72像素/英寸，【颜色模式】为RGB颜色，新建一个空白画布。

步骤 02 选择工具箱中的【渐变工具】，编辑黄色（R：255，G：244，B：202）到黄色（R：255，G：233，B：148）的渐变，单击选项栏中的【径向渐变】按钮，在画布中从底部中间位置向右上角方向拖动填充渐变，如图13.2所示。

图13.2 填充渐变

步骤 03 选择工具箱中的【钢笔工具】，在选项栏中单击【选择工具模式】路径按钮，在弹出的选项中选择【形状】，将【填充】更改为绿色（R：193，G：210，B：63），【描边】更改为无，在画布靠底部位置绘制一个与其宽度相同的不规则图形，此时将生成一个【形状 1】图层，如图13.3所示。

图13.3 绘制图形

步骤 04 选择工具箱中的【钢笔工具】，在选项栏中单击【选择工具模式】路径按钮，在弹出的选项中选择【形状】，将【填充】更改为紫色（R：197，G：140，B：198），【描边】更改为无，在刚才绘制的图形左上角位置绘制一个三角形图形，此时将生成一个【形状 2】图层，将其移至【形状 1】图层的下方，如图13.4所示。

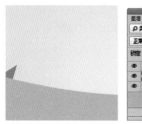

图13.4 绘制图形

步骤05 以同样的方法绘制多个相似的图形，如图13.5所示。

图13.5 绘制图形

步骤06 同时选中除【背景】及【形状 1】之外的所有图层，按住Alt+Shift组合键向右侧拖动将图形复制，按Ctrl+T组合键对其执行【自由变换】命令，单击鼠标右键，从弹出的快捷菜单中选择【水平翻转】命令，完成之后按Enter键确认，如图13.6所示。

图13.6 复制并变换图形

步骤07 选择工具箱中的【椭圆工具】 ⬭ ，在选项栏中将【填充】更改为浅黄色（R：255，G：250，B：230），【描边】更改为无，在画布左侧位置按住Shift键绘制一个正圆图形，此时将生成一个【椭圆 1】图层，将其移至【背景】图层上方，如图13.7所示。

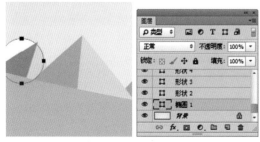

图13.7 绘制图形

步骤08 单击选项栏中的【路径操作】 ◻ 按钮，在弹出的选项中选择【合并形状】，选中【椭圆 1】图层，在刚才绘制的图形位置继续绘制图形以制作云朵效果，如图13.8所示。

图13.8 绘制图形

步骤09 选择工具箱中的【钢笔工具】 ✐ ，在选项栏中单击【选择工具模式】 路径 ⬦ 按钮，在弹出的选项中选择【形状】，将【填充】更改为浅黄色（R：255，G：243，B：200），【描边】更改为无，在画布左侧位置绘制一个云朵形状图形，此时将生成一个【形状10】图层，如图13.9所示。

图13.9 绘制图形

步骤10 选中【形状10】图层，在画布中按住Alt键拖动，将图形复制数份并将部分图形适当缩小或放大，如图13.10所示。

图13.10 复制并变换图形

步骤11 执行菜单栏中的【文件】|【打开】命令，打开"树和帐篷.psd"文件，将其拖入画布中适当位置并缩小，如图13.11所示。

图13.11 添加素材

步骤 12 选择工具箱中的【钢笔工具】 ✐，在选项栏中单击【选择工具模式】按钮，在弹出的选项中选择【形状】，将【填充】更改为黄色（R：250，G：222，B：159），【描边】更改为无，在画布右侧位置绘制一个不规则图形以制作小路效果，如图13.12所示。

图13.12 绘制图形

步骤 13 在【画笔】面板中选择【Grass】笔触，将【大小】更改为20像素，【间距】更改为45%，如图13.13所示。

步骤 14 选中【形状动态】复选框，将【大小抖动】更改为100%，如图13.14所示。

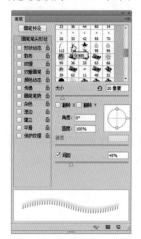 

图13.13 设置【画笔笔尖形状】参数　图13.14 设置【形状动态】参数

步骤 15 单击面板底部的【创建新图层】 □ 按钮，新建一个【图层1】图层。

步骤 16 将前景色更改为绿色（R：113，G：158，B：4），在画布下半部分位置进行涂抹添加小草图像，如图13.15所示。

图13.15 添加图像

步骤 17 执行菜单栏中的【文件】|【打开】命令，

打开"小花.psd"文件，将其画布中下半部分位置并适当缩小后复制数份，如图13.16所示。

图13.16 添加图像

13.1.2 绘制折叠图形

步骤 01 同时选中除【背景】之外的所有图层，按Ctrl+G组合键将其编组，此时将生成一个【组1】组。

步骤 02 选择工具箱中的【矩形工具】 ▭，在选项栏中将【填充】更改为绿色（R：92，G：180，B：55），【描边】更改为无，在画布中间顶部位置绘制一个矩形，此时将生成一个【矩形 1】图层，如图13.17所示。

图13.17 绘制图形

步骤 03 在【图层】面板中选中【矩形1】图层，将其拖至面板底部的【创建新图层】 □ 按钮上，复制一个【矩形1拷贝】图层，再将其移至【矩形1】图层的下方，如图13.18所示。

步骤 04 选中【矩形1 拷贝】图层，将其图形颜色更改为绿色（R：55，G：155，B：57），按Ctrl+T组合键对其执行【自由变换】命令，将图形高度缩小后并增加其宽度，完成之后按Enter键确认，如图13.19所示。

 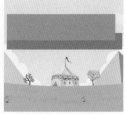

图13.18 复制图层　　图13.19 变换图形

步骤 05 选择工具箱中的【钢笔工具】 ✐，在选项栏中单击【选择工具模式】 路径 ⬦ 按钮，在弹出的选项中选择【形状】，将【填充】更改为绿色（R：70，G：164，B：60），【描边】更改为无，在两个矩形之间位置绘制一个不规则图形，此时将生成一个【形状12】图层，如图13.20所示。

图13.20 绘制图形

步骤 06 以同样的方法在图形左下角位置再次绘制一个不规则图形，将其颜色更改为绿色（R：128，G：190，B：50），此时将生成一个【形状13】图层，如图13.21所示。

图13.21 绘制图形

步骤 07 以同样的方法再次绘制数个图形制作折纸效果，如图13.22所示。

图13.22 绘制图形

提示技巧

再次绘制的图形以醒目颜色为主，可以根据自己的感觉设置数值，前提是能够突出图形的立体感。

13.1.3 制作旅游主题字

步骤 01 选择工具箱中的【横排文字工具】 T ，在画布适当位置添加文字，如图13.23所示。

步骤 02 在【旅游季】图层名称上单击鼠标右键，从弹出的快捷菜单中选择【转换为形状】命令，如图13.24所示。

图13.23 添加文字　　　图13.24 转换形状

步骤 03 选择工具箱中的【直接选择工具】 ↳ ，拖动文字锚点将其变形，如图13.25所示。

图13.25 将文字变形

步骤 04 在【图层】面板中选中【旅游季】图层，单击面板底部的【添加图层样式】 fx 按钮，在菜单中选择【投影】命令，在弹出的对话框中将【不透明度】更改为30%，【距离】更改为3像素，完成之后单击【确定】按钮，如图13.26所示。

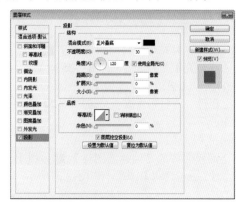

图13.26 设置【投影】参数

步骤 05 选择工具箱中的【横排文字工具】 T ，在刚才添加的文字右侧位置再次添加文字，如图13.27所示。

步骤 06 在【旅游季】图层上单击鼠标右键，从弹出的快捷菜单中选择【拷贝图层样式】命令，同时选中【春天清新之旅】及【放松之旅 尽享舒适】图层，在其图层名称上单击鼠标右键，从弹出的快捷菜单中选择【粘贴图层样式】命令，如图13.28所示。

图13.27 添加文字　　图13.28 拷贝并粘贴图层样式

步骤 07 执行菜单栏中的【文件】|【打开】命令，打开"装饰图像.psd"文件，将其拖入画布适当位置并缩小，然后将部分素材图像复制，如图13.29所示。

图13.29 添加素材

13.1.4 制作日历标识

步骤 01 选择工具箱中的【矩形工具】，在选项栏中将【填充】更改为红色（R：253，G：140，B：100），【描边】更改为无，在画布左上角绘制一个矩形，此时将生成一个【矩形 2】图层，如图13.30所示。

步骤 02 在【图层】面板中选中【矩形 2】图层，将其拖至面板底部的【创建新图层】按钮上，复制一个【矩形 2拷贝】图层，如图13.31所示。

图13.30 绘制图形　　图13.31 复制图层

步骤 03 在【图层】面板中选中【矩形2】图层，单击面板底部的【添加图层样式】 fx 按钮，在菜单中选择【渐变叠加】命令，在弹出的对话框中将【渐变】更改为红色（R：220，G：52，B：20）到红色（R：240，G：100，B：73），【角度】更改为180度，如图13.32所示。

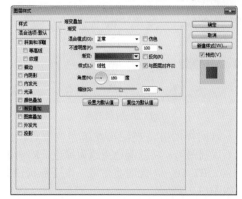

图13.32 设置【渐变叠加】参数

步骤 04 选中【投影】复选框，将【不透明度】更改为30%，取消【使用全局光】复选框，【角度】更改为90度，【距离】更改为3像素，【大小】更改为3像素，完成之后单击【确定】按钮，如图13.33所示。

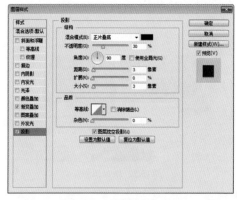

图13.33 设置【投影】参数

步骤 05 选中【矩形2 拷贝】图层，按Ctrl+T组合键对其执行【自由变换】命令，将图形高度缩小，完成之后按Enter键确认，如图13.34所示。

步骤 06 选择工具箱中的【椭圆工具】，在选项栏中将【填充】更改为灰色（R：208，G：208，B：208），【描边】更改为无，在【矩形1拷贝】图层的图形左上角绘制一个稍小的椭圆图形，此时将生成一个【椭圆2】图层，如图13.35所示。

图13.34 缩小高度　　　　图13.35 绘制椭圆

步骤 07 选中【椭圆2】图层，在画布中按Ctrl+Alt+T组合键向右侧拖动复制图形，完成之后按Enter键确认，如图13.36所示。

步骤 08 按住Ctrl+Alt+Shift组合键同时按T键多次，执行多重复制命令将图形复制多份，如图13.37所示。

图13.36 变换复制图形　　　图13.37 多重复制

步骤 09 选择工具箱中的【矩形工具】，在选项栏中将【填充】更改为无，【描边】更改为白色，【大小】更改为1点，在刚才绘制的图形位置按住Shift键绘制一个矩形，此时将生成一个【矩形3】图层，如图13.38所示。

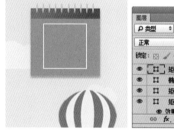

图13.38 绘制图形

步骤 10 选中【矩形3】图层，按Ctrl+T组合键对其执行【自由变换】命令，当出现变形框之后，在选项栏的【旋转】文本框中输入45，按Enter键确认，如图13.39所示。

步骤 11 选择工具箱中的【删除锚点工具】，单击矩形底部锚点将其删除，再将图形适当缩小，如图13.40所示。

图13.39 变换图形　　　　图13.40 删除锚点

步骤 12 在【图层】面板中选中【矩形3】图层，将其拖至面板底部的【创建新图层】按钮上，复制一个【矩形3 拷贝】图层，如图13.41所示。

步骤 13 选中【矩形3 拷贝】图层，按Ctrl+T组合键对其执行【自由变换】命令，将图像等比缩小，完成之后按Enter键确认，如图13.42所示。

图13.41 复制图层　　　　图13.42 变换图形

13.1.5 添加文字信息

步骤 01 选择工具箱中的【横排文字工具】T，在刚才绘制的图形位置添加文字，如图13.43所示。

图13.43 添加文字

步骤 02 同时选中【矩形3拷贝】及【矩形3】图层，按Ctrl+G组合键将其编组，将生成的组名称更改为【三角形】。选中【三角形】组，单击面板底部的【添加图层蒙版】按钮，为其添加图层蒙版，如图13.44所示。

图13.44 添加图层蒙版

步骤 03 按住Ctrl键单击【3月 旅游季】图层缩览图，将其载入选区，如图13.45所示。

图13.45 载入选区

步骤 04 执行菜单栏中的【选择】|【修改】|【扩展】命令，在弹出的对话框中将【扩展量】更改为3像素，完成之后单击【确定】按钮。

步骤 05 将选区填充为黑色隐藏部分图形，完成之后按Ctrl+D组合键取消选区，这样就完成了效果的制作，如图13.46所示。

图13.46 最终效果

13.2 旅游店铺详情图

设计构思 本例讲解旅游店铺详情图的制作。旅游店铺详情图描述了目的地的详情文化及行程安排等信息，其制作过程中注意添加旅游相关主题图像。最终效果如图13.47所示。

难易程度：★☆☆☆☆
调用素材：下载文件\调用素材\第13章\旅游店铺详情图
最终文件：下载文件\源文件\第13章\旅游店铺详情图.psd
视频位置：下载文件\movie\13.2旅游店铺详情图.avi

图13.47 最终效果

13.2.1 绘制主轮廓图形

步骤 01 执行菜单栏中的【文件】|【新建】命令，在弹出的对话框中设置【宽度】为1024像素，【高度】为850像素，【分辨率】为72像素/英寸，【颜色模式】为RGB颜色，新建一个空白画布，将画布填充为绿色（R：193，G：210，B：63）。

步骤 02 选择工具箱中的【矩形工具】 ▢ ，在选项栏中将【填充】更改为黄色（R：220，G：165，B：20），【描边】更改为黄色（R：195，G：134，B：0），【大小】更改为3点，在画布中间位置绘制一个矩形，此时将生成一个【矩形 1】图层，如图13.48所示。

步骤 03 在【图层】面板中选中【矩形 1】图层，将其拖至面板底部的【创建新图层】 ▢ 按钮上，复制一个【矩形 1拷贝】图层，如图13.49所示。

图13.48 绘制图形　　　图13.49 复制图层

步骤 04 在【图层】面板中选中【矩形 1】图层，单击面板底部的【添加图层样式】 fx 按钮，在菜单中选择【投影】命令，在弹出的对话框中将【不透明度】更改为10%，取消【使用全局光】复选框，将【角度】更改为40度，【距离】更改为10像素，完成之后单击【确定】按钮，如图13.50所示。

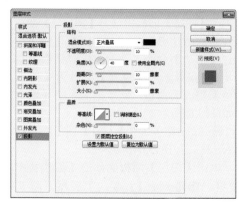

图13.50 设置【投影】参数

步骤 05 选中【矩形 1 拷贝】图层，将其图形颜色更改为浅黄色（R：244，G：255，B：195），【描边】更改为无，再按Ctrl+T组合键对其执行【自由变换】命令，分别将图形高度和宽度缩小，完成之后按Enter键确认，如图13.51所示。

图13.51 缩小图形

13.2.2 绘制三角形标签

步骤 01 选择工具箱中的【圆角矩形工具】 ▢ ，在选项栏中将【填充】更改为红色（R：255，G：90，B：80），【描边】更改为无，【半径】更改为5像素，在刚才绘制的图形顶部中间位置绘制一个圆角矩形，此时将生成一个【圆角矩形 1】图层，如图13.52所示。

图13.52 绘制图形

步骤 02 选择工具箱中的【添加锚点工具】 ✍ ，在刚才绘制的圆角矩形底部边缘中间位置单击添加锚点，如图13.53所示。

步骤 03 选择工具箱中的【转换点工具】 ⌐ ，单击添加的锚点，再选择工具箱中的【直接选择工具】 ▷ ，选中锚点并向下拖动，将图形稍微变形，如图13.54所示。

步骤 04 选择工具箱中的【转换点工具】 ⌐ ，选中刚才添加的锚点稍微拖动使图形更加圆润，如图13.55所示。

图13.53 添加锚点　　　图13.54 将图形变形

图13.55 拖动锚点

步骤 05 在【矩形 1】图层名称上单击鼠标右键，从弹出的快捷菜单中选择【拷贝图层样式】命令，在【圆角矩形 1】图层名称上单击鼠标右键，从弹出的快捷菜单中选择【粘贴图层样式】命令，如图13.56所示。

步骤 06 双击【圆角矩形 1】图层样式名称，在弹出的对话框中将【不透明度】更改为20%，【距离】更改为5像素，完成之后单击【确定】按钮，如图13.57所示。

图13.56 拷贝并粘贴图层样式　　图13.57 设置图层样式

步骤 07 选择工具箱中的【横排文字工具】 **T**，在刚才绘制的图形位置添加文字，如图13.58所示。

步骤 08 选择工具箱中的【多边形工具】 ⬡，在选项栏中将【填充】更改为黄色（R：250，G：230，B：0），单击 ⚙ 按钮，在弹出的面板中选中【星形】复选框，将【缩进边依据】更改为50%，【边】更改为5，在文字下方位置绘制一个星形，此时将生成一个【多边形 1】图层，如图13.59所示。

步骤 09 选中【多边形 1】图层，按Ctrl+Alt+T组合键对其执行复制变换命令，当出现变形框之后，将图形向右侧平移复制图形，按Enter键确认，如图13.60所示。

图13.58 添加文字　　　图13.59 绘制图形

步骤 10 按住Ctrl+Alt+Shift组合键同时按T键多次执行多重复制命令，将图形复制3份，如图13.61所示。

图13.60 变换复制图形　　　图13.61 多重复制

13.2.3 添加风景素材

步骤 01 执行菜单栏中的【文件】|【打开】命令，打开"油菜花.jpg"文件，将其拖入画布中适当位置并缩小，其图层名称将更改为【图层 1】，如图13.62所示。

图13.62 添加素材

步骤 02 在【图层】面板中选中【图层 1】图层，单击面板底部的【添加图层样式】 *fx* 按钮，在菜单中选择【描边】命令，在弹出的对话框中将【大小】更改为6像素，【位置】更改为【内部】，【颜色】更改为白色，完成之后单击【确定】按钮，如图13.63所示。

步骤 03 按住Ctrl键单击【图层 1】图层缩览图，将其载入选区，如图13.64所示。

步骤 04 单击【图层】面板底部的【创建新图层】 ▢ 按钮，新建一个【图层 2】图层，将其移至【图层 1】图层的下方，如图13.65所示。

图13.63 设置【描边】参数

图13.64 载入选区

图13.65 新建图层

步骤 05 将选区填充为黑色，完成之后按Ctrl+D组合键取消选区。

步骤 06 选中【图层 2】图层，按Ctrl+T组合键对其执行【自由变换】命令，单击鼠标右键，从弹出的快捷菜单中选择【变形】命令，拖动变形框控制点将图像变形，完成之后按Enter键确认，如图13.66所示。

图13.66 将图像变形

步骤 07 选中【图层 2】图层，执行菜单栏中的【滤镜】|【模糊】|【高斯模糊】命令，在弹出的对话框中将【半径】更改为1像素，完成之后单击【确定】按钮，如图13.67所示。

步骤 08 选中【图层 2】图层，将其图层【不透明度】更改为20%，效果如图13.68所示。

图13.67 设置【高斯模糊】参数

图13.68 更改不透明度后效果

13.2.4 制作价格标签

步骤 01 选择工具箱中的【圆角矩形工具】 ，在选项栏中将【填充】更改为红色（R：255，G：90，B：80），【描边】更改为无，【半径】为像5素，在素材图像左下角位置绘制一个圆角矩形，此时将生成一个【圆角矩形 2】图层，如图13.69所示。

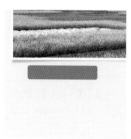

图13.69 绘制图形

步骤 02 选择工具箱中的【矩形工具】 ，在选项栏中将【填充】更改为黄色（R：250，G：230，B：0），【描边】更改为无，在圆角矩形左侧绘制一个矩形并适当旋转，此时将生成一个【矩形 2】图层，如图13.70所示。

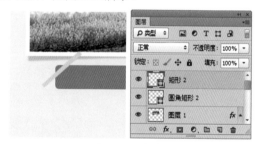

图13.70 绘制图形

步骤 03 选中【矩形 2】图层，执行菜单栏中的【图层】|【创建剪贴蒙版】命令，为当前图层创建剪贴蒙版隐藏部分图形，如图13.71所示。

图13.71 创建剪贴蒙版

步骤 04 选中【矩形 2】图层，在画布中按住Alt+Shift组合键向右侧拖动复制图形，再按Ctrl+T组合键对其执行【自由变换】命令，单击鼠标右键，从弹出的快捷菜单中选择【水平翻转】命令，完成之后按Enter键确认，如图13.72所示。

步骤 05 选择工具箱中的【横排文字工具】T，在图形位置添加文字，如图13.73所示。

的素材下方并适当缩小，如图13.74所示。

步骤 07 以刚才同样的方法为图像添加描边、阴影及相关文字信息，这样就完成了效果的制作，如图13.75所示。

图13.72 复制并变换图形　　　图13.73 添加文字

步骤 06 执行菜单栏中的【文件】|【打开】命令，打开"桃花.jpg"文件，将其拖入画布中刚才添加

图13.74 添加素材　　　　图13.75 最终效果

13.3 旅游主题优惠券

设计构思　本例讲解旅游主题优惠券的制作。此款优惠券的特征十分明显，将旅游元素与普通图形相结合，添加直观明了的优惠信息，在制作过程中注意其色彩与整体页面的一致性。最终效果如图13.76所示。

难易程度：★☆☆☆☆
调用素材：无
最终文件：下载文件\源文件\第13章\旅游主题优惠券.psd
视频位置：下载文件\movie\13.3旅游主题优惠券.avi

图13.76 最终效果

13.3.1 绘制优惠券轮廓

步骤01执行菜单栏中的【文件】|【新建】命令，在弹出的对话框中设置【宽度】为240像素，【高度】为350像素，【分辨率】为72像素/英寸，【颜色模式】为RGB颜色，新建一个空白画布，将画布填充为绿色（R：193，G：210，B：63）。

步骤02选择工具箱中的【圆角矩形工具】 ，在选项栏中将【填充】更改为白色，【描边】更改为无，【半径】更改为5像素，绘制一个圆角矩形，此时将生成一个【圆角矩形 1】图层，如图13.77所示。

图13.77 绘制图形

步骤03在【图层】面板中选中【圆角矩形 1】图层，单击面板底部的【添加图层样式】 fx 按钮，在菜单中选择【投影】命令，在弹出的对话框中将【混合模式】更改为【叠加】，【距离】更改为2像素，【大小】更改为2像素，完成之后单击【确定】按钮，如图13.78所示。

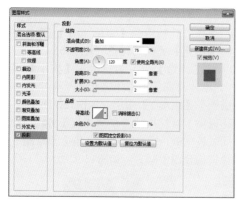

图13.78 设置【投影】参数

步骤04选择工具箱中的【椭圆工具】 ，在选项栏中将【填充】更改为无，【描边】更改为白色，【大小】更改为30点，在圆角矩形上方按住Shift键绘制一个正圆图形，此时将生成一个【椭圆 1】图层，如图13.79所示。

图13.79 绘制图形

步骤05在【图层】面板中选中【椭圆 1】图层，将其拖至面板底部的【创建新图层】 按钮上，复制一个【椭圆 1拷贝】图层，如图13.80所示。

步骤06选中【椭圆 1拷贝】图层，将其【填充】更改为无，【描边】更改为绿色（R：85，G：175，B：0），【大小】更改为2点，再按Ctrl+T组合键对其执行【自由变换】命令，将图形等比缩小，完成之后按Enter键确认，如图13.81所示。

图13.80 复制图层   图13.81 变换图形

步骤07以同样的方法选中【椭圆 1拷贝】图层，将其复制数份并更改其描边颜色，如图13.82所示。

步骤08同时选中除【背景】及【圆角矩形 1】之外的所有图层，按Ctrl+G组合键将其编组，此时将生成【组 1】组，然后为其添加图层蒙版，如图13.83所示。

图13.82 复制变换图形 图13.83 将图层编组并添加图层蒙版

步骤09选择工具箱中的【矩形选框工具】 ，在图形位置绘制一个矩形选区以选中部分图形，如图13.84所示。

步骤10将选区填充为黑色隐藏部分图形，完成之后按Ctrl+D组合键取消选区，如图13.85所示。

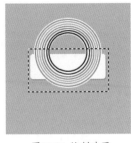
图13.84 绘制选区

图13.85 隐藏图形

步骤11 在【圆角矩形 1】图层名称上单击鼠标右键，从弹出的快捷菜单中选择【拷贝图层样式】命令，在【组 1】组名称上单击鼠标右键，从弹出的快捷菜单中选择【粘贴图层样式】命令，如图13.86所示。

图13.86 拷贝并粘贴图层样式

步骤12 选择工具箱中的【钢笔工具】，在选项栏中单击【选择工具模式】 路径 按钮，在弹出的选项中选择【形状】，将【填充】更改为白色，【描边】更改为无，在刚才绘制的图形位置绘制一个云朵形状图形，此时将生成一个【形状 1】图层，如图13.87所示。

图13.87 绘制图形

步骤13 在【图层】面板中选中【形状 1】图层，将其拖至面板底部的【创建新图层】按钮上，复制一个【形状 1 拷贝】图层，如图13.88所示。

步骤14 将【形状 1 拷贝】图层中的图形颜色更改为无，【描边】更改为绿色（R：144，G：162，B：6），【大小】更改为1点；单击【设置形状描边类型】 按钮，在弹出的选项中选择第2种描边类型；按Ctrl+T组合键对其执行【自由变换】命令，将图形等比缩小，完成之后按Enter键确认，如图13.89所示。

图13.88 复制图层

图13.89 缩小图形

步骤15 在【图层】面板中选中【形状 1 拷贝】图层，单击面板底部的【添加图层样式】 **fx** 按钮，在菜单中选择【渐变叠加】命令，在弹出的对话框中将【不透明度】更改为5%，【渐变】更改为黑色到白色，【缩放】更改为50%，完成之后单击【确定】按钮，如图13.90所示。

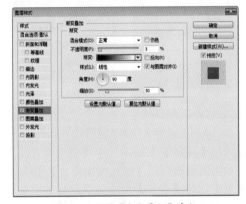
图13.90 设置【渐变叠加】参数

13.3.2 制作锯齿

步骤01 选择工具箱中的【矩形工具】，在选项栏中将【填充】更改为橙色（R：255，G：174，B：0），【描边】更改为白色，【大小】更改为1点，在刚才绘制的图形下方绘制一个矩形，此时将生成一个【矩形 1】图层，如图13.91所示。

步骤02 选择工具箱中的【椭圆工具】，按住Alt键的同时按住Shift键在矩形左上角位置绘制一个正圆路径将部分图形减去，如图13.92所示。

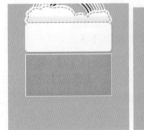
图13.91 绘制图形

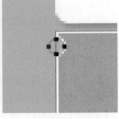
图13.92 减去图形

步骤 03 按Ctrl+Alt+T组合键，当出现变形框之后将变形框向下稍微移动，按Enter键确认，如图13.93所示。

步骤 04 按Ctrl+Alt+Shift组合键的同时按T键多次，执行多重复制命令将其复制多份，如图13.94所示。

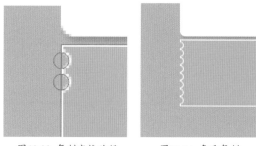

图13.93 复制变换路径　　　图13.94 多重复制

步骤 05 选择工具箱中的【路径选择工具】，选中路径，按住Alt+Shift组合键向右侧拖动，复制图形并将矩形右侧边缘部分图形减去，如图13.95所示。

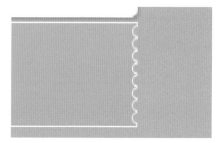

图13.95 复制路径

步骤 06 在【圆角矩形 1】图层名称上单击鼠标右键，从弹出的快捷菜单中选择【拷贝图层样式】

命令，在【矩形 1】图层名称上单击鼠标右键，从弹出的快捷菜单中选择【粘贴图层样式】命令，如图13.96所示。

图13.96 拷贝并粘贴图层样式

步骤 07 选中【矩形 1】图层，在画布中按住Alt+Shift组合键向下方拖动，将图形复制两份并分别更改其颜色，如图13.97所示。

步骤 08 选择工具箱中的【横排文字工具】，在图形位置添加文字，这样就完成了效果的制作，如图13.98所示。

图13.97 复制图形　　　图13.98 最终效果

第14章　生鲜店铺装修

本章店面装修效果说明

　　本章店面详情页采用青色作为主体色调，以橙黄色作为辅助色，整体色调偏冷，符合生鲜店铺应有的色彩特点。整个详情页版面简洁，在素材配图上以新鲜三文鱼作为主体图像；好评卡的制作也十分新颖，以多条目贴纸标签形式来直观表现好评分级制度。本章店面装修包括详情页主图及5分好评卡。

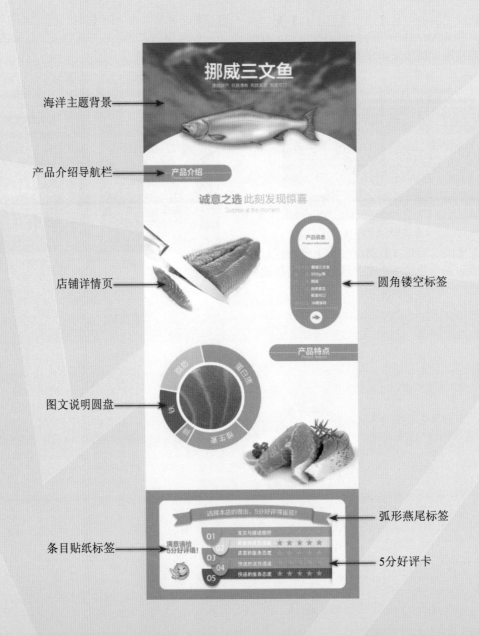

海洋主题背景

产品介绍导航栏

店铺详情页

图文说明圆盘

条目贴纸标签

圆角镂空标签

弧形燕尾标签

5分好评卡

14.1　制作生鲜店铺详情页

设计构思　本例讲解生鲜店铺详情页的制作。生鲜详情页的制作一定要体现出产品的特征，从产品本身的特点及出身环境着手，从主题背景到产品图像的选用注意整体的协调性，在本例中注意海底背景与三文鱼图像的关系。最终效果如图14.1所示。

难易程度：★★★☆☆
调用素材：下载文件\调用素材\第14章\制作生鲜店铺详情页
最终文件：下载文件\源文件\第14章\制作生鲜店铺详情页.psd
视频位置：下载文件\movie\14.1制作生鲜店铺详情页.avi

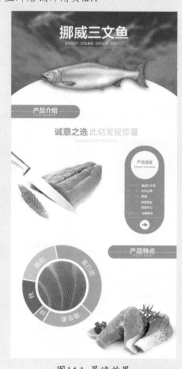

图14.1　最终效果

操作步骤

14.1.1　海洋主题背景

步骤01 执行菜单栏中的【文件】|【新建】命令，在弹出的对话框中设置【宽度】为700像素，【高度】为1430像素，【分辨率】为72像素/英寸，【颜色模式】为RGB颜色，新建一个空白画布，将画布填充为浅蓝色（R：240，G：250，B：255）。

步骤02 执行菜单栏中的【文件】|【打开】命令，打开"海底.jpg"文件，将打开的素材拖入画布中并适当缩小，其图层名称将更改为【图层 1】，如图14.2所示。

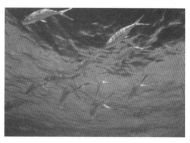

图14.2　添加素材

步骤03 选中【图层 1】图层，执行菜单栏中的【滤镜】|【模糊】|【高斯模糊】命令，在弹出的对话框中将【半径】更改为5像素，完成之后单击【确

定】按钮，如图14.3所示。

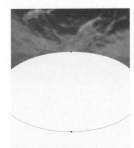

图14.3 设置【高斯模糊】参数及效果

步骤04 选择工具箱中的【椭圆工具】 ⬤ ，在选项栏中将【填充】更改为浅蓝色（R：240，G：250，B：255），【描边】更改为无，在图像下方绘制一个椭圆图形，此时将生成一个【椭圆1】图层，如图14.4所示。

步骤05 执行菜单栏中的【文件】|【打开】命令，打开"三文鱼.psd"文件，将其拖入画布中椭圆图形顶部并适当缩小，如图14.5所示。

图14.4 绘制图形　　　图14.5 添加素材

步骤06 在【图层】面板中选中【三文鱼】图层，单击面板底部的【添加图层样式】 *fx* 按钮，在菜单中选择【投影】命令，在弹出的对话框中将【不透明度】更改为50%，取消【使用全局光】复选框，将【角度】更改为90度，【距离】更改为5像素，【大小】更改为18像素，完成之后单击【确定】按钮，如图14.6所示。

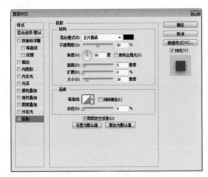

图14.6 设置【投影】参数

步骤07 选择工具箱中的【横排文字工具】 T ，在画布顶部位置添加文字，如图14.7所示。

图14.7 添加文字

14.1.2 产品介绍导航栏

步骤01 选择工具箱中的【矩形工具】 ▭ ，在选项栏中将【填充】更改为蓝色（R：60，G：175，B：220），【描边】更改为无，在三文鱼左下角位置绘制一个矩形，此时将生成一个【矩形1】图层，如图14.8所示。

步骤02 选择工具箱中的【椭圆工具】 ⬤ ，在矩形右侧位置按住Shift键绘制一个正圆图形，如图14.9所示。

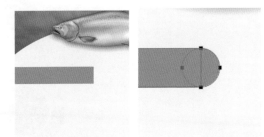

图14.8 绘制矩形　　　图14.9 绘制正圆

步骤03 选择工具箱中的【直线工具】 ╱ ，在选项栏中将【填充】更改为无，【描边】更改为白色，【粗细】更改为1像素，单击【设置形状描边类型】 ▭ 按钮，在弹出的选项中选择第2种描边类型，在刚才绘制的矩形中间位置按住Shift键绘制一条水平线段，此时将生成一个【形状1】图层，如图14.10所示。

步骤04 选择工具箱中的【横排文字工具】 T ，在矩形中间位置添加文字，如图14.11所示。

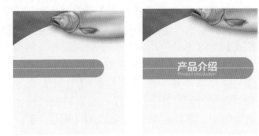

图14.10 绘制虚线　　　图14.11 添加文字

步骤 05 选择工具箱中的【矩形工具】▭，选中【形状 1】图层，在文字位置按住Alt键绘制一个矩形路径将部分虚线减去，如图14.12所示。

图14.12 减去图形

步骤 06 执行菜单栏中的【文件】|【打开】命令，打开"刀切.jpg"文件，将其拖入画布中导航栏下方并适当缩小，如图14.13所示。

图14.13 添加素材

步骤 07 在【图层】面板中选中【图层 2】图层，单击面板底部的【添加图层蒙版】◻ 按钮，为其添加图层蒙版，如图14.14所示。

步骤 08 选择工具箱中的【画笔工具】✎，在画布中单击鼠标右键，在弹出的面板中选择一种圆角笔触，将【大小】更改为100像素，【硬度】更改为0，如图14.15所示。

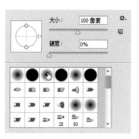

图14.14 添加图层蒙版　　图14.15 设置笔触

步骤 09 将前景色更改为黑色，在其图像边缘区域进行涂抹隐藏部分图像，如图14.16所示。

步骤 10 选择工具箱中的【横排文字工具】T，在素材图像上方位置添加文字，如图14.17所示。

图14.16 隐藏图像　　　图14.17 添加文字

14.1.3 绘制圆角镂空标签

步骤 01 选择工具箱中的【圆角矩形工具】▢，在选项栏中将【填充】更改为蓝色（R：60，G：175，B：220），【描边】更改为无，【半径】更改为100像素，在素材图像右侧相对位置绘制一个圆角矩形，此时将生成一个【圆角矩形 1】图层，如图14.18所示。

步骤 02 选择工具箱中的【椭圆工具】●，按住Alt键的同时按住Shift键在图形顶部位置绘制一个正圆路径，将部分图形减去，如图14.19所示。

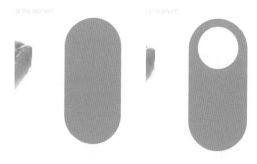

图14.18 绘制图形　　　图14.19 减去图形

步骤 03 选择工具箱中的【横排文字工具】T，在圆角矩形位置添加文字，如图14.20所示。

图14.20 添加文字

步骤 04 选择工具箱中的【直线工具】╱，在选项栏中将【填充】更改为无，【描边】更改为白色，【粗细】更改为1像素，单击【设置形状描边类型】▭▼按钮，在弹出的选项中选择第2种描边类型，在刚才添加的文字下方按住Shift键绘制一条水平线段，如图14.21所示。

图14.21 绘制虚线

步骤05 选择【圆角矩形1】图层，选择工具箱中的【椭圆工具】⬭，按住Alt键的同时按住Shift键在刚才绘制的圆角图形底部位置绘制一个正圆路径，将部分图形减去，如图14.22所示。

图14.22 绘制图形

步骤06 选择工具箱中的【自定形状工具】✿，在画布中单击鼠标右键，在弹出的面板中选择【动物】|【鱼】形状，如图14.23所示。

步骤07 在选项栏中将【填充】更改为蓝色（R：60，G：175，B：220），【描边】更改为无，在圆角矩形底部镂空位置按住Shift键绘制一条鱼图形，如图14.24所示。

图14.23 选择形状　　　图14.24 绘制图形

步骤08 以刚才同样的方法在画布右侧位置再次绘制一个导航栏，如图14.25所示。

图14.25 制作导航栏

14.1.4 制作图文说明圆盘

步骤01 选择工具箱中的【椭圆工具】⬭，在选项栏中将【填充】更改为黑色，【描边】更改为无，在画布左侧位置按住Shift键绘制一个正圆图形，此时将生成一个【椭圆 1】图层，如图14.26所示。

图14.26 绘制图形

步骤02 在【图层】面板中选中【椭圆 1】图层，将其拖至面板底部的【创建新图层】🗅 按钮上，复制一个【椭圆 1 拷贝】图层，如图14.27所示。

步骤03 选中【椭圆1 拷贝】图层，在选项栏中将【填充】更改为黑色，【描边】更改为白色，【大小】更改为10点；按Ctrl+T组合键对其执行【自由变换】命令，将图形等比缩小，完成之后按Enter键确认，如图14.28所示。

图14.27 复制图层　　　图14.28 缩小图形

步骤04 执行菜单栏中的【文件】|【打开】命令，打开"鱼肉纹理.jpg"文件，将其拖入画布中刚才绘制的椭圆图形位置并适当缩小，其图层名称将更改为【图层 3】，如图14.29所示。

图14.29 添加素材

步骤 05 选中【图层 3】图层，执行菜单栏中的【图层】|【创建剪贴蒙版】命令，为当前图层创建剪贴蒙版隐藏部分图像，再按Ctrl+T组合键对其执行【自由变换】命令，将图像等比缩小，完成之后按Enter键确认，如图14.30所示。

图14.30 创建剪贴蒙版并缩小图像

步骤 06 在【图层】面板中选中【椭圆 1】图层，单击面板底部的【添加图层蒙版】 按钮，为其添加图层蒙版，如图14.31所示。

步骤 07 选择工具箱中的【直线工具】 ，在选项栏中将【填充】更改为除黑白之外的任意一种醒目的颜色，【描边】更改为无，【粗细】更改为5像素，以椭圆图形中心为起点绘制一条线段，此时将生成一个【形状 4】图层，如图14.32所示。

图14.31 添加图层蒙版　　　图14.32 绘制图形

步骤 08 以同样的方法再次绘制4条相同的线段，如图14.33所示。

步骤 09 同时选中所有和线段相关的图层，按Ctrl+E组合键将其合并，将生成的图层名称更改为【线段】，如图14.34所示。

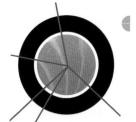 

图14.33 绘制图形　　　图14.34 合并图层

步骤 10 按住Ctrl键单击【线段】图层缩览图，将其

载入选区，如图14.35所示。

步骤 11 单击【椭圆 1】图层蒙版缩览图，将选区填充为黑色隐藏部分图形，完成之后按Ctrl+D组合键取消选区，如图14.36所示。

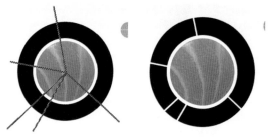

图14.35 载入选区　　　图14.36 隐藏图形

提示技巧

> 隐藏图形之后，【线段】图层无用可以直接将其删除。

步骤 12 选择工具箱中的【钢笔工具】 ，在选项栏中单击【选择工具模式】 路径 按钮，在弹出的选项中选择【形状】，将【填充】更改为黄色（R：255，G：162，B：90），【描边】更改为无，在椭圆图形右上角位置绘制一个不规则图形，此时将生成一个【形状 2】图层，将其移至【椭圆 1】图层的上方，如图14.37所示。

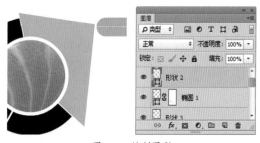

图14.37 绘制图形

步骤 13 选中【形状 2】图层，执行菜单栏中的【图层】|【创建剪贴蒙版】命令，为当前图层创建剪贴蒙版隐藏部分图形，如图14.38所示。

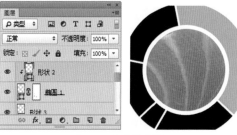

图14.38 创建剪贴蒙版

步骤 14 以同样的方法再次绘制数个图形并创建剪贴蒙版，如图14.39所示。

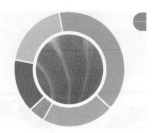

图14.39 绘制图形

步骤15 选中【椭圆 1】图层，在【路径】面板中选中【椭圆 1 形状路径】，将其拖至面板底部的【创建新路径】 按钮上，复制一个【椭圆 1形状路径 拷贝】路径，如图14.40所示。

步骤16 选中【椭圆 1形状路径 拷贝】路径，按Ctrl+T组合键对其执行【自由变换】命令，将路径等比缩小，完成之后按Enter键确认，如图14.41所示。

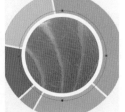

图14.40 复制路径　　　　　图14.41 缩小路径

步骤17 选择工具箱中的【横排文字工具】 T ，单击缩小的路径并添加文字，如图14.42所示。

步骤18 执行菜单栏中的【文件】|【打开】命令，打开"营养三文鱼.jpg"文件，将其拖入画布中右下角位置并适当缩小，其图层名称将更改为【图层 4】，如图14.43所示。

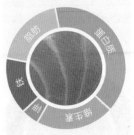

图14.42 添加文字　　　　图14.43 添加素材

步骤19 以刚才同样的方法为【图层 4】图层添加图层蒙版，并利用【画笔工具】 将图像边缘多余的图像隐藏，这样就完成了效果的制作，如图14.44所示。

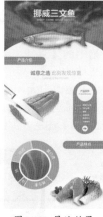

图14.44 最终效果

14.2 5分好评卡

设计构思

本例讲解5分好评卡的制作。好评卡的表现形式有多种，在网店中通常以5分制为基准，在本例中将详情条目与直观的评分体制信息相结合，整体信息十分直观，同时在制作过程中注意条目图形颜色与详情页颜色的搭配。最终效果如图14.45所示。

难易程度：★★☆☆☆
调用素材：下载文件\调用素材\第14章\5分好评卡
最终文件：下载文件\源文件\第14章\5分好评卡.psd
视频位置：下载文件\movie\14.2 5分好评卡.avi

图14.45 最终效果

14.2.1 绘制主图形

步骤01 执行菜单栏中的【文件】|【新建】命令，在弹出的对话框中设置【宽度】为700像素，【高度】为350像素，【分辨率】为72像素/英寸，【颜色模式】为RGB颜色，新建一个空白画布，将画布填充为蓝色（R：60，G：175，B：220）。

步骤02 选择工具箱中的【圆角矩形工具】，在选项栏中将【填充】更改为蓝色（R：240，G：250，B：255），【描边】更改为无，【半径】更改为20像素，在画布中绘制一个圆角矩形，此时将生成一个【圆角矩形 1】图层，如图14.46所示。

图14.46 绘制图形

14.2.2 制作弧形燕尾标签

步骤01 选择工具箱中的【矩形工具】，在选项栏中将【填充】更改为橙色（R：255，G：162，B：90），【描边】更改为无，在圆角矩形顶部位置绘制一个矩形，此时将生成一个【矩形 1】图层，如图14.47所示。

图14.47 绘制图形

步骤02 在【图层】面板中选中【矩形1】图层，将其拖至面板底部的【创建新图层】按钮上，复制一个【矩形1 拷贝】图层，如图14.48所示。

步骤03 选中【矩形1】图层，按Ctrl+T组合键对其执行【自由变换】命令，将图形宽度缩小，完成之后按Enter键确认并向左侧平移，如图14.49所示。

图14.48 复制图层　　　　　图14.49 变换图形

步骤04 选择工具箱中的【添加锚点工具】，在【矩形1 拷贝】图层的图形左侧边缘中间单击添加锚点，如图14.50所示。

步骤05 选择工具箱中的【转换点工具】，单击刚才添加的锚点，选择工具箱中的【直接选择工具】，选中添加的锚点并向右侧拖动，将图形变形，再将图形向下稍微移动，如图14.51所示。

图14.50 添加锚点　　　　　图14.51 拖动锚点

步骤06 选择工具箱中的【钢笔工具】，在选项栏中单击【选择工具模式】 路径 按钮，在弹出的选项中选择【形状】，将【填充】更改为稍深的橙色（R：232，G：130，B：50），【描边】更改为无，在两个图形之间位置绘制一个不规则图形，此时将生成一个【形状 1】图层，如图14.52所示。

图14.52 绘制图形

步骤07 同时选中【形状 1】及【矩形 1】图层，在画布中按住Alt+Shift组合键向右侧拖动复制图形，按Ctrl+T组合键对其执行【自由变换】命令，单击鼠标右键，从弹出的快捷菜单中选择

【水平翻转】命令，完成之后按Enter键确认，如图14.53所示。

图14.53 复制及变换图形

步骤 08 选择工具箱中的【横排文字工具】 T，在适当位置添加文字，如图14.54所示。

图14.54 添加文字

步骤 09 同时选中除【圆角矩形 1】及【背景】之外的所有图层，按Ctrl+G组合键将其编组，此时将生成一个【组 1】组，按Ctrl+E组合键将【组 1】组合并，此时将生成一个【组 1】图层。

步骤 10 选中【组 1】图层，按Ctrl+T组合键对其执行【自由变换】命令，单击鼠标右键，从弹出的快捷菜单中选择【变形】命令，单击选项栏中的 自定 ⬦ 按钮，在弹出的选项中选择【扇形】命令，将【弯曲】更改为10，完成之后按Enter键确认，如图14.55所示。

图14.55 将图像变形

步骤 11 在【图层】面板中选中【组 1】图层，单击面板底部的【添加图层样式】 fx 按钮，在菜单中选择【投影】命令，在弹出的对话框中将【不透明度】更改为20%，取消【使用全局光】复选框，将【角度】更改为90度，【距离】更改为3像素，【大小】更改为2像素，完成之后单击【确定】按钮，如图14.56所示。

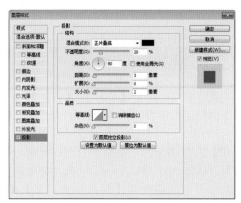

图14.56 设置【投影】参数

14.2.3 绘制条目贴纸标签

步骤 01 选择工具箱中的【矩形工具】 ▭，在选项栏中将【填充】更改为浅红色（R：244，G：170，B：160），【描边】更改为无，在画布适当位置绘制一个矩形，此时将生成一个【矩形 1】图层，如图14.57所示。

图14.57 绘制图形

步骤 02 选中【矩形 1】图层，在画布中按住Alt+Shift组合键向下方拖动，将图形复制数份并分别更改其颜色，如图14.58所示。

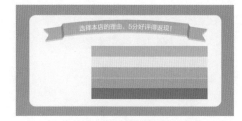

图14.58 复制图形

步骤 03 选择工具箱中的【椭圆工具】 ⬭，在选项栏中将【填充】更改为深绿色（R：16，G：32，B：2），【描边】更改为无，在矩形图形左侧绘制一个椭圆图形，此时将生成一个【椭圆 1】图层，如图14.59所示。

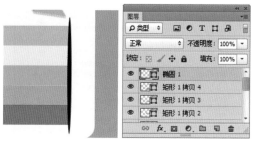

图14.59 绘制图形

步骤 04 选中【椭圆 1】图层，执行菜单栏中的【滤镜】|【模糊】|【高斯模糊】命令，在弹出的对话框中将【半径】更改为5像素，完成之后单击【确定】按钮，如图14.60所示。

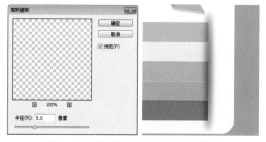

图14.60 设置【高斯模糊】参数及效果

步骤 05 选择工具箱中的【矩形选框工具】，在图像左侧部分绘制一个矩形选区，如图14.61所示。

步骤 06 选中【椭圆 1】图层，按Delete键将选区中的图像删除，完成之后按Ctrl+D组合键取消选区，再将其图层【不透明度】更改为50%，如图14.62所示。

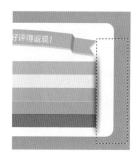

图14.61 绘制选区　　　图14.62 删除图像

步骤 07 选择工具箱中的【钢笔工具】，在选项栏中单击【选择工具模式】 路径 按钮，在弹出的选项中选择【形状】，将【填充】更改为浅红色（R：244，G：170，B：160），【描边】更改为无，在【矩形 1】图层的图形左侧绘制一个不规则图形，此时将生成一个【形状 1】图层，如图14.63所示。

图14.63 绘制图形

步骤 08 在【图层】面板中选中【形状 1】图层，单击面板底部的【添加图层样式】 fx 按钮，在菜单中选择【投影】命令，在弹出的对话框中将【不透明度】更改为20%，取消【使用全局光】复选框，将【角度】更改为90度，【距离】更改为5像素，【大小】更改为3像素，完成之后单击【确定】按钮，如图14.64所示

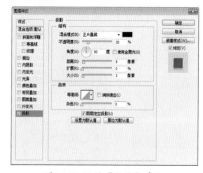

图14.64 设置【投影】参数

步骤 09 在【图层】面板中选中【形状 1】图层，将其拖至面板底部的【创建新图层】按钮上，复制一个【形状 1 拷贝】图层，并将其移至【形状 1】图层的下方，如图14.65所示。

步骤 10 将【形状 1 拷贝】图层中的图形颜色更改为浅黄色（R：247，G：234，B：225），再将其向下方移动，如图14.66所示。

图14.65 复制图层　　　图14.66 移动图形

步骤 11 选中【形状 1】图层，在画布中按住Alt+Shift组合键向下拖动，将图形复制，以同样的方法更改其颜色及图层顺序以制作标签图形效果，如图14.67所示。

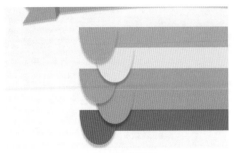

图14.67 复制图形

14.2.4 添加评分信息

步骤01 选择工具箱中的【多边形工具】 ，在选项栏中将【填充】更改为白色，【描边】更改为无，单击 按钮，在弹出的面板中选中【星形】复选框，将【缩进边依据】更改为50%，将【边】更改为5，在刚才绘制的矩形适当位置绘制一个星形，此时将生成一个【多边形 1】图层，如图14.68所示。

图14.68 绘制图形

步骤02 在【图层】面板中选中【多边形 1】图层，单击面板底部的【添加图层样式】 按钮，在菜单中选择【渐变叠加】命令，在弹出的对话框中将【渐变】更改为黄色（R：255，G：160，B：6）到黄色（R：253，G：210，B：13），完成之后单击【确定】按钮，如图14.69所示。

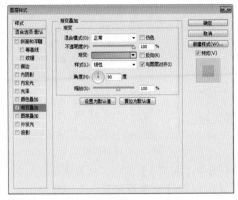

图14.69 设置【渐变叠加】参数

步骤03 选中【多边形 1】图层，在画布中按住Alt+Shift组合键拖动，将图形复制多份，如图14.70所示。

步骤04 选择工具箱中的【横排文字工具】 ，在画布适当位置添加文字，如图14.71所示。

图14.70 复制图形　　　　图14.71 添加文字

步骤05 执行菜单栏中的【文件】|【打开】命令，打开"笑脸.psd"文件，将其拖入画布中圆角矩形右下角并适当缩小，这样就完成了效果的制作，如图14.72所示。

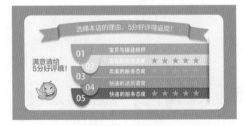

图14.72 最终效果

春 *spring*

单色色谱

40-7-60-0 161-196-134	2-21-23-0 245-206-186	0-5-78-0 255-232-70	60-0-10-0 89-198-224	2-1-55-0 253-240-142	0-58-25-0 244-137-150	80-0-70-0 0-170-114	0-80-50-0 233-84-93
30-5-95-0 190-205-20	59-0-99-0 114-191-45	11-30-1-0 221-184-214	4-2-94-0 251-232-0	25-1-19-0 201-229-216	40-30-10-10 155-160-187	35-0-10-0 175-221-231	35-10-45-10 168-190-146
46-18-36-0 142-177-166	11-0-29-0 229-239-194	45-5-10-15 132-185-203	30-5-95-0 190-205-20	62-5-25-0 91-186-195	0-50-10-0 245-152-177	90-0-40-0 0-165-168	100-35-10-0 0-123-187

双色配色

40-7-60-0 161-196-134 0-5-78-0 255-232-70	30-5-95-0 190-205-20 59-0-99-0 114-191-45
4-2-94-0 251-232-0 2-21-23-0 245-206-186	60-0-10-0 89-198-224 2-1-55-0 253-240-142
11-30-1-0 221-184-214 25-1-19-0 201-229-216	46-18-36-0 142-177-166 11-0-29-0 229-239-194
0-58-25-0 244-137-150 40-30-10-10 155-160-187	80-0-70-0 0-170-114 35-0-10-0 175-221-231
0-80-50-0 233-84-93 35-10-45-10 168-190-146	30-5-95-0 190-205-20 62-5-25-0 91-186-195
45-5-10-15 132-185-203 100-35-10-0 0-123-187	0-50-10-0 245-152-177 90-0-40-0 0-165-168

三色配色

16-24-4-0 209-191-213 4-0-93-0 255-242-0 59-0-99-0 114-191-45	49-3-98-0 144-193-36 4-0-53-0 249-242-147 60-0-10-0 89-198-224
6-28-60-0 237-187-120 4-0-53-0 249-242-147 40-7-60-0 161-196-134	38-0-29-0 169-216-195 4-0-53-0 249-242-147 40-7-60-0 161-196-134
0-80-50-0 241-91-102 0-0-30-0 255-250-198 35-5-85-0 183-205-66	35-5-85-0 183-205-66 1-0-30-0 255-250-193 6-28-60-0
35-5-85-0 183-205-66 80-0-70-0 0-170-114 10-0-30-0	0-45-12-0 246-162-179 0-80-50-0 233-84-93 28-0-25-0 195-223-201
40-7-60-0 161-196-134 100-35-10-0 0-123-187 10-10-30-0 229-218-183	0-25-30-5 242-200-171 45-5-10-15 132-185-203 30-0-35-0 190-223-184
33-2-95-0 183-208-24 51-4-13-0 127-198-216 16-24-4-0 209-191-213	100-35-10-0 0-123-187 0-58-25-0 244-137-150 10-10-30-0

夏 *summer*

≫ 单色色谱

0-80-100-0 234-84-4	100-35-10-0 0-123-187	0-45-12-0 246-162-179
35-5-85-0 183-205-66	0-30-75-0 249-192-76	100-70-0-0 0-78-162
45-0-3-0 143-211-241	60-80-0-0 124-70-152	

0-50-10-0 245-152-177	0-53-100-20 209-126-0	100-0-50-0 0-158-150
10-30-10-10 214-180-191	30-3-87-40 137-151-36	0-45-12-0 246-162-179
0-35-95-8 232-173-0	31-55-5-0 179-130-177	

0-5-78-0 255-232-70	0-40-90-0 246-172-26	36-38-1-0 175-161-204
60-20-0-0 101-169-221	0-10-100-0 255-225-0	39-9-68-0 172-197-108
80-40-0-0 24-131-198	25-0-37-8 193-216-172	

双色配色

0-80-100-0 234-84-4 / 25-0-37-8 193-216-172

31-55-5-0 179-130-177 / 39-9-68-0 172-197-108

30-3-87-40 137-151-36 / 0-45-12-0 246-162-179

45-0-3-0 143-211-241 / 0-50-10-0 245-152-177

100-35-10-0 0-123-187 / 0-30-75-0 249-192-76

10-30-10-10 214-180-191 / 0-35-95-8 232-173-0

0-10-100-0 255-225-0 / 100-0-50-0 0-158-150

0-5-78-0 255-232-70 / 80-40-0-0 24-131-198

0-45-12-0 246-162-179 / 35-5-85-0 183-205-66

60-20-0-0 101-169-221 / 0-40-90-0 246-172-26

36-38-1-0 177-161-204 / 60-80-0-0 124-70-152

0-53-100-20 209-126-0 / 100-70-0-0 0-78-162

三色配色

25-0-37-8 193-216-172 / 0-35-95-8 232-173-0 / 0-20-30-0 251-216-181

35-5-85-0 183-205-66 / 60-80-0-0 124-70-152 / 0-50-10-0 245-152-177

0-53-100-20 209-126-0 / 25-0-37-8 193-216-172 / 100-0-50-0 0-158-150

10-30-10-10 214-180-191 / 78-9-47-0 0-169-156 / 20-26-36-0 211-191-162

0-20-30-0 251-216-181 / 75-20-0-0 0-160-219 / 31-5-42-0 179-208-167

0-20-30-0 251-216-181 / 100-0-90-0 0-154-83 / 35-5-85-0 183-205-66

0-15-100-0 255-217-0 / 7-10-85-50 150-137-21 / 30-5-95-0 190-205-20

0-80-100-0 234-84-4 / 0-5-50-0 255-240-149 / 80-8-60-0 0-168-129

20-26-36-0 211-191-162 / 60-80-0-0 124-70-152 / 0-50-10-0 245-152-177

60-20-0-0 101-169-221 / 0-5-50-0 255-240-149 / 60-0-50-0 99-194-156

0-30-75-0 249-192-76 / 90-20-10-0 0-152-201 / 60-0-10-0 89-198-224

60-0-50-0 99-194-156 / 0-5-50-0 255-240-149 / 0-40-90-0 246-172-26

秋 *Autumn*

》 单色色谱

90-50-75-40
0-77-61

30-100-20-0
182-1-113

0-15-100-0
255-217-0

30-5-13-25
155-181-185

20-30-100-20
185-154-0

0-75-80-5
229-96-49

50-90-20-50
92-20-77

0-35-95-0
248-182-0

0-35-95-18
218-160-0

0-25-55-0
253-197-129

10-50-55-60
121-77-54

90-70-0-0
29-80-162

0-35-95-0
248-182-0

40-70-15-0
167-98-148

0-60-100-0
240-130-0

0-85-5-0
231-66-140

0-75-77-0
235-97-56

20-30-100-20
185-154-0

0-30-10-0
247-191-206

20-75-83-10
191-87-48

30-0-50-5
186-207-147

0-70-70-0
237-110-70

100-50-0-50
0-64-113

60-82-0-0
125-66-150

双色配色

0-85-5-0
231-66-140

30-5-13-25
155-181-185

30-100-20-0
182-1-113

20-30-100-20
185-154-0

20-75-83-10
191-87-48

0-35-95-0
248-182-0

0-30-10-0
247-191-206

60-82-0-0
125-66-150

90-70-0-0
29-80-162

30-0-50-5
186-207-147

90-50-75-40
0-77-61

0-15-100-0
255-217-0

0-35-95-0
248-182-0

0-75-77-0
235-97-56

40-70-15-0
167-98-148

0-35-95-18
218-160-0

0-75-80-5
229-96-49

20-30-100-20
185-154-0

50-90-20-50
92-20-77

0-70-70-0
237-110-70

100-50-0-50
0-64-113

0-60-100-0
240-130-0

10-50-55-60
121-77-54

0-25-55-0
253-197-129

三色配色

100-25-0-50
0-85-135

0-15-100-0
255-217-0

30-95-70-10
183-43-65

20-30-100-20
185-154-0

30-95-70-10
183-43-65

0-35-95-0
248-182-0

20-90-100-20
175-48-20

0-75-77-0
235-97-56

0-15-100-0
255-217-0

0-85-80-0
233-71-48

30-0-50-5
186-207-147

20-30-100-20
185-154-0

10-100-50-30
170-0-66

0-25-55-0
253-197-129

30-95-55-60
99-0-37

0-35-95-18
218-160-0

0-66-77-15
214-106-53

10-50-55-60
121-77-54

60-82-0-0
125-66-150

30-0-50-5
186-207-147

0-85-80-0
233-71-48

60-82-0-0
125-66-150

20-30-100-20
185-154-0

0-35-95-0
248-182-0

0-75-77-0
235-97-56

60-82-0-0
125-66-150

0-35-95-0
248-182-0

0-35-95-18
218-160-0

30-95-55-60
99-0-37

20-30-100-20
185-154-0

20-100-100-0
180-106-7

85-60-10-60
5-46-90

90-18-40-10
0-140-146

100-50-0-50
0-64-113

30-32-75-40
136-120-56

0-35-95-18
218-160-0

冬 *Winter*

≫ 单色色谱

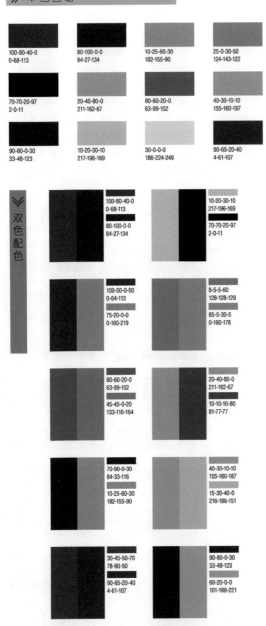

100-80-40-0 0-68-113	80-100-0-0 84-27-134	10-25-60-30 182-155-90	25-0-30-50 124-143-122
30-45-50-70 78-60-50	85-5-30-5 0-160-178	35-10-45-10 168-190-146	10-10-10-80 81-77-77
70-70-20-97 2-0-11	20-40-80-0 211-162-67	80-60-20-0 63-99-152	40-30-10-10 155-160-187
70-90-0-30 82-33-116	8-5-5-60 128-128-129	100-50-0-50 0-64-113	60-20-0-0 101-169-221
90-80-0-30 33-48-123	10-20-30-10 217-196-169	30-0-0-0 186-224-249	90-65-20-40 4-61-107
75-20-0-0 0-160-219	15-30-40-0 216-186-151	45-45-0-20 133-116-164	35-17-40-20 155-168-141

双色配色

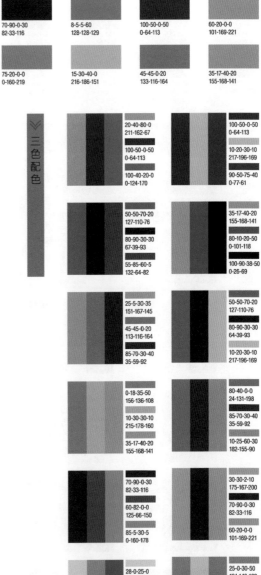

三色配色